de Gruyter Lehrbuch
Spiess · Rheingans · Programmieren in FORTRAN

Einführung in das
Programmieren in FORTRAN

von

Wolfgang E. Spiess · Friedrich G. Rheingans

4., verbesserte Auflage

mit 19 Abbildungen und 13 Tabellen

Walter de Gruyter · Berlin · New York 1974

©

Copyright 1971 by Walter de Gruyter & Co., vormals G. J. Göschen'sche Verlagshandlung – J. Guttentag, Verlagsbuchhandlung – Georg Reimer – Karl J. Trübner – Veit & Comp., Berlin 30. – Alle Rechte, einschl. der Rechte der Herstellung von Photokopien und Mikrofilmen, vom Verlag vorbehalten.
Satz: Fotosatz Prill, Berlin – Druck: Mercedes-Druck, Berlin – Printed in Germany
ISBN 3 11 005747 6

Vorwort zur 1. Auflage

Das vorliegende Buch, das im wesentlichen den Inhalt eines von den Verfassern an der Technischen Universität Berlin gehaltenen FORTRAN-Kurses wiedergibt, führt den Leser in die Programmierung elektronischer Datenverarbeitungsanlagen mit Hilfe der problemorientierten Programmiersprache FORTRAN ein.

Während das erste Kapitel einen Überblick über das Programmieren im allgemeinen gibt, sind die Kapitel zwei bis vier ausschließlich der Programmierung in FORTRAN gewidmet. Kapitel fünf gibt Erläuterungen darüber, wie FORTRAN-Programme von digitalen Rechenanlagen bearbeitet werden.

Dem Anfänger, der noch keinerlei Erfahrung mit Rechenautomaten hat, wird empfohlen, sich zunächst nur mit dem durch einen senkrechten Strich am Rand gekennzeichneten Text zu beschäftigen. Der nicht gekennzeichnete Text beschreibt Programmiermöglichkeiten, die der Anfänger sich erst anzueignen braucht, wenn er schon etwas Erfahrung mit FORTRAN-Programmen gesammelt hat. Wer bereits in einer anderen Sprache programmiert hat, kann sich auf das Studium der Kapitel zwei bis vier beschränken. Die vielen Beispiele und Übungen dienen dem Leser zum Testen seiner erworbenen Kenntnisse.

Die Darstellung umfaßt das von der American-Standards Association genormte FORTRAN IV oder Standard-FORTRAN sowie die wichtigsten Erweiterungen, die zwar auf den meisten Maschinen verwendet werden können, jedoch nicht im Standard-FORTRAN enthalten sind.

In einem Anhang sind die Unterschiede zwischen Standard-FORTRAN und Basis FORTRAN oder FORTRAN II zusammengestellt.

Wir danken Herrn Professor Dr.-Ing. H. H. Koelle für die uns gewährte Unterstützung und Herrn Ing. A. Jacobs für seine Anregungen und das Testen der Programmierbeispiele auf der Rechenanlage. Besonders verpflichtet fühlen wir uns Frau Ing. U. Detlefs, Frau D. Kliche und Fräulein S. Seidel für die angenehme Mitarbeit beim Zeichnen und Schreiben der Druckvorlagen.

Dem Verlag Walter de Gruyter & Co. danken wir für das bereitwillige Eingehen auf unsere Wünsche bei der Gestaltung des Buches.

Kritik und Anregungen zu Verbesserungen werden wir stets begrüßen.

Berlin, im Sommer 1969

F. G. Rheingans
W. E. Spieß

Vorwort zur 4. Auflage

Die 4. Auflage unseres Buches unterscheidet sich nur geringfügig von den beiden vorangegangenen. Durch Leserzuschriften und Hinweise, für die wir danken, wurden wir veranlaßt, einige Aufgaben und Textstellen zu überarbeiten. Eine grundlegende Revision erschien uns jedoch nicht geboten.

Berlin, im Frühjahr 1974 *F.G. Rheingans*
W.E. Spieß

Inhaltsverzeichnis

1. Einführung in das Programmieren 11
   - 1.1. Ein Programmierbeispiel 12
   - 1.2. Kurze Beschreibung einer digitalen Rechenanlage 22
     - 1.2.1. Aufbau 22
     - 1.2.2. Informationsdarstellung 26
   - 1.3. Programmiersprachen 30
   - 1.4. Vom Problem zur Lösung 34
   - 1.5. Beispiele – Übungen 37

2. Allgemeine Grundlagen 41
   - 2.1. Formale Darstellung von Daten und Anweisungen 41
     - 2.1.1. Variable und Konstante 41
     - 2.1.2. Namen und Zeichen 41
     - 2.1.3. Anweisungen 42
     - 2.1.4. Kodierblatt und Lochkarte 42
     - 2.1.5. Typen von Daten 45
     - 2.1.6. Typenvereinbarung von Daten 46
     - 2.1.7. Beispiele – Übungen 48
   - 2.2. Arithmetische Anweisungen 48
     - 2.2.1. Arithmetische Operationen 48
     - 2.2.2. Reihenfolge der Auswertung 51
     - 2.2.3. Typ eines Ausdrucks 53
     - 2.2.4. Beispiele – Übungen 55
   - 2.3. Boolesche Ausdrücke 56
     - 2.3.1. Logische Operationen 56
     - 2.3.2. Vergleichsoperationen 59
     - 2.3.3. Reihenfolge der Auswertung 60
     - 2.3.4. Beispiele – Übungen 61
   - 2.4. Indizierte Variable 62
     - 2.4.1. Was ist eine indizierte Variable? 62
     - 2.4.2. Dimensionierung von Feldern 63
     - 2.4.3. Das Rechnen mit indizierten Variablen 65
     - 2.4.4. Beispiele – Übungen 67
   - 2.5. Einfache Anweisungen für die Ein- und Ausgabe 69
     - 2.5.1. READ 69
     - 2.5.2. WRITE 72
       - 2.5.2.1. Ausgabe von Zahlenwerten 72

	2.5.2.2.	Ausgabe von Texten	73
	2.5.2.3.	Der Papiertransport auf dem Zeilendrucker	74
2.5.3.		Ein- und Ausgabe von Feldern	75
2.5.4.		Beispiele – Übungen	77

3. Aufbau und Ablauf eines FORTRAN-Programms ... 79

3.1.		Die Steuerung des Programmablaufs innerhalb eines Segments		79
	3.1.1.	Sprunganweisungen		79
		3.1.1.1.	Das unbedingte GØTØ	79
		3.1.1.2.	Das bedingte GØTØ	80
		3.1.1.3.	Das assigned GØTØ	80
	3.1.2.	IF-Anweisungen		81
	3.1.3.	Die DØ-Anweisung		83
		3.1.3.1.	Die einfache DØ-Schleife	83
		3.1.3.2.	Die Anweisung CØNTINUE	85
		3.1.3.3.	Die geschachtelte DØ-Schleife	86
	3.1.4.	Die Anweisungen PAUSE und STØP		89
	3.1.5.	Beispiele – Übungen		89
3.2.		Programmstruktur		94
	3.2.1.	Das Hauptprogramm		97
	3.2.2.	Funktionen		97
		3.2.2.1.	Standardfunktionen	97
		3.2.2.2.	Anweisungsfunktionen	99
		3.2.2.3.	FUNCTIØN-Unterprogramme	101
		3.2.2.4.	Halbdynamische Felder	105
	3.2.3.	SUBRØUTINE-Unterprogramme		107
	3.2.4.	Unterprogrammnamen als Argumente und die Anweisung EXTERNAL		108
	3.2.5.	Berechnete Ein- und Rücksprünge		109
	3.2.6.	Beispiele – Übungen		113
3.3.		Die Abspeicherung von Daten und deren Übertragung		120
	3.3.1.	Die Anweisung CØMMØN		120
	3.3.2.	Die Anweisung EQUIVALENCE		127
	3.3.3.	Die Zuweisung von Anfangswerten mittels der Anweisung DATA		130
	3.3.4.	Die Reihenfolge der Anweisungen in einem Programmsegment		134
	3.3.5.	Beispiele – Übungen		134

4. Die Ein- und Ausgabe von Daten ... 138

4.1.	Datensatz und Datenfeld	138
4.2.	Feldspezifikationen für Datenfelder	140

Inhaltsverzeichnis

	4.2.1.	Feldspezifikationen für Zahlen	140
		4.2.1.1. INTEGER-Zahlen	140
		4.2.1.2. REAL-Zahlen	142
		4.2.1.3. DØUBLE PRECISIØN-Zahlen	145
		4.2.1.4. CØMPLEX-Zahlen	145
	4.2.2.	Feldspezifikationen für boolesche Daten	146
	4.2.3.	Feldspezifikationen für Texte	147
		4.2.3.1. Textkonstanten	147
		4.2.3.2. Textvariablen	149
	4.2.4.	Feldspezifikationen für Leerstellen	151
	4.2.5.	Beispiele – Übungen	151
4.3.	Ein- und Ausgabeoperationen		154
	4.3.1.	Die Anweisungen READ und WRITE	154
		4.3.1.1. Formatierte Ein- und Ausgabe	154
		4.3.1.2. Unformatierte Ein- und Ausgabe	157
		4.3.1.3. Ein- und Ausgabelisten	160
		4.3.1.4. Ein- und Ausgabe über Standardgeräte	161
	4.3.2.	Zusätzliche Ein- und Ausgabeanweisungen für periphere Geräte	162
		4.3.2.1. Die Anweisung REWIND	162
		4.3.2.2. Die Anweisung BACKSPACE	163
		4.3.2.3. Die Anweisung ENDFILE	163
	4.3.3.	Beispiele – Übungen	163

5. Hinweise zur maschinellen Verarbeitung von FORTRAN-Programmen ... 168

5.1.	Übersetzung	168
5.2.	Fehlererkennung	171
5.3.	Programme mit zu großem Speicherbedarf	171
5.4.	Betriebssysteme	172

Anhang		174
A	Tabellen	174
B	Übersicht über die Anweisungen von Basis- und Standard-FORTRAN	178
C	Lösungen der Übungen	188
D	Liste der wichtigsten Programmbeispiele	210

Literaturverzeichnis ... 211

Register ... 213

> Dem Anfänger, der noch keinerlei Erfahrung mit Rechenautomaten hat, wird empfohlen, sich zunächst nur mit dem durch einen senkrechten Strich am Rand gekennzeichneten Text zu beschäftigen. Der nicht gekennzeichnete Text beschreibt Programmiermöglichkeiten, die der Anfänger sich erst anzueignen braucht, wenn er schon etwas Erfahrung mit FORTRAN-Programmen gesammelt hat.

1. Einführung in das Programmieren

Digitale Datenverarbeitungsanlagen finden heute Anwendung in nahezu allen Zweigen von Technik, Wissenschaft und Verwaltung. Sie dienen als Hilfsmittel zur Lösung sehr verschiedenartiger Probleme, und dem Unkundigen mag es oft scheinen, als hätten die Rechenautomaten dem Menschen das Denken abgenommen.

Das ist jedoch nicht der Fall. Probleme muß der Mensch selbst lösen, wobei er allerdings im Rechenautomaten ein Werkzeug zur Verfügung hat, das durch sehr hohe Rechengeschwindigkeit, große Memorierfähigkeit und hohe Rechengenauigkeit viele Probleme erst überschaubar und damit „entscheidbar" macht.

Wie jeder Automat muß auch der Rechenautomat vorbereitet werden, um die gewünschten Tätigkeiten in der richtigen Reihenfolge zu verrichten, er muß „programmiert" werden. In diesem Buch wollen wir uns mit einem Verfahren befassen, das uns die Programmierung digitaler Rechenautomaten gestattet.

Hierbei wird der Leser jedoch nicht mit der Verdrahtung bestimmter Schaltelemente oder der systematischen Bedienung von Knöpfen und Hebeln konfrontiert. Vielmehr geht es darum, eine **Sprache** zu erlernen, die der Rechenautomat versteht und mit deren Hilfe dem Rechenautomaten eine Aufgabe gestellt werden kann, die dieser selbständig löst. Wir setzen dabei voraus, daß die Maschine alles tut, was wir ihr befehlen, sofern wir es in der richtigen Form gesagt haben, schließen also Funktionsfehler des Rechenautomaten aus.

Obwohl FORTRAN (FORmula TRANslation) auch schon zur Programmierung kommerzieller Probleme eingesetzt wurde, liegt die Hauptanwendung dieser Programmiersprache im technisch-wissenschaftlichen Bereich. Die in diesem Buch enthaltenen Beispiele und Aufgaben tragen diesem Umstand Rechnung.

1.1. Ein Programmierbeispiel

Zunächst wollen wir an Hand eines kompletten Beispiels einen allgemeinen Überblick über die beim Programmieren notwendigen Tätigkeiten und Überlegungen vermitteln. Der Anfänger braucht sich dabei noch nicht alle Einzelheiten einzuprägen, da die verschiedenen Anweisungen und Vorschriften von FORTRAN eingehend in den Kapiteln 2 bis 4 besprochen werden.

Die Aufgabe besteht darin, eine Tabelle für Z_1 und Z_2 nach der Gleichung

$$Z_{1,2} = \frac{A}{5 \pm \sqrt{B-A}}$$

für beliebig viele Wertepaare A und B zu erstellen.

Löst man die Aufgabe mittels einer Tischrechenmaschine, so kann dabei wie folgt vorgegangen werden:

In die erste Spalte einer Tabelle (Abb. 1.1.) tragen wir den Rechenablauf ein. Die auszuführenden Tätigkeiten bezeichnen wir durch Symbole, wie es in der zweiten Spalte angedeutet ist.

Spalte / Zeile	1	2	3	4	
1	A	①	33,80	22,50	
2	B	②	45,70	18,30	
3	B – A	③ ⇐ ② – ①	11,90	–4,20	
4	$\sqrt{B-A}$	④ ⇐ $\sqrt{③}$	3,45	Wurzel imaginär	
5	$5,0 + \sqrt{B-A}$	⑤ ⇐ 5,0 + ④	8,45	—	
6	$5,0 - \sqrt{B-A}$	⑥ ⇐ 5,0 – ④	1,55	—	
7	$Z_1 = \dfrac{A}{5,0 + \sqrt{B-A}}$	⑦ ⇐ ① / ⑤	4,00	—	
8	$Z_2 = \dfrac{A}{5,0 - \sqrt{B-A}}$	⑧ ⇐ ① / ⑥	21,80	—	

Abb. 1.1. Tabellarische Auswertung einer gegebenen Funktion

Der Kreis mit einer Ziffer bezeichnet den Inhalt (den Wert) einer jeden Zeile, der Pfeil ist zu lesen als „ergibt", und die Operationen sind durch die übliche mathematische Symbolik dargestellt. Beispielsweise ist die Zeile 3 wie folgt zu lesen: Der Wert von ③ ergibt sich aus dem Wert von ②, vermindert um den Wert von ① . Die Zeile enthält also nicht eine mathematische Formel, sondern eine **Anweisung** (Befehl), was zu tun ist.

Bevor wir mit der Berechnung beginnen können, müssen wir in Spalte 3 Werte für A und B in die Zeilen 1 und 2 eintragen. Den Inhalt der beiden „Speicherzellen" ① und ② tippen wir dann in die Tischrechenmaschine, lösen dort die Operation Subtrahieren aus und notieren das Ergebnis in Zeile ③ (Speicherzelle ③). Daraufhin bestimmen wir die Quadratwurzel von ③ mittels einer entsprechenden Hilfstabelle und notieren das Ergebnis in Zeile 4. In dieser Art

1.1. Ein Programmierbeispiel

fahren wir bis zum Ende der Befehlsfolge fort. Nach dem ersten Durchlauf wiederholt sich der Vorgang, beginnend mit der Bereitstellung neuer Werte für A und B.

Die Spalte 2 in Abb. 1.1. ist das Programm für die Auswertung der Aufgabe mit der Tischrechenmaschine. Die Aufstellung dieses Programms ist die Planung für den anschließenden Rechenvorgang. Die Planung für die Berechnung auf einer digitalen Rechenanlage benötigt gegenüber der „Handrechnung" weitere Punkte, die wir an Hand des Flußdiagramms in Abb. 1.3. im einzelnen besprechen wollen.

(Start) kennzeichnet den Anfang des Programms. Die erste Operation, die vom Rechenautomaten ausgeführt werden soll, ist das Einlesen (lies = engl. READ) von Zahlenwerten für die Größen A und B. Im Flußdiagramm ist dieser Vorgang durch den Umriß einer Lochkarte gekennzeichnet.

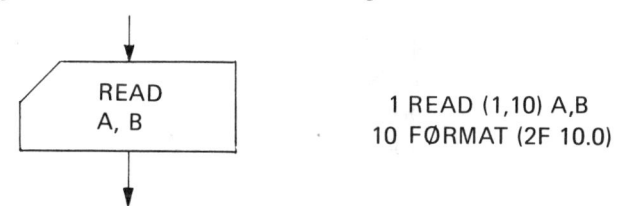

```
        READ                1 READ (1,10) A,B
        A, B               10 FØRMAT (2F 10.0)
```

Neben dem Symbol für das Flußdiagramm sind die zugehörigen Anweisungen an den Rechenautomaten in FORTRAN notiert. Die erste Anweisung veranlaßt den Lesevorgang, wobei von einer Lochkarte, die im Lesefach der Rechenanlage liegen muß, eine Zahl für die Speicherzelle A und eine weitere für die Speicherzelle B gelesen wird. Die Unterscheidung verschiedener Speicherzellen wird im Rechenautomaten durch eine fortlaufende Numerierung erreicht, ähnlich wie wir es in der Tabelle in Abb. 1.1. getan haben. Um eine bessere Verbindung der mathematischen Formulierung einer Aufgabe mit dem zugehörigen Programm herzustellen, werden in FORTRAN die Speicherzellen jedoch durch Namen symbolisiert. Die Zuordnung der Namen zu den Nummern der Speicherzellen macht der Rechenautomat während eines besonderen Übersetzungsvorganges selbständig. Der zweiten Anweisung entnimmt der Rechenautomat die Information über das Format der beiden Zahlen, das ist z.B., wieviel Stellen jede Zahl maximal haben darf.

Da im vorhinein nicht bekannt ist, welche Zahlenwerte die Variablen A und B annehmen werden, muß der Programmierer für den Fall, daß der Zahlenwert von A größer als der von B ist, verhindern, daß die Wurzel aus B-A gezogen wird. In diesem Fall würde die Wurzel imaginär. Der Rechenautomat muß daher prüfen, ob der Zahlenwert von B kleiner, gleich oder größer als der von A ist. Diese Prüfung wird bei der Handrechnung nicht extra geplant sondern beim Ausfüllen jeder Spalte unbewußt durchgeführt.

Diese Entscheidung während der Rechnung wird im Flußdiagramm durch eine Entscheidungsraute dargestellt.

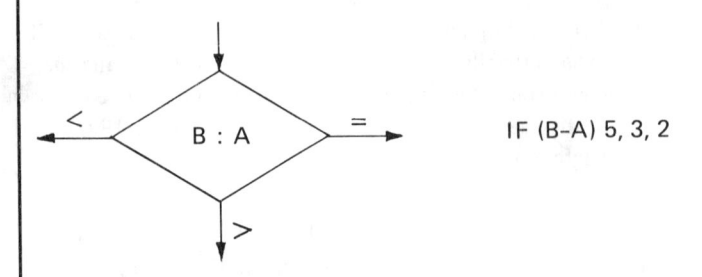

```
        ↓
    <  ╱ ╲  =
   ←──<B : A>──→      IF (B-A) 5, 3, 2
       ╲ ╱
        >
        ↓
```

Die Entscheidungsraute hat einen Eingang und drei Ausgänge. Die Rechnung wird an dem Zweig fortgesetzt, dessen Bedingung durch die Zahlenwerte von B und A erfüllt wird. Ist beispielsweise B kleiner als A, wird die Rechnung entlang dem linken Pfeil fortgesetzt. Neben der Entscheidungsraute ist die entsprechende FORTRAN-Anweisung angegeben. Sie besagt: Springe zur Programmstelle 5, 3 oder 2, wenn (engl. IF) das Ergebnis von B-A kleiner als null, gleich null oder größer als null ist.

Für den Fall, daß B kleiner als A ist, soll der Rechenautomat für das augenblickliche Wertepaar A und B die Meldung ausschreiben (schreiben = engl. WRITE), daß die Wurzel imaginär ist. Im Flußdiagramm wird das Ausdrucken durch einen abgerissenen Papierbogen symbolisiert.

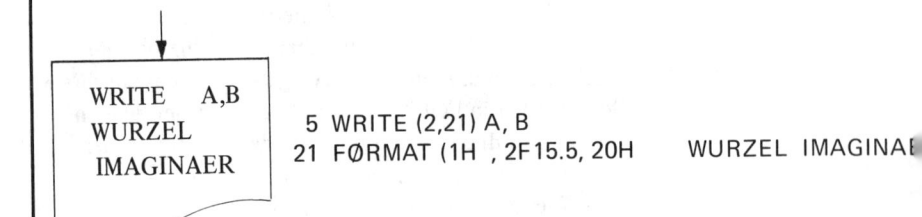

```
    ↓
┌─────────────┐
│ WRITE   A,B │      5 WRITE (2,21) A, B
│ WURZEL      │     21 FØRMAT (1H , 2F15.5, 20H      WURZEL IMAGINAE
│ IMAGINAER   │
└─────────────┘
    ↓
```

Von den entsprechenden FORTRAN-Anweisungen veranlaßt die erste den eigentlichen Schreibvorgang, während die zweite dem Rechenautomaten angibt, in welchem Format diese Zahlen ausgegeben werden sollen. Die FØRMAT-Anweisung enthält ebenfalls den Orientierungstext. FØRMAT-Anweisungen gehören zu den Lese- und Schreibanweisungen. Zahlen vor FORTRAN-Anweisungen ermöglichen es, an anderen Stellen des Programms auf diese – bei-

1.1. Ein Programmierbeispiel

spielsweise als Sprungziel − Bezug zu nehmen. Sie heißen **Anweisungsnummern**. So trägt die WRITE-Anweisung die Nummer 5, da sie eines der Sprungziele der Anweisung IF (B-A) 5, 3, 2 ist.

Ist der Zahlenwert von B gleich dem von A, so folgt der Rechenablauf dem rechten Ausgang aus der Entscheidungsraute. Die Berechnungsformel vereinfacht sich zu:

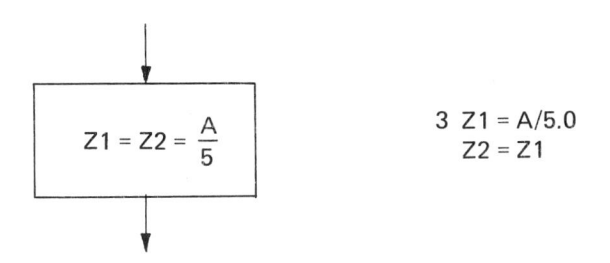

$$Z1 = Z2 = \frac{A}{5} \qquad\qquad \begin{array}{l} 3\ Z1 = A/5.0 \\ Z2 = Z1 \end{array}$$

Das Rechteck wird im Flußdiagramm zur Kennzeichnung von Rechenoperationen verwendet. Die Rechenoperation Z1=A/5.0 hat zur Folge, daß nach Ablauf der Operation die Variable Z1 den Zahlenwert hat, der sich aus der Division des Zahlenwertes von A durch 5.0 ergibt. Das Zeichen = ist beim Programmieren als "ergibt" zu interpretieren. Der Wert der links vom Zeichen = stehenden Variablen ergibt sich aus der Auswertung des rechts vom Zeichen = stehenden Ausdrucks. Nach der Bestimmung von Z1 und Z2 können die Ergebnisse ausgedruckt werden. Im Flußdiagramm in Abb. 1.3. geht der Pfeil daher direkt zu dem Feld, das das Ausschreiben der Ergebnisse symbolisiert.

Die bisher besprochenen Fälle waren Sonderfälle. Ist das momentane Wertepaar so, daß die Bedingungen für die Sonderfälle nicht auftreten, so kann Z1 berechnet werden. Hierzu muß die Quadratwurzel aus B-A gezogen werden. Bei der Handrechnung geschieht das gewöhnlich mit Hilfe von Tabellen. In einer digitalen Rechenanlage ist es günstiger, dazu eine Näherungsbeziehung zu verwenden.

Da jedoch Wurzelberechnungen in wissenschaftlichen Programmen sehr häufig vorkommen, faßt man die notwendigen Anweisungen in einem Teilprogramm (Unterprogramm) zusammen und gibt diesem einen Namen, über den man es im Bedarfsfall aufrufen kann.

Der Aufruf eines solchen **Unterprogramms** bewirkt einen Sprung zum Anfang der entsprechenden Anweisungsfolge, die ausgeführt wird und von deren letzter Anweisung ein Rücksprung in das eigentliche Programm erfolgt.

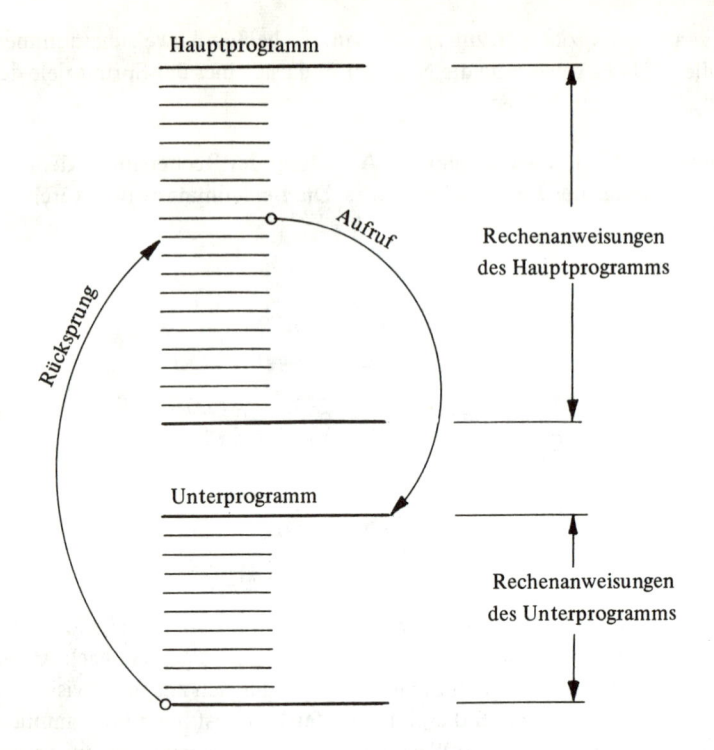

Abb. 1.2. Aufruf eines Unterprogramms

In unserem Beispiel muß dreimal die Quadratwurzel berechnet werden, es wird daher dreimal das Unterprogramm Quadratwurzel (engl. square root und in FORTRAN mit SQRT abgekürzt) aufgerufen. Die entsprechenden Notierungen im Flußdiagramm und in FORTRAN sind:

$$Z1 = \frac{A}{5+\sqrt{B-A}}$$

2 Z1 = A/ (5.0 + SQRT (B-A))

Diese FORTRAN-Anweisung zeigt deutlich, wie sehr sich die Schreibweise in FORTRAN und die der Arithmetik ähneln. Sogar der Aufruf des Unterprogramms SQRT ist in der Anweisung enthalten. Eine einzige FORTRAN-Anweisung kann eine Vielzahl von Rechenoperationen enthalten. Der Zahlenwert, aus dem die Quadratwurzel berechnet werden soll, ist in Klammern hinter dem Namen des Unterprogramms angegeben.

1.1. Ein Programmierbeispiel

Die Bildung von Unterprogrammen ist ein wichtiges Hilfsmittel, umfangreiche Programme übersichtlich zu gestalten. Unterprogramme und das Hauptprogramm bezeichnet man als **Programmsegmente**.

Zur Berechnung von Z2 muß ein weiterer Sonderfall beachtet werden: Der Nenner in der Formel für Z2 darf nicht null werden, da der Zahlenwert für Z2 dann unendlich groß würde (singulärer Punkt). Jeder Rechenautomat hat einen begrenzten Zahlenbereich. Die größte darstellbare Zahl liegt bei den Rechenautomaten zwischen 10^{40} und 10^{80}. Bei Überschreitungen der größten Zahl meldet der Rechenautomat einen Fehler und unterbricht den Rechenablauf. Um dies auszuschließen, ist im Flußdiagramm ein Zweig vorgesehen, auf dem im Falle $\sqrt{B-A} = 5$ die Meldung „Funktion singulär" mit dem zugehörigen Wertepaar A und B ausgedruckt wird. Ist der Nenner ungleich null, so kann Z2 berechnet werden, und danach können die Zahlenwerte von A, B, Z1, und Z2 ausgedruckt werden.

In der Aufgabenstellung wurde gefordert, Z1 und Z2 für beliebig viele Wertepaare A und B berechnen zu lassen. Bei der Handrechnung wird die Berechnung abgebrochen, wenn das letzte Wertepaar verarbeitet worden ist. Der Rechenautomat weiß jedoch nicht, wann er das letzte Wertepaar gelesen hat. Der Programmierer wählt daher für eine der Eingabegrößen einen bestimmten Zahlenwert, an dem der Rechenautomat erkennen kann, daß die Berechnung abgebrochen werden soll. Im vorliegenden Beispiel geschieht dies, wenn A=999999.0 ist.

Die Entscheidungsraute dafür im Flußdiagramm ist:

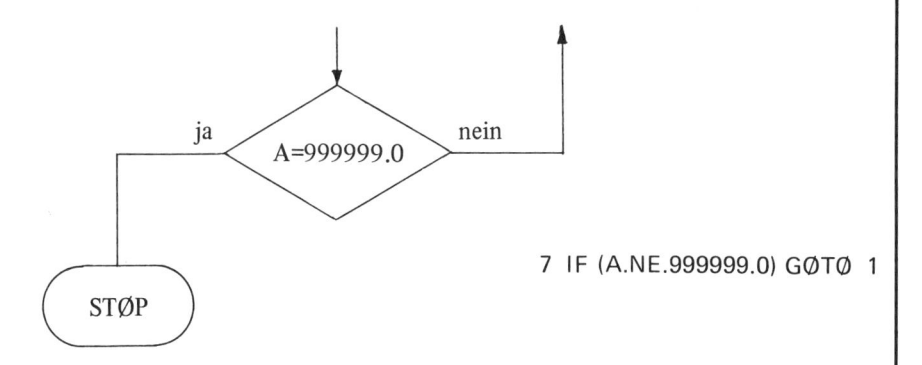

```
           ja     A=999999.0    nein
   STØP                                7 IF (A.NE.999999.0) GØTØ 1
```

Die FORTRAN-Anweisung besagt: Wenn A ungleich 999999.0 ist, springe (engl. GØTØ) zur Anweisung mit der Nummer 1 (zum Einlesen neuer Werte für A und B), andernfalls führe die im Programm auf die IF-Anweisung folgende Anweisung aus, das heißt, die Anweisung STØP, die den Rechenautomaten veranlaßt, die Berechnungen zu beenden. Der Rechenautomat wird also die Berechnung ununterbrochen fortsetzen,bis eine Lochkarte A den Wert **999999.0** enthält. Das kann schon die erste, die fünfzigste oder die zehntausendste Lochkarte sein. Je nachdem, wie es der Benutzer des Programms wünscht. Günstiger wäre es gewesen, diese Abfrage hinter der Leseanweisung am Anfang des Programms vorzusehen, da dann die überflüssige Durchrechnung des Wertepaars mit A = **999999.0** und die letzte Zeile im Ergebnisausdruck (s.S. 21) wegfallen würden.

An diesem einfachen Beispiel haben wir die wichtigsten Typen von Anweisungen für digitale Rechenanlagen kennengelernt. Es sind:

– Anweisungen zur Eingabe von Daten
– Entscheidungsbefehle (Abfragen)
– Anweisungen für Rechenoperationen
– Sprunganweisungen
– Unterprogrammanweisungen
– Anweisungen zur Ausgabe von Daten.

Das Flußdiagramm in Abb. 1.3. ist ein flächenhaftes Gebilde. Rechenprogramme sind aber linear aufgebaut, da der Rechenautomat nur eine Anweisung nach der anderen ausführt und nicht zwei oder mehrere Anweisungen gleichzeitig. Die Sprungbefehle ermöglichen es, daß der lineare Programmablauf dennoch Programmverzweigungen, wie sie das Flußdiagramm enthält, ermöglicht. In unserem Beispiel stehen daher an all den Stellen Sprungbefehle, wo der Programmablauf nicht linear fortgesetzt werden soll.

Im folgenden sind das komplette Flußdiagramm und das dazugehörige FORTRAN-Programm angegeben. Der Leser braucht sich noch nicht die FORTRAN-Anweisungen im einzelnen einzuprägen. Mit diesem Beispiel sollen lediglich die Flußdiagrammtechnik und das Verständnis für die Notwendigkeit der verschiedenen Typen von FORTRAN-Anweisungen vermittelt werden.

Man beachte, daß in diesem Buch in FORTRAN-Anweisungen zur Unterscheidung der Buchstabe O als Ø und die Ziffer 0 (null) als O geschrieben wird. Diese Art der Unterscheidung erleichtert die Arbeit des Datentypisten, die Rechenanlagen drucken jedoch O (Buchstabe) und O (Ziffer), unterscheiden also nicht so deutlich.

Bei einigen Autoren und Rechenanlagenherstellern wird die Unterscheidung zwischen dem Buchstaben O und der Ziffer 0 in umgekehrter Weise vorgenommen.

1.1. Ein Programmierbeispiel

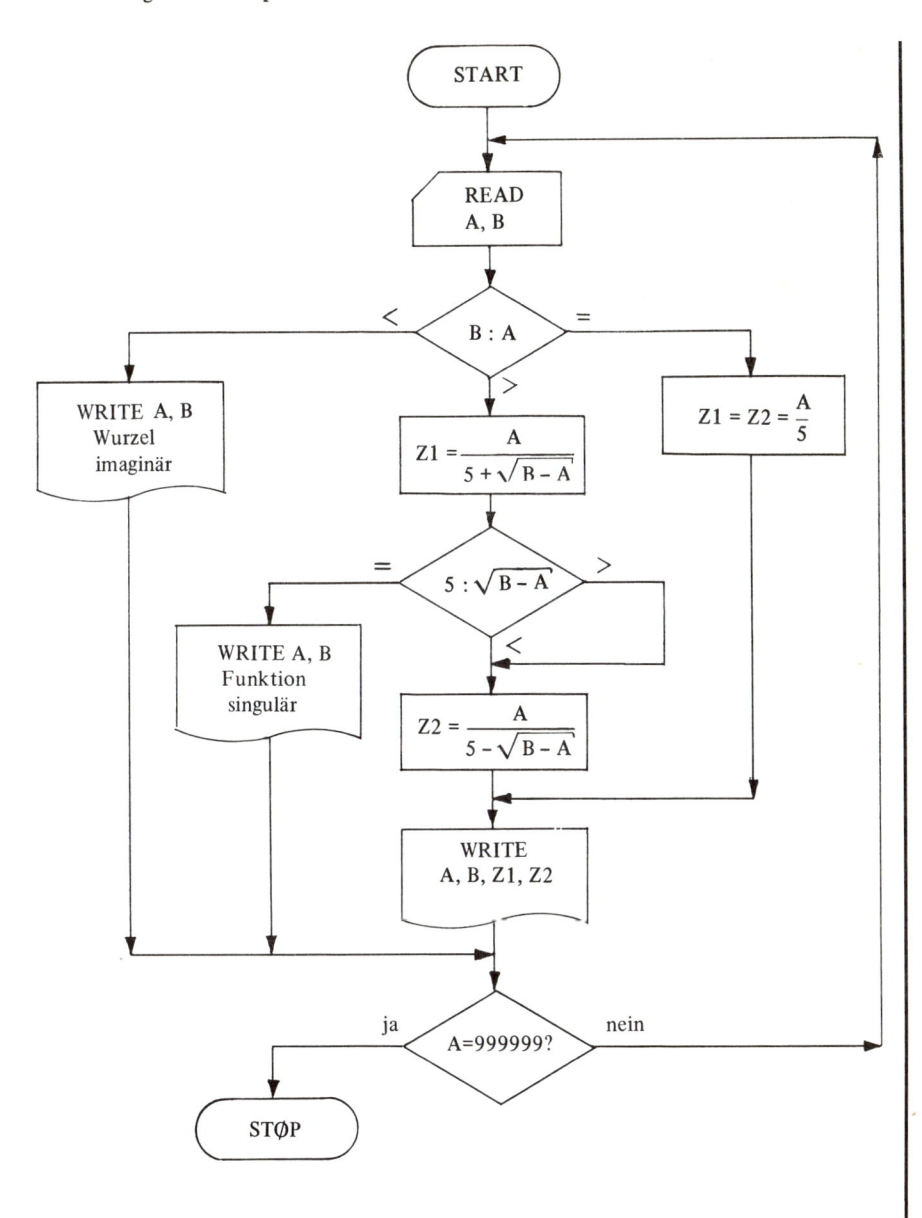

Abb. 1.3. Flußdiagramm zur Auswertung von $Z_{1,2} = \dfrac{A}{5 \pm \sqrt{B-A}}$

Programmkarten

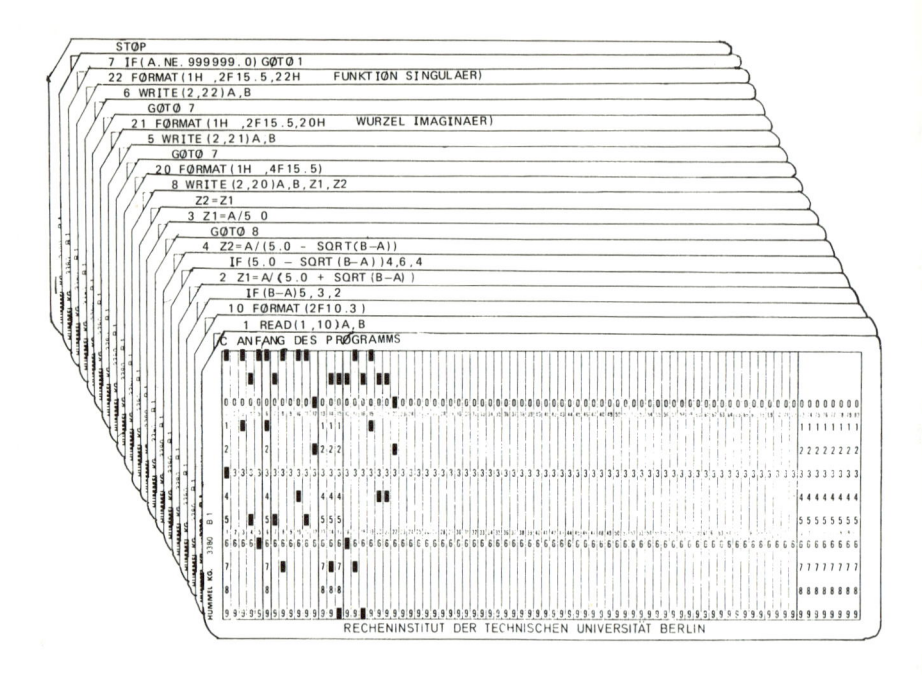

```
            STOP
          7 IF(A.NE.999999.0)GOTO 1
         22 FORMAT(1H ,2F15.5,22H   FUNKTION SINGULAER)
          6 WRITE(2,22)A,B
            GOTO 7
         21 FORMAT(1H ,2F15.5,20H   WURZEL IMAGINAER)
          5 WRITE(2,21)A,B
            GOTO 7
         20 FORMAT(1H ,4F15.5)
          8 WRITE(2,20)A,B,Z1,Z2
            Z2=Z1
          3 Z1=A/5.0
            GOTO 8
          4 Z2=A/(5.0 - SQRT(B-A))
            IF(5.0 - SQRT(B-A))4,6,4
          2 Z1=A/(5.0 + SQRT(B-A))
            IF(B-A)5,3,2
         10 FORMAT(2F10.3)
          1 READ(1,10)A,B
         C  ANFANG DES PROGRAMMS
```

Datenkarten

```
999999.0    0.0
   0.0     15.3
  22.5     18.3
  27.6     27.6
 105.3    130.3
  52.3     65.22
  33.8     45.7
```

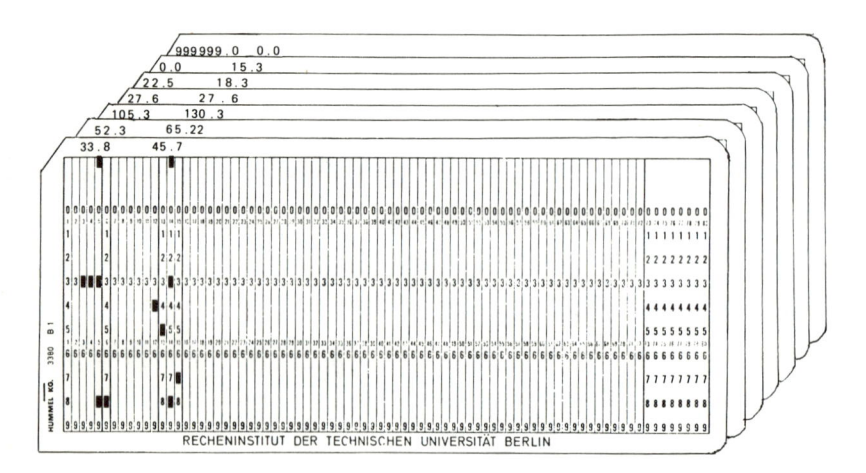

Abb. 1.4. Programm zur Auswertung von $z_{1,2} = \dfrac{A}{5 \pm \sqrt{B-A}}$

1.1. Ein Programmierbeispiel

```
C ANFANG DES PROGRAMMS
    1 READ(1,10)A,B
   10 FORMAT(2F10.3)
      IF(B-A)5,3,2
    2 Z1=A/(5.0 + SQRT(B-A))
      IF(5.0 - SQRT(B-A))4,6,4
    4 Z2=A/(5.0 - SQRT(B-A))
      GOTO 8
    3 Z1=A/5.0
      Z2=Z1
    8 WRITE(2,20)A,B,Z1,Z2
   20 FORMAT(1H ,4F15.5)
      GOTO 7
    5 WRITE(2,21)A,B
   21 FORMAT(1H ,2F15.5,20H      WURZEL IMAGINAER)
      GOTO 7
    6 WRITE(2,22)A,B
   22 FORMAT(1H ,2F15.5,22H      FUNKTION SINGULAER)
    7 IF(A.NE.999999.0)GOTO 1
      STOP
```

Zur Bearbeitung des Programms werden die Programmkarten von Abb. 1.4. in den Computer gegeben, der die Anweisungen in obenstehender Form protokolliert und sie in Maschinenbefehle übersetzt. Nach der Übersetzung berechnet er mit den abgebildeten Datenkarten und dem Maschinenprogramm die Ergebnisse, die er mit folgendem Druckschema ausgibt.

```
     33.80000         45.70000            4.00017         21.80136
     52.30000         65.22000            6.08533         37.20937
    105.30000        130.30000      FUNKTION SINGULAER
     27.60000         27.60000            5.52000          5.52000
     22.50000         18.30000      WURZEL IMAGINAER
      0.00000         15.30000            0.00000          0.00000
 999999.00000          0.00000      WURZEL IMAGINAER
```

Bei umfangreichen Programmen werden keine Flußdiagramme wie in Abb. 1.3. erstellt, sondern es werden zwei getrennte Pläne aufgestellt. Der eine ist der Datenflußplan, er gibt die Daten an, die verarbeitet werden sollen, und zeigt den Transport der Daten zwischen verschiedenen Datenträgern [1]. Der andere ist der Programmablaufplan, der die Verarbeitung der Daten, das sind die eigentlichen Berechnungen, angibt. Bei technisch-wissenschaftlichen Problemen ist der Datenanfall meist gering, so daß Datenflußplan und Programmablaufplan meist in einem Diagramm, ähnlich dem in Abb. 1.3., zusammengefaßt werden.

[1] Datenträger sind z.B. Lochkarten, Lochstreifen, Magnetband, Druckpapier usw.

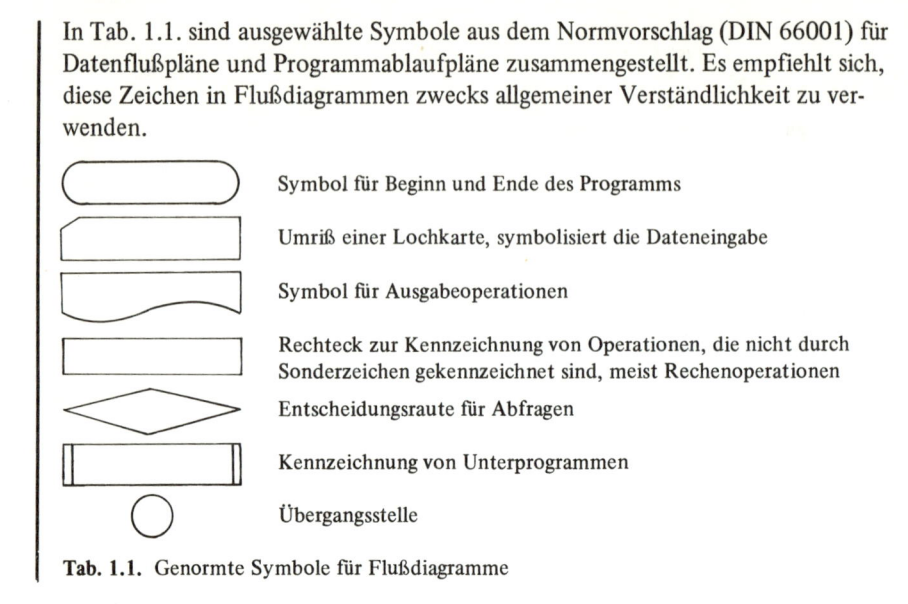

In Tab. 1.1. sind ausgewählte Symbole aus dem Normvorschlag (DIN 66001) für Datenflußpläne und Programmablaufpläne zusammengestellt. Es empfiehlt sich, diese Zeichen in Flußdiagrammen zwecks allgemeiner Verständlichkeit zu verwenden.

⬭	Symbol für Beginn und Ende des Programms
▱	Umriß einer Lochkarte, symbolisiert die Dateneingabe
⎯	Symbol für Ausgabeoperationen
▭	Rechteck zur Kennzeichnung von Operationen, die nicht durch Sonderzeichen gekennzeichnet sind, meist Rechenoperationen
◇	Entscheidungsraute für Abfragen
▭	Kennzeichnung von Unterprogrammen
○	Übergangsstelle

Tab. 1.1. Genormte Symbole für Flußdiagramme

1.2. Kurze Beschreibung einer digitalen Rechenanlage

In diesem Abschnitt geben wir einen kurzen Abriß über den Aufbau und die internen Zusammenhänge in einem Rechenautomaten. Die Kenntnis dieses Abschnitts ist zum Programmieren in FORTRAN zwar nicht unbedingt notwendig, sie trägt jedoch zum Verständnis gewisser FORTRAN-Vorschriften bei.

1.2.1. Aufbau

Zwischen der im vorangegangenen Abschnitt dargestellten „Handrechnung" (vgl. Abb. 1.1.) und der Arbeitsweise einer digitalen Rechenanlage ergeben sich eine Reihe von Parallelen.

Die Aufgabe, die dem Menschen bei der Handrechnung zufällt, ist das Steuern des Rechenablaufs und das Übertragen der Ergebnisse der einzelnen Operationen zwischen der Tischrechenmaschine und der Tabelle. Der Tischrechenmaschine entspricht in der Datenverarbeitungsanlage das Rechenwerk, dem Menschen das Steuerwerk, der Tabelle der Arbeitsspeicher und der Befehlsfolge das Programm. Die Funktion der Hilfstabelle übernehmen in den meisten Rechenanlagen fertige Unterprogramme, die vom Hersteller mitgeliefert werden. Der Schritt von Spalte 1 nach Spalte 2 ist vergleichbar mit der Übersetzung des Programms in Befehle, die die Maschine direkt verarbeiten kann. Vor dem Beginn der Berechnungen mußten

1.2. Kurze Beschreibung einer digitalen Rechenanlage

wir in unsere Tabelle die Befehlsfolge und die Werte A und B eintragen. Entsprechend müssen dem Rechenautomaten das **Programm** und die **Daten** eingegeben werden.

Während bei der Handrechnung die Endergebnisse direkt aus Zeile 7 und 8 ablesbar sind, ist bei der digitalen Rechenanlage eine zusätzliche Tätigkeit erforderlich. Dies ist das Übertragen der im Arbeitsspeicher stehenden Endergebnisse, wo sie der Benutzer nicht direkt ablesen kann, beispielsweise auf ein Blatt Papier (Ausgabe). Ein vereinfachtes Schema einer digitalen Rechenanlage mit den Analogien zur Handrechnung zeigt Abb. 1.5.

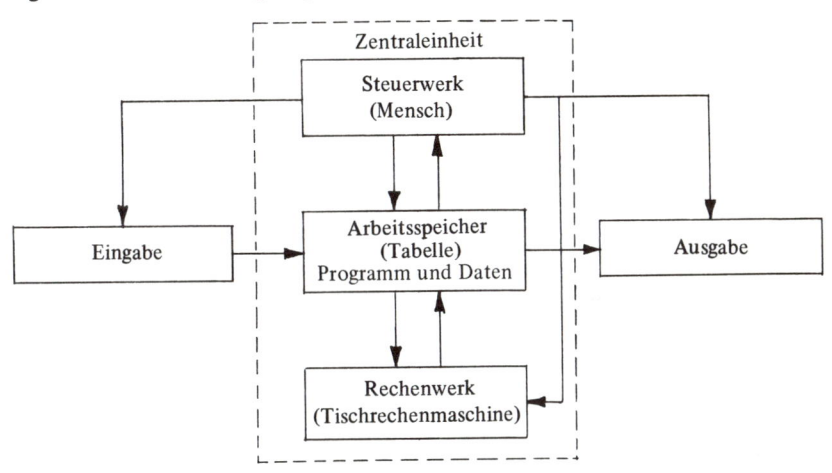

```
            ┌─────────────────────────────────┐
            │          Zentraleinheit         │
            │      ┌──────────────────┐       │
            │      │    Steuerwerk    │       │
            │      │     (Mensch)     │       │
            │      └──────────────────┘       │
            │              ↕                  │
┌─────────┐ │      ┌──────────────────┐       │ ┌─────────┐
│ Eingabe │─┼─────▶│  Arbeitsspeicher │──────▶┼▶│ Ausgabe │
└─────────┘ │      │     (Tabelle)    │       │ └─────────┘
            │      │ Programm und Daten│      │
            │      └──────────────────┘       │
            │              ↕                  │
            │      ┌──────────────────┐       │
            │      │    Rechenwerk    │       │
            │      │(Tischrechenmaschine)│    │
            │      └──────────────────┘       │
            └─────────────────────────────────┘
```

Abb. 1.5. Schematische Darstellung einer digitalen Rechenmaschine mit Analogien zur Handrechnung

Maschinentechnisch läßt sich eine elektronische Datenverarbeitungsanlage in die Zentraleinheit und die peripheren Geräte einteilen. Einen Überblick über eine mittelgroße Rechenanlage zeigt die Abbildung 1.6. Die **Zentraleinheit** beherbergt das zentrale Steuerwerk, das zentrale Rechenwerk und den zentralen Arbeitsspeicher. Gewisse Informationen benötigt die Zentraleinheit von außen, um die danach automatisch ablaufenden Operationen steuern zu können. Eine derartige Steuerinformation ist z.B. die Angabe, mit der Bearbeitung eines bestimmten Programms zu beginnen oder die Bearbeitung eines Programms zu unterbrechen. Diese Anweisungen an die Zentraleinheit werden über ein Bedienungspult, das auch **Konsole** genannt wird, oder periphere Standardgeräte gegeben. Die Konsole erfüllt noch eine zweite Funktion: Über sie informiert die Zentraleinheit den Benutzer über die Vorgänge in der Rechenanlage, sie teilt ihm z.B. mit, welches Programm im Augenblick bearbeitet wird, welche peripheren Geräte von ihr benutzt werden oder veranlaßt den Benutzer, gewisse Handgriffe an der Anlage vorzunehmen. Die Ein- und Ausgabe von Informationen an der Konsole geschieht mittels einer Steuerschreibmaschine.

Unter den **peripheren Geräten** versteht man die Ein- und Ausgabegeräte und die externen Speicher. Über die Eingabegeräte werden die Programme und die dazugehörigen Daten eingelesen. Übliche Eingabegeräte sind bisher Lochkarten- und Lochstreifenleser. Darüber hinaus gibt es auch Eingabegeräte für bestimmte Sonderzwecke, wie z.B. Belegleser für Klarschrift, die das Übertragen von Schrift auf Lochkarten überflüssig machen. Die Ausgabegeräte dienen zur Dokumentation der Rechenergebnisse. Sie lassen sich in zwei Gruppen einteilen:

a) Ausgabegeräte für den Benutzer
b) Ausgabegeräte für den Rechenautomaten

Die Ausgabegeräte für den Benutzer sind in Abb. 1.6. der Zeilendrucker, der digitale Kurvenschreiber und das Sichtgerät. Sie dokumentieren die Ergebnisse in Form von Texten, Zahlen oder graphischen Darstellungen, die ein Mensch in angemessener Zeit interpretieren kann. Der Lochstreifenstanzer und der Lochkartenstanzer werden vornehmlich eingesetzt, um Ergebnisse auszugeben, die einem Rechenautomaten zu späterer Zeit wieder als Eingabedaten bereitgestellt werden sollen.

In den externen Speichern werden diejenigen Programme und Daten aufbewahrt, die der Rechner im Augenblick nicht benötigt, die aber im Bedarfsfall in den zentralen Arbeitsspeicher eingelesen und dort verarbeitet werden können. Drei Parameter sind neben den Kosten bei der Auswahl geeigneter externer Speicher wichtig: die Speicherkapazität, die Zugriffszeit und die Übertragungsgeschwindigkeit. Die Speicherkapazität gibt an, wieviele Daten ein Speicher aufnehmen kann. Die Zugriffszeit gibt Auskunft darüber, wie lange der Rechenautomat braucht, um einen bestimmten Speicherplatz zu finden und seinen Inhalt zu lesen; die Übertragungsgeschwindigkeit schließlich besagt, wie schnell Daten vom externen in den Arbeitsspeicher übertragen werden können. Durch die beiden letzten Parameter wird die Arbeitsgeschwindigkeit der gesamten Anlage entscheidend beeinflußt.

Zu den peripheren Geräten wird auch die Datenfernübertragung gerechnet. Sie ermöglicht dem Benutzer den Verkehr mit einer digitalen Rechenanlage über große Entfernung. Ein Beispiel für die Anwendung einer Datenfernübertragung ist die zentrale Platzbuchung für Fluggesellschaften.

Die Steuerung des Betriebs einer Rechenanlage, das ist das Zusammenwirken der Zentraleinheit mit der oft sehr umfangreichen Peripherie, wird heutzutage durch Steuerprogramme erledigt, die ebenfalls im zentralen Arbeitsspeicher stehen.

Diese Steuerprogramme, wie auch die Übersetzerprogramme und die Programmbibliotheken, die zu den Rechenautomaten mitgeliefert werden und eine Fülle von Programmen zur Lösung mathematischer, technisch-wissenschaftlicher und kommerzieller Standardprobleme enthalten, machen heute zu einem wesentlichen Teil die Qualität einer digitalen Rechenanlage aus. Da sie zur Rechenan-

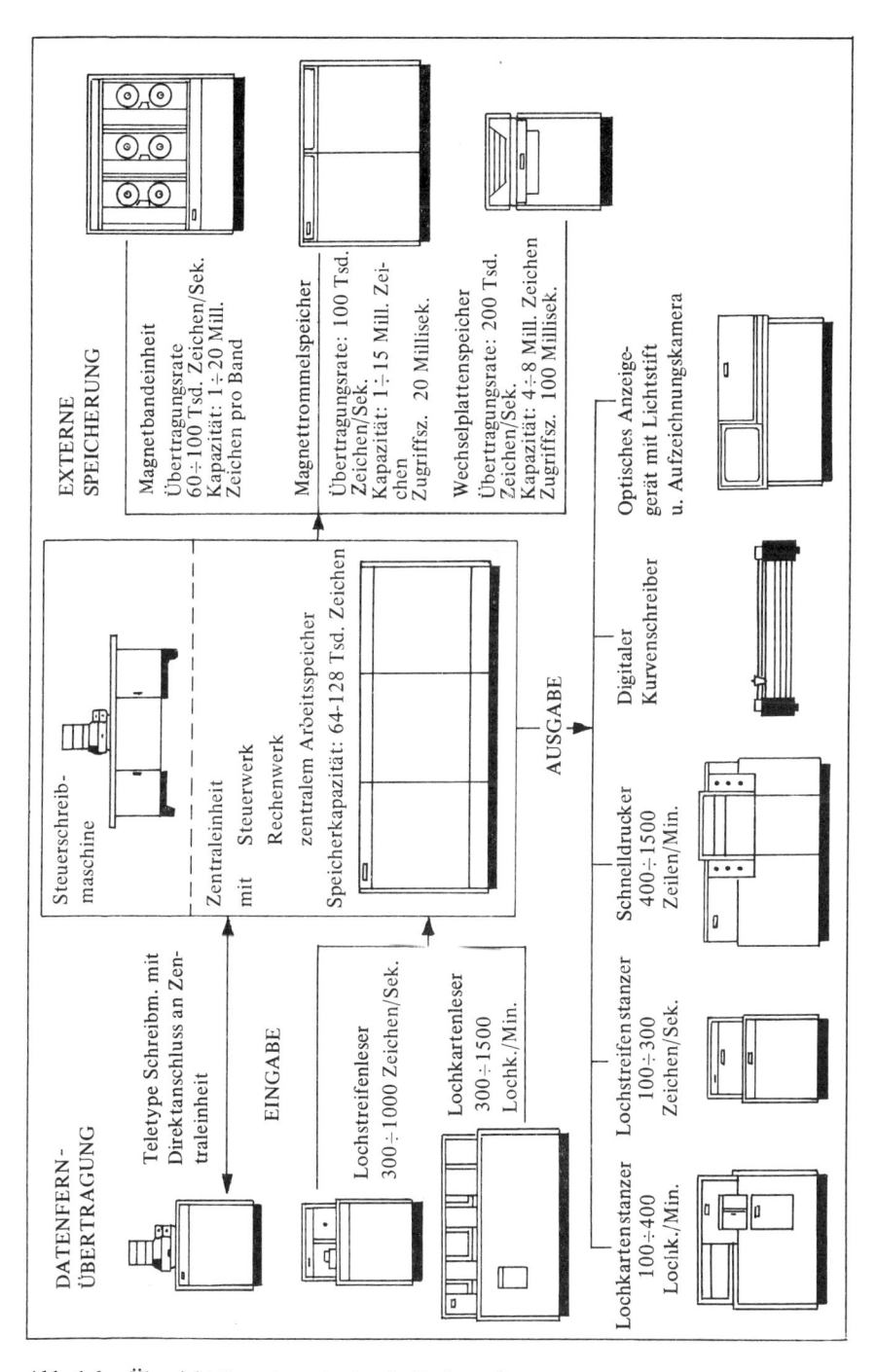

Abb. 1.6. Übersicht über eine mittelgroße Rechenanlage

lage gehören, aber keine Geräte sind, hat es sich eingebürgert, sie als „software" zu bezeichnen zur Unterscheidung von den Geräten, die man unter dem Begriff „hardware" vereinigt.

1.2.2. Informationsdarstellung

Bisher haben wir erläutert, aus welchen Elementen eine digitale Datenverarbeitungsanlage zusammengesetzt ist und wie diese zusammenwirken. Im folgenden wollen wir auf die Darstellung von Daten und Befehlen in einem Rechenautomaten eingehen.

Im täglichen Leben verständigen wir uns mit Hilfe von Wörtern und Zahlen, deren Grundelemente Buchstaben bzw. Ziffern sind, die wir durch Symbole (z.B. C oder 6) darstellen. Wörter und Zahlen sind digitale Daten (von digit = Zeichen, Ziffer), weil sie aus Datenelementen, nämlich 26 Buchstaben und 10 Ziffern, aufgebaut sind.

Dem Rechenautomaten stehen **nur zwei** Elemente zur Darstellung von Daten zur Verfügung, nämlich **etwas** oder **nichts** oder auch **wahr** oder **falsch**. Sie werden durch L (wahr) und O (falsch) symbolisiert. Das Datenelement wird **Bit** (von **BI**nary digi**T** = Binärzeichen) genannt. Da ein Bit nur die zwei genannten Zustände einnehmen kann, benötigt man für die Darstellung der 26 Buchstaben und 10 Ziffern eine Gruppe von Bits.

Bei den heutzutage üblichen Rechenanlagen werden 6-8 Bits zu einer Gruppe zusammengefaßt. Hiermit lassen sich 64 (6-Bit-Gruppe) bzw. 256 (8-Bit-Gruppe) verschiedene **Zeichen** (engl. Character) binär verschlüsseln, so daß es möglich ist, in einer Rechenanlage außer den Buchstaben und Ziffern auch andere Zeichen wie z.B. Komma, Klammer, etc. zu verarbeiten. Eine 8-Bit-Gruppe wird als **Byte** bezeichnet.

Beispiel: Binäre Verschlüsselung von Buchstaben und Dezimal-Ziffern (Byte)

$$B \cong \boxed{L|L|O|O|O|O|L|O}$$

$$3 \cong \boxed{L|L|O|L|O|O|L|L}$$

Technisch darstellen und speichern lassen sich Bits beispielsweise durch eine bestimmte Stelle auf einer Lochkarte, die gelocht (L) oder nicht gelocht (O) ist, oder durch einen Ferritkern, der rechtsherum oder linksherum magnetisiert ist. Einer Gruppe von Bits entspricht im Arbeitsspeicher der digitalen Rechenanlage eine Gruppe von Ferritkernen, die man **Speicherstelle** nennt. Mehrere Speicherstellen zusammen bilden eine **Speicherzelle**. Eine Speicherstelle enthält immer ein Zeichen z. B. ein A, eine Speicherzelle enthält ein Datenwort, das aus mehreren Zeichen besteht, z. B. den Namen ANTON.

1.2. Kurze Beschreibung einer digitalen Rechenanlage

In der folgenden Tabelle ist der Zusammenhang zwischen Informations- und Speichereinheiten noch einmal übersichtlich zusammengefaßt.

Informationseinheit	Speichereinheit
bit	Ferritkern, Bitspeicher
Zeichen, Byte (6 ÷ 8 bit)	Speicherstelle
Datenwort (16 ÷ 60 bit bzw. 2 ÷ 10 Zeichen)	Speicherzelle

Tab. 1.2. Übersicht über Informationseinheiten und Speichereinheiten.

Die besprochene Art der Zahlendarstellung, die binäre Verschlüsselung von Dezimalziffern, ist für die numerische Bearbeitung in einem Rechenautomaten zu aufwendig, denn beispielsweise lassen sich in einem 24-Bit-Wort nur 3 bis 4 Ziffern unterbringen. Sollen Zahlenwerte rechnerisch verarbeitet und nicht nur wie Worte gespeichert werden, so werden sie zwar im Dezimalsystem eingegeben, zur eigentlichen Rechnung aber in das interne Zahlensystem des Rechenautomaten, das Dualsystem, umgesetzt.

Im Dualsystem werden Zahlenwerte als Summen von Potenzen von 2 ausgedrückt und können daher direkt durch Bitmuster dargestellt werden.

Beispiel: Die Schreibweise der Zahl 26,125 besagt im Dezimalsystem:

$$26{,}125 = 2 \cdot 10^1 + 6 \cdot 10^0 + 1 \cdot 10^{-1} + 2 \cdot 10^{-2} + 5 \cdot 10^{-3}$$

Im Dualsystem wird sie zerlegt in (im Dualsystem wird zur Vermeidung von Verwechslungen mit dem Dezimalsystem die 1 als L geschrieben):

$$1 \cdot 2^4 + 1 \cdot 2^3 + 0 \cdot 2^2 + 1 \cdot 2^1 + 0 \cdot 2^0 + 0 \cdot 2^{-1} + 0 \cdot 2^{-2} + 1 \cdot 2^{-3} = 26{,}125$$
$$\text{L} \quad \text{L} \quad \text{O} \quad \text{L} \quad \text{O} \quad \text{O} \quad \text{O} \quad \text{L} \quad = \text{LLOLO,OOL}$$

Die Zeichenfolge 26,125 im Zehnersystem und die Zeichenfolge LLOLO,OOL im Dualsystem stehen für denselben Wert.

Der Rechenautomat unterscheidet mehrere Typen von Zahlen mit unterschiedlicher Darstellungs- und Verarbeitungsweise. Die beiden wichtigsten sind:

a) Die **Festkomma-Zahl** zur Darstellung von ganzen Zahlen (= **INTEGER**-Zahlen) ohne Angabe eines gebrochenen Anteils, z. B. 5; 7; − 512 (aber nicht 5,0; − 8,3 oder $0{,}71_{10}1$).

b) die **Gleitkomma-Zahl** zur Darstellung von Zahlen mit Angabe eines gebrochenen Anteils (=**REAL**-Zahlen), z. B. 5,0; − 8,3 oder $0{,}714_{10}2$ (aber nicht 5; 7 oder 512).

Der größte Teil der numerischen Rechnungen wird im Rechenautomaten mit **REAL**-Zahlen durchgeführt, während die **INTEGER**-Zahlen vor allem zum Zählen von sich wiederholenden Vorgängen und zum Numerieren von Speicherzellen benutzt werden.

Da die Wortlänge eines Rechenautomaten begrenzt ist, ist auch der Wertbereich einer Festkomma-Zahl begrenzt. Mit einer Wortlänge von 24 Bits sind $2^{24} = 16777216$ verschiedene Zustände darstellbar. Das können z. B. alle Festkommazahlen von -8388608 ($=-2^{23}$) bis 8388607 ($=2^{23}-1$) sein.

Beispiel: Binäre Darstellung einer dualen **INTEGER**-Zahl in einem 24-Bit-Wort. Der Wert der Zahl beträgt 4247607.

| O | L | O | O | O | O | O | O | L | L | O | L | O | O | O | O | O | O | L | L | O | L | L | L |

Um den Zahlenbereich in einem Rechenautomaten zu vergrößern, werden Gleitkommazahlen benutzt. Sie werden in halbexponentieller Form durch Vorzeichen, Mantisse und Exponent dargestellt.

Beispiel: Der Zahlenwert $-798533{,}0$ ist in Gleitkommadarstellung:

$$-0{,}798533_{10}6$$

Vorzeichen — Mantisse — Basis — Exponent

Die Mantisse ist normalisiert, d. h. die erste Ziffer hinter dem Komma ist ungleich Null.

Die analoge Darstellung in einer Rechenanlage mit 4-Byte-Wort ist:

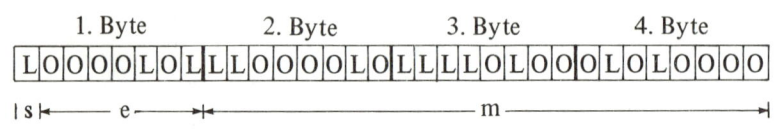

1. Byte   2. Byte   3. Byte   4. Byte

| L | O | O | O | O | L | O | L | L | L | O | O | O | O | L | O | L | L | L | L | O | L | O | O | O | L | O | L | O | O | O | O |

|s|← e →|← m →|

s = Vorzeichen; e = Exponent; m = Mantisse

Das 1. Bit des ersten Byte enthält das Vorzeichen. Die Bits 2 bis 8 enthalten die Dualzahl für den Exponenten, der $2^7 = 128$ verschiedene Werte annehmen kann, nämlich von -64 bis $+63$. Die Basis für den Exponenten wird nicht dargestellt, da sie für alle Zahlen gleich ist. Sie ist im allgemeinen nicht 10 sondern eine Potenz von 2, beispielsweise 16 (im Beispiel ist die Basis 16, so daß sich mit der dualen 5 der Faktor 16^5 ergibt). Der darstellbare Zahlenbereich geht daher von $\frac{1}{16} \cdot 16^{-64}$ bis 16^{63}, das entspricht im Zehnersystem etwa dem Bereich von $2{,}4 \cdot 10^{-78}$ bis $7{,}2 \cdot 10^{75}$.

1.2. Kurze Beschreibung einer digitalen Rechenanlage

Die Bytes 2 bis 4 beinhalten die Dualzahl der Mantisse (im Beispiel: 0,LLOOOOLOLLLLOLOOOLOLOOOO, wobei die erste Null und das Komma nicht dargestellt werden). Sie liefert eine Genauigkeit von 7 bis 8 Dezimalstellen, denn durch 24 Bits sind 16777216 Zustände unterscheidbar.

Die Aufteilung der Wortlänge in Exponent und Mantisse stellt einen Kompromiß zwischen Größe des Zahlenbereichs (bestimmt durch die Länge des Exponenten) und erforderlicher Genauigkeit (Länge der Mantisse) dar. Reicht die Genauigkeit einer Gleitkommazahl in bestimmten Sonderfällen nicht aus, so hat man auf den meisten Rechenanlagen die Möglichkeit, die Mantisse durch Hinzunahme eines zweiten Datenworts zu verlängern.

Nachdem wir die Darstellung von Daten besprochen haben, wenden wir uns jetzt den Befehlen zu.

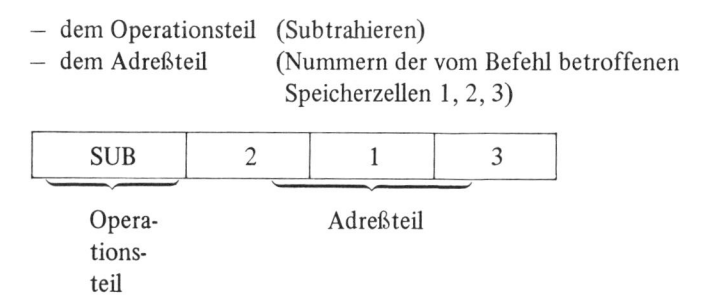

Den grundsätzlichen Aufbau eines Befehls veranschaulichen wir wiederum an Hand des Beispiels der „Handrechnung" (Abb. 1.1.). Die symbolische Schreibweise ③ ← ② - ① ist ein Rechenbefehl, der wie folgt zu interpretieren ist: Subtrahiere den Inhalt der Speicherzelle ① vom Inhalt der Speicherzelle ② und bringe das Ergebnis nach Speicherzelle ③ . Der Befehl besteht aus zwei Teilen:

- dem Operationsteil (Subtrahieren)
- dem Adreßteil (Nummern der vom Befehl betroffenen Speicherzellen 1, 2, 3)

SUB	2	1	3
Operationsteil		Adreßteil	

Nicht alle Rechenanlagen haben eine Befehlsstruktur mit drei Adressen. Häufiger ist die Zweiadreßmaschine, bei der ein Befehl nur die Adressen der an der Operation beteiligten Speicherzellen enthält. Das Ergebnis der Rechenoperation steht dann im Rechenwerk, und ein zusätzlicher Befehl bewirkt den Transport des Ergebnisses zu der gewünschten Speicherzelle.

Ein bestimmter Teil des Steuerwerks, das Befehlsadreßregister, führt Buch darüber, in welcher Reihenfolge die Befehle ausgeführt werden sollen. Normalerweise werden die Befehle in derselben Reihenfolge ausgeführt, wie sie im Arbeitsspeicher stehen. Eine Ausnahme bilden die Sprungbefehle.

Die Befehle, die wie die Daten binär verschlüsselt im Arbeitsspeicher vorliegen, werden mit Hilfe des Steuerwerks in elektrische Schaltungen überführt. Die Befehlsfolge (d. h. das Programm) muß also während der Bearbeitung in der Rechenanlage zusammen mit den zu verarbeitenden Daten im Arbeitsspeicher stehen (speicherprogrammierte Rechenanlage).

1.3. Programmiersprachen

Als einen idealen Rechenautomaten könnte man sich eine Maschine vorstellen, der ein Problem diktiert wird und die nach möglichst kurzer Zeit die Lösung des Problems in Wort oder Schrift liefert. Einen solchen Rechenautomaten, mit dem eine Verständigung wie mit einem Menschen möglich ist, gibt es bisher nicht. Der Benutzer benötigt vielmehr einen **Kode**, über den er dem Automaten sein Problem und dessen Lösungsweg mitteilen kann. Eine Programmiersprache ist ein solcher Kode.

Programmieren bedeutet, den Rechenautomaten zu veranlassen, die gewünschten Rechenschritte in der gewünschten Reihenfolge durchzuführen.

Wir wollen uns nun einen kurzen Überblick über die Entwicklung der Programmiermethoden verschaffen, wobei wir erkennen werden, wie sehr FORTRAN die Benutzung von elektronischen Rechenmaschinen erleichtert.

Die ersten Rechenautomaten wurden programmiert, indem ihre einzelnen Schaltelemente durch Drähte in der gewünschten Form verbunden wurden. Danach gab es austauschbare Programme, wobei man Steckkarten verwandte, auf denen die notwendigen Verbindungen fest verdrahtet waren. Einen großen Fortschritt brachte die Möglichkeit, das gesamte Programm in der Speichereinheit des Rechenautomaten abzuspeichern, aus dem dann das Steuerwerk die einzelnen Instruktionen las und dementsprechende Schaltkreise aufbaute; diese ersetzten die vorher notwendigen Verdrahtungen. Bei allen genannten Programmierverfahren wurden die Anweisungen in binärer Darstellung in den Rechenautomaten eingegeben. Eine weitere Erleichterung für die Programmierer brachten die Ein- und Ausgabegeräte, die die Instruktionen und Ergebnisse vom Dezimalsystem in das Binärsystem bzw. umgekehrt transformieren können.

Abb. 1.7. zeigt für eine Ein-Adreßmaschine eine in dezimaler Maschinensprache geschriebene Instruktionsfolge zur Auswertung der Beziehung

$$z = \frac{a-b}{2} + c$$

1.3. Programmiersprachen

Dez. Maschinenbefehl	Erklärung
094 0 0 0	a → Rechenwerk
091 0 0 2	Zahl im Rechenwerk − b → Rechenwerk
093 0 0 2	Zahl im Rechenwerk div. durch 2 → Rechenwerk
090 0 0 4	Zahl im Rechenwerk + c → Rechenwerk
095 0 0 0	Zahl im Rechenwerk nach z speichern

Abb. 1.7. Programmteil in einer dezimalen Maschinensprache

Das Programmieren im Dezimalsystem war zwar ein großer Fortschritt gegenüber der Verwendung von Dualzahlen, es war jedoch noch immer zu wenig anschaulich. Der Wunsch nach weiterer Vereinfachung führte zur Entwicklung der **Assemblersprachen**. In diesen Programmiersprachen werden die Instruktionen nicht mehr in Zahlen sondern symbolisch geschrieben, z. B. schreibt man statt 094 0 0 6 (dezimale Maschinensprache) LDZ 0 GRØSS (Assemblersprache). Beide Anweisungen bedeuten „Bringe den Inhalt aus der Speicherzelle mit der symbolischen Adresse GRØSS in das Rechenwerk XO". In Abb. 1.8. ist die Instruktionsfolge für unser obiges Beispiel in der Assemblersprache „PLAN" wiedergegeben.

Der Assembler (von to assemble = zusammensetzen, montieren) übersetzt die in leicht erlernbaren Kodewörtern geschriebenen Anweisungen (z. B. multiplizieren ⇒ MultiPlY ⇒ MPY) in Maschinenbefehle, die ja numerisch verschlüsselt sind, und setzt in diese Befehle numerische statt der symbolischen Adressen ein. In Abb. 1.8. sehen wir, daß jede Anweisung **einer einzigen** Operation des Rechenautomaten entspricht.

PLAN − Anweisung	Erklärung
......LFP......A	a → Rechenwerk
......FSB...0..B	Zahl im Rechenwerk − b → Rechenwerk
......FDVD..0..2	neue Zahl im Rechenwerk dividiert durch 2 → Rechenwerk
......FAD...0..C	neue Zahl im Rechenwerk + c → Rechenwerk
......SFP......Z	neue Zahl im Rechenwerk nach z speichern

... entspricht Leerstellen

Abb. 1.8. Programmteil in einer Assemblersprache (PLAN von ICL)

Der Programmierer muß also den Transport des Inhalts einzelner Speicherzellen in das Rechenwerk, die Verarbeitung dort und wiederum den Transport vom Rechenwerk in den Speicher durch entsprechende Anweisungen veranlassen. Aufgrund der engen Verknüpfungen zwischen Assembler- und Maschinensprache (gleiche Anzahl der Anweisungen) gibt es keine universelle Assemblersprache, und jedes Rechenautomatenmodell (bzw. jede Familie von Rechenautomaten) hat seine eigene charakteristische Assemblersprache. Eine Assemblersprache ist **maschinenorientiert.**

Der bisher letzte Schritt in der Entwicklung der Programmiersprachen sind die **Compilersprachen,** zu denen FORTRAN zählt. Eine Vorstellung über die Einfachheit der Compilersprachen bekommt der Leser, wenn wir das Beispiel aus Abb. 1.8. in der Compilersprache FORTRAN programmieren. Die fünf Anweisungen schrumpfen zu einer einzigen Anweisung

$$Z = (A - B)/2.0 + C$$

zusammen. Diese FORTRAN-Anweisung unterscheidet sich nur wenig von der mathematischen Schreibweise.

Um sie nun in die Maschinensprache zu transformieren, benötigen wir ein Übersetzerprogramm, den Compiler (von to compile = zusammensetzen, anhäufen), das neben der Übersetzung noch die zu übersetzenden Anweisungen auf Fehler untersucht und das Programm mit bereits vorhandenen Teilprogrammen (z.B. Berechnungsprogrammen für sin, ln, Quadratwurzel, etc.) ergänzt. Das in einer Compilersprache geschriebene Programm wird gewöhnlich **Quellenprogramm** genannt, das eigentliche Maschinenprogramm wird mit **Objektprogramm** bezeichnet.

Wird ein Programm in einer Compiler- oder Assembler-Sprache geschrieben, so teilt sich die Tätigkeit am Rechenautomaten in zwei Teile auf (vgl. Abb. 1.9.)

1. Übersetzung des Quellenprogramms (z. B. FORTRAN) in das Objektprogramm (Maschinensprache)
2. Ausführung des Objektprogramms mit bestimmten Daten (eigentlicher Rechenvorgang)

Hat man einmal ein Quellenprogramm in ein Objektprogramm übersetzt, so hebt man das Objektprogramm gewöhnlich auf einem Magnetband oder einem Lochstreifen auf. Man spart sich dann nämlich bei einer erneuten Benutzung des Programms den Übersetzungsvorgang und damit wertvolle Maschinenzeit.

Die Compiler-Sprachen haben für den Programmierer große Vorteile gegenüber den Maschinen- und Assemblersprachen, sie sind

1. problemorientiert,
2. nahezu universell verwendbar, erfordern
3. geringen Programmieraufwand und sind
4. schneller erlernbar.

1.3. Programmiersprachen

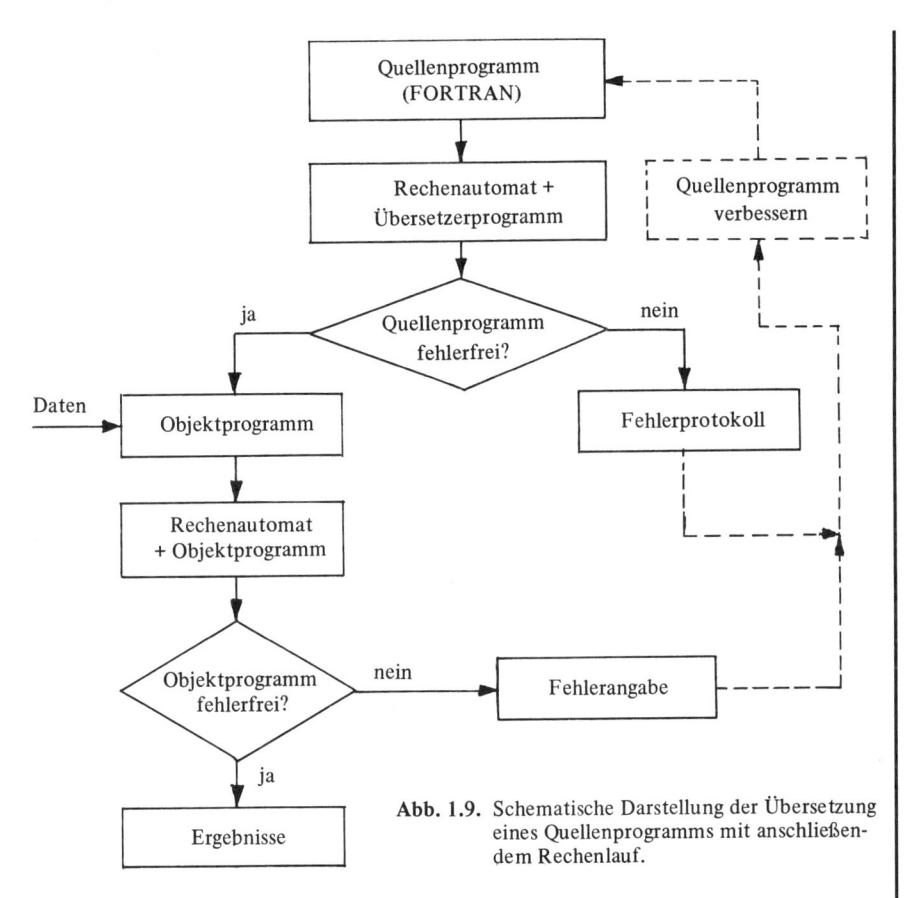

Abb. 1.9. Schematische Darstellung der Übersetzung eines Quellenprogramms mit anschließendem Rechenlauf.

Diesen Vorteilen stehen die Nachteile des
- höheren Speicherbedarfs und der
- etwas geringeren Rechengeschwindigkeit gegenüber.

Neben FORTRAN haben die Compilersprachen ALGOL, COBOL und PL/1 internationale Bedeutung erlangt. ALGOL (**AL**Gorithm **O**riented **L**anguage) ist wie FORTRAN eine Programmiersprache zur Berechnung wissenschaftlich-mathematischer Probleme. COBOL (**CO**mmon **B**usiness **O**riented **L**anguage) dagegen ist für die Bearbeitung kommerzieller und organisatorischer Aufgaben bestimmt und enthält diesen Aufgaben entsprechende Sprachelemente. PL/1 (**P**rogramming **L**anguage **1**) schließlich enthält Elemente von FORTRAN und COBOL und ist dementsprechend sowohl für wissenschaftliche als auch kommerzielle Aufgaben gedacht. PL/1 ist heute noch nicht auf allen Datenverarbeitungsanlagen anwendbar.

1.4. Vom Problem zur Lösung

In Abschnitt 1.1. haben wir ein sehr kleines Programm besprochen. Die in der Praxis auftretenden Probleme sind weitaus umfangreicher und erfordern neben der eigentlichen Programmierung weitere Überlegungen, die wir an Hand der Abb. 1.10. besprechen wollen. Die Bearbeitung eines Problems, das mit Hilfe einer digitalen Rechenanlage gelöst werden soll, sollte in der folgenden Reihenfolge vorgenommen werden:

1. Schritt: Definition des Problems
   Zur Definition des Problems muß man sich entscheiden, welche Unbekannten aus welchen Parametern und unter welchen Randbedingungen bestimmt werden sollen. Man stelle sich daher zunächst eine Liste der Unbekannten, der Parameter und der Randbedingungen auf, die das Problem eindeutig eingrenzen.

2. Schritt: Mathematische Formulierung
   Da der digitale Rechenautomat numerische Rechnungen durchführt, müssen wir für das Problem ein mathematisches Modell schaffen, das uns die Berechnung der Unbekannten aus den vorgegebenen Parametern unter den festgelegten Randbedingungen erlaubt. Auch die Randbedingungen müssen numerisch sein, denn der Rechenautomat kann z. B. nicht entscheiden, ob eine Lösung „anschaulich" ist.
   Hat man alle notwendigen Berechnungsformeln zusammengestellt, so sollte man sich überlegen, ob eine Durchführung der Rechnungen mit Hilfe des Automaten sinnvoll ist, denn der Aufwand für die Vorbereitung eines Lösungsweges mittels der Rechenanlage kann, wie sich aus dem folgenden ergeben wird, beträchtlich sein. Er kann durchaus den Vorteil der hohen Rechengeschwindigkeit zunichte machen, so daß sich insgesamt ein größerer Aufwand ergibt, als bei einer wesentlich langsameren „Handrechnung".

Der Einsatz einer Datenverarbeitungsanlage ist zu befürworten, wenn
   — große Mengen von Daten zu verarbeiten sind
   — die gleiche Aufgabe mit unterschiedlichen Daten
     oftmals wiederholt werden soll
   — die eigentliche Rechenzeit sehr gering sein soll, z. B. im
     Apollo-Raumfahrzeug muß in sehr kurzer Zeit die Lage
     des Fahrzeugs relativ zu den Sternen bestimmt werden.

3. Schritt: Festlegung des Rechenablaufs — Flußdiagramm
   Dem Rechenautomaten muß **jeder** gewünschte Rechenschritt vorgeschrieben werden. Aus diesem Grunde muß der Programmierer im voraus die Konsequenzen jedes Rechenschrittes kennen und ent-

1.4. Vom Problem zur Lösung

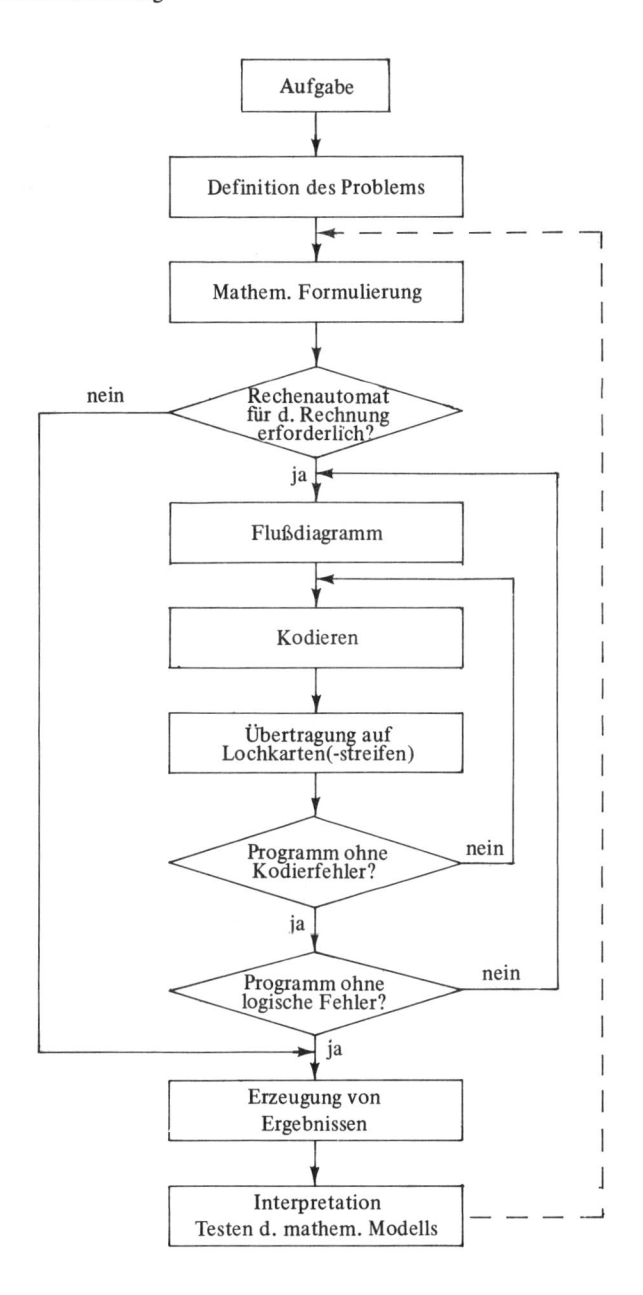

Abb. 1.10. Tätigkeiten bei der Lösung eines Problems

sprechende Vorkehrungen treffen. Es dürfen z. B. keine Divisionen durch Null, keine negativen Ausdrücke unter einer Wurzel oder für den Rechenautomaten unzulässig große Zahlen auftreten. Die in einer Problemlösung auftretenden logischen Verknüpfungen werden in Programmablaufplänen oder Flußdiagrammen dargestellt. Flußdiagramme erleichtern das Übertragen des Problems in die Programmiersprache und dienen zur übersichtlichen Dokumentation der Problemanalyse.

4. Schritt: Kodierung
Nachdem ein Flußdiagramm oder Programmablaufplan vorliegt, kann das Problem in eine dem Rechenautomaten verständliche Sprache übertragen werden, es wird kodiert. Die kodierte Form des Programms nennt man Quellenprogramm.

5. Schritt: Übertragung auf Lochkarten oder Lochstreifen
Da es bisher nur in sehr begrenztem Maß möglich ist, den Rechenautomaten handschriftliche Texte lesen zu lassen und es noch keine Rechenmaschine gibt, die die menschliche Sprache versteht, muß das Quellenprogramm in eine dem Automaten mechanisch verständliche Form gebracht werden. Hierzu benutzt man gewöhnlich Lochkarten oder Lochstreifen.

6. Schritt Die Übersetzung des Programms
Nehmen wir an, wir hätten das Quellenprogramm auf Karten abgelocht, so würden wir den Kartenstapel in das Eingabefach des Lochkartenlesers legen, so daß der Compiler das Programm lesen und in Maschinenbefehle übersetzen kann. Ist das Quellenprogramm frei von formalen Fehlern, so wird das Objektprogramm erzeugt. Andernfalls erhält man eine Liste der formalen Fehler.

7. Schritt: Testen des Objektprogramms
Werden Rechnungen auf einem Rechenautomaten durchgeführt, so benötigt man immer Vergleichsergebnisse, die meist aus „Handrechnungen" stammen, um die Ergebnisse des Objektprogramms zu überprüfen. Durch diese Vergleiche findet man die logischen Fehler im Programm.

8. Schritt: Produktionslauf
Die Schritte 1 bis 7 behandelten die Tätigkeiten, die zur Vorbereitung eines „produktionsreifen" Rechenprogramms erforderlich sind. Nun können Rechenergebnisse erzeugt werden, und erst jetzt kompensiert der Rechenautomat die teilweise sehr umfangreichen Vorarbeiten. Innerhalb kurzer Zeit kann eine Vielzahl von Ergebnissen durch Variation der Eingaben produziert werden.

1.5. Beispiele – Übungen

9. Schritt: Interpretation der Rechenergebnisse
Die Interpretation der Ergebnisse obliegt dem Benutzer. Der Rechenautomat liefert nur diskrete Ergebnisse, aus deren Gesamtheit Zusammenhänge und Tendenzen vom Benutzer abzuleiten sind. Moderne Rechenautomaten bieten hierzu geeignete Hilfsmittel, wie z. B. den digitalen Kurvenschreiber und das optische Ein- und Ausgabegerät. Damit können auch auf digitalen Rechenmaschinen Tendenzen und Funktionen dargestellt werden.

1.5 Beispiele – Übungen
A) Beispiele
1. Zeichne ein Flußdiagramm, das die Addition aller ganzen Zahlen zwischen 0 und Z beschreibt. An diesem Beispiel kann der Leser den logischen Aufbau rekursiver Rechnungen im Rechenautomaten üben. Man bestimme die Summe daher nicht mit Hilfe der Gaußschen Formel, sondern addiere $1 + 2 + 3 + 4 + \ldots + (Z-1) + Z$.

Lösung: Bevor die Summation vorgenommen werden kann, müssen die einzelnen Summanden gebildet werden. Das geschieht am einfachsten rekursiv:

$$A \leftarrow A + 1$$

(Der neue Wert von A ist gleich dem alten erhöht um 1, dargestellt im Flußdiagramm durch $A = A + 1$).
Der erste Summand ist die 1. Addiert man die so gebildeten Summanden zu einer Größe S, so erhält man die gewünschte Summe, wenn man am Beginn der Rechnung der Größe S den Wert Null zugewiesen hat und die Rechnung bei Erreichen der Zahl Z abbricht.

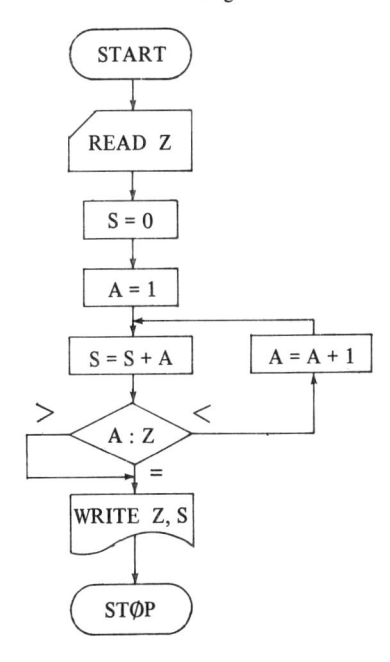

2. Man zeichne ein Flußdiagramm, das die Interpolation eines Wertes aus einer zweidimensionalen Tabelle beschreibt. Die Tabelle möge II Spalten und JJ Zeilen haben, ihre Werte heißen C_{ji} (das ist der i-te Wert in der j-ten Zeile). Die zur Tabelle gehörenden Parameter heißen A_i und B_j. Die Parameter, für die der Wert WERT bestimmt werden soll, heißen ZA und ZB. Liegen ZA oder ZB oder beide außerhalb des Bereiches der A_i bzw. B_j, so soll der Wert WERT durch Extrapolation bestimmt werden.

Lösung: Um das Flußdiagramm leichter entwickeln zu können, zeichnen wir zunächst die Tabelle, in der wir folgende Schreibweise verwenden:

$$A_i \cong A(I), \quad B_j \cong B(J), \quad C_{ji} \cong C(J,I)$$

Wir beginnen, indem wir den festen Parameter ZA innerhalb der A(I) lokalisieren. Dieser Vorgang ist im Flußdiagramm auf S. 39 innerhalb des gestrichelten Rechtecks I beschrieben. Die Position von ZA innerhalb der A(I) wird ermittelt, indem die A(I) – beginnend mit dem kleinsten Wert A(1) – nacheinander mit ZA verglichen werden. Dies geschieht solange, bis ein Wert A(I) gefunden wird, der größer als ZA ist. Der gefundene Wert ist im Flußdiagramm mit A(I2) bezeichnet. Der größte Wert A(I), der kleiner als ZA ist, ist dann A(I2-1) = A(I1). Anschließend wird in gleicher Weise die relative Lage von ZB innerhalb der B(J) bestimmt, womit die Werte B(J2) und B(J1) festliegen, die ZB einschließen. Die Lokalisierung von ZB ist im Flußdiagramm im

	A(1)	A(2)	A(3)		A(I)	A(II)
B(1)	C(1,1)	C(1,2)	C(1,3)			C(1,II)
B(2)	C(2,1)	C(2,2)	C(2,3)			
B(3)	C(3,1)	C(3,2)	C(3,3)			
B(J)					C(J,I)	
				WERT		
B(JJ)	C(JJ,1)					C(JJ,II)

gestrichelten Rechteck II beschrieben. Jetzt wird ein Zwischenwert ZC1 aus den C-Werten, die in der Zeile von B(J1) stehen, und den Werten A(I1), A(I2) und ZA interpoliert. Entsprechend wird der Zwischenwert ZC2 aus den C-Werten der Zeile B(J2) interpoliert.

Das gesuchte Resultat (WERT) wird durch Interpolation zwischen ZC1 und ZC2 mit den Werten B(J1), B(J2) und ZB ermittelt. Die eigentliche Interpolation ist im Flußdiagramm innerhalb des gestrichelten Rechtecks III beschrieben.

3. Die unterschiedliche Verarbeitung von INTEGER- und REAL-Größen zeigt folgendes Beispiel: Man addiere die Zahlen 111 588 700 und 548
   a) als INTEGER-Größen   (32-Bit-Wort)
   b) als REAL-Größen   (32-Bit-Wort, 7-stellige Mantisse)

1.5. Beispiele – Übungen

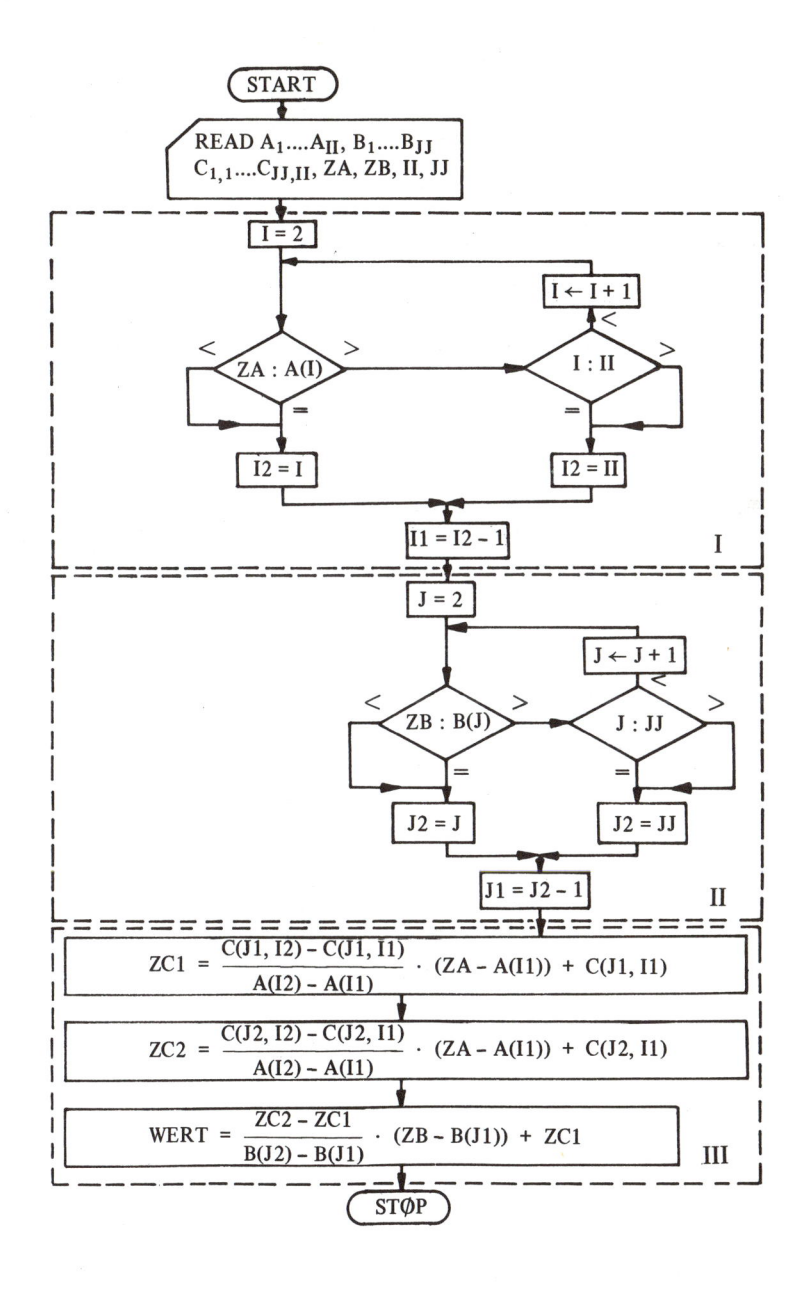

START

READ $A_1....A_{II}$, $B_1....B_{JJ}$
$C_{1,1}....C_{JJ,II}$, ZA, ZB, II, JJ

I

$I = 2$

ZA : A(I)

$I \leftarrow I + 1$

I : II

I2 = I

I2 = II

I1 = I2 − 1

II

$J = 2$

ZB : B(J)

$J \leftarrow J + 1$

J : JJ

J2 = J

J2 = JJ

J1 = J2 − 1

III

$$ZC1 = \frac{C(J1, I2) - C(J1, I1)}{A(I2) - A(I1)} \cdot (ZA - A(I1)) + C(J1, I1)$$

$$ZC2 = \frac{C(J2, I2) - C(J2, I1)}{A(I2) - A(I1)} \cdot (ZA - A(I1)) + C(J2, I1)$$

$$WERT = \frac{ZC2 - ZC1}{B(J2) - B(J1)} \cdot (ZB - B(J1)) + ZC1$$

STØP

Lösung:

a) Festkomma-Addition: Die größte positive INTEGER-Zahl ist
$$2^{31}-1 = 2\ 147\ 483\ 647$$
Die Addition ist durchführbar, denn die Summe beider Zahlen liegt im zulässigen Bereich.

$$\begin{array}{r} 111\ 588\ 700 \\ +\ 548 \\ \hline 111\ 589\ 248 \end{array}$$

b) Gleitkommaaddition: Beide Zahlen liegen in normalisierter Form vor:
$$0.111\ 588\ 7 \cdot 10^9$$
$$0.548 \cdot 10^3$$

Abstimmen der Exponenten, Runden und Addition:

$$\begin{array}{r} 0.111\ 588\ 7 \cdot 10^9 \\ +\ 0.000\ 000\ 5 \cdot 10^9 \\ \hline 0.111\ 589\ 2 \cdot 10^9 \end{array}$$

Das Beispiel zeigt, daß die Mantissenlänge nicht ausreicht, die Aufgabe exakt zu lösen, man müßte den Rechenautomaten so programmieren, daß er mit einer längeren Mantisse rechnet.

B) Übungen (Lösungen auf S. 187)

1. Durch welchen Vorgang entsteht aus dem Quellenprogramm ein Objektprogramm?
2. Welche Bedeutung hat das Zeichen = in FORTRAN? Man schreibe ein Beispiel, in dem dieses Zeichen vorkommt.
3. Welche Anweisungsarten gibt es in FORTRAN?
4. Man zeichne ein Flußdiagramm, das die Berechnung der Funktion

$$F_n = \frac{1}{z^{n+1}}\left[z + \frac{z^2}{2} + \frac{z^3}{3} + \frac{z^4}{4} + \ldots + \frac{z^{n+1}}{n+1} - 4 \cdot (1-z^{n+1})\right]$$

   beschreibt. Die Zahlenwerte von z und n werden eingelesen.
5. Man setze die Dezimalzahlen 125 und 37,125 um in Dualzahlen.
6. Man bilde die Summe, die Differenz, das Produkt und den Quotienten der beiden Dualzahlen LOOLLL und LLOO.
7. Welcher Zahlenbereich und welche Genauigkeit ergeben sich bei folgender Wortstruktur für INTEGER-Zahlen und REAL-Zahlen.

Wortlänge	16 bit
Exponent	4 bit
Vorzeichen	1 bit
Mantisse	11 bit
Basis	16

2. Allgemeine Grundlagen

Wenn ein Programmierer sich anschickt, ein FORTRAN-Programm zu schreiben, so ist es nicht notwendig, daß er genau weiß, welche Vorgänge in einer digitalen Rechenanlage ablaufen. Zum Verständnis gewisser Regeln und Vorschriften, die er beim Programmieren in FORTRAN einhalten muß, ist es jedoch nützlich, mit einigen grundsätzlichen Eigenschaften einer Rechenanlage vertraut zu sein, die im ersten Kapitel dargestellt wurden. In den weiteren Kapiteln steht nun das Programmieren in FORTRAN im Vordergrund.

2.1. Formale Darstellung von Daten und Anweisungen

2.1.1. Variable und Konstante

In der FORTRAN-Anweisung Z = (A-B)/2.0+C, die uns schon im Abschnitt 1.3 begegnet ist, stellen die Buchstaben Z, A, B und C **symbolische Namen** für bestimmte Speicherzellen dar. Auf Grund dieser Namen werden vom Übersetzerprogramm Speicherplätze freigehalten, deren Inhalte gemäß obiger Vorschrift verarbeitet werden.

Speicherplätze mit symbolischen Namen können während des Rechenablaufs ihren Inhalt ändern. Symbolische Namen bezeichnen **Variable**.

Für die **Konstante** 2.0 wird ebenfalls vom Übersetzerprogramm ein Speicherplatz vorgesehen, in dem im Gegensatz zu den Speicherplätzen für Variable schon vom Übersetzerprogramm der Zahlenwert 2.0 gespeichert wird. Konstante bezeichnen Speicherplätze, deren Inhalt sich während des Rechenablaufs nicht ändert.

2.1.2. Namen und Zeichen

Namen werden in FORTRAN aus Buchstaben und Ziffern — das sind die **alphanumerischen Zeichen** — gebildet. Neben den 36 alphanumerischen Zeichen enthält der zulässige Zeichenvorrat im Standard-FORTRAN elf Sonderzeichen (siehe Tabelle 2.1.).

Die Namen in einem FORTRAN-Programm dürfen aus bis zu sechs Zeichen bestehen. Dabei werden Leerstellen (engl. blanks) nicht mitgezählt. Das erste Zeichen eines Namens muß ein Buchstabe sein. Sonderzeichen, z. B. + oder * dürfen in Namen nicht enthalten sein.

a) Alphabet von A bis Z	alphanumerische Zeichen
b) Ziffern von 0 bis 9	
c) + − * / = ( ) . , $ Leerstelle (blank)	Sonderzeichen

Tabelle 2.1. Zulässige Zeichen im Standard-FORTRAN

Beispiele für zulässige Namen: ALPHA1, DMKØNT, ALPHA 1
  unzulässige Namen: $KØNTØ, A*, 1A
Die Namen ALPHA1 und ALPHA 1 sind identisch.

Ein Name gilt nur innerhalb eines Programm-Segments. Man kann daher gleiche Namen in verschiedenen Segmenten benutzen, ohne daß damit derselbe Speicherplatz gemeint ist.

2.1.3. Anweisungen

Es gibt in einem FORTRAN-Programm zwei Arten von Anweisungen:

a) Ausführbare Anweisungen.
   Sie geben die im Programm auszuführenden Operationen an, wie z. B. arithmetische Operationen, logische Operationen, Sprunganweisungen oder Ein- und Ausgabeanweisungen.

   Beispiel: Z = (A − B) / 2.0+C   (Rechenanweisung)
         GØTØ 5   (Sprunganweisung)

b) Nichtausführbare Anweisungen.
   Sie versorgen das Übersetzerprogramm (Compiler) mit Informationen über den Aufbau des Programms, über die Art und Form der Daten und über deren Anordnung im Speicher.

   Beispiel: 10 FØRMAT (3F10.3)   (Formatanweisung)

2.1.4. Kodierblatt und Lochkarte

Die Anweisungen eines FORTRAN-Programms werden auf besonderen Kodierblättern niedergeschrieben und anschließend auf Lochkarten übertragen. FORTRAN ist eine sogenannte kartenorientierte Sprache. Ein Kodierblatt und vier FORTRAN-Lochkarten sind in Abb. 2.1. wiedergegeben. Den 80 Positionen einer Zeile entsprechen die 80 Spalten einer Lochkarte.

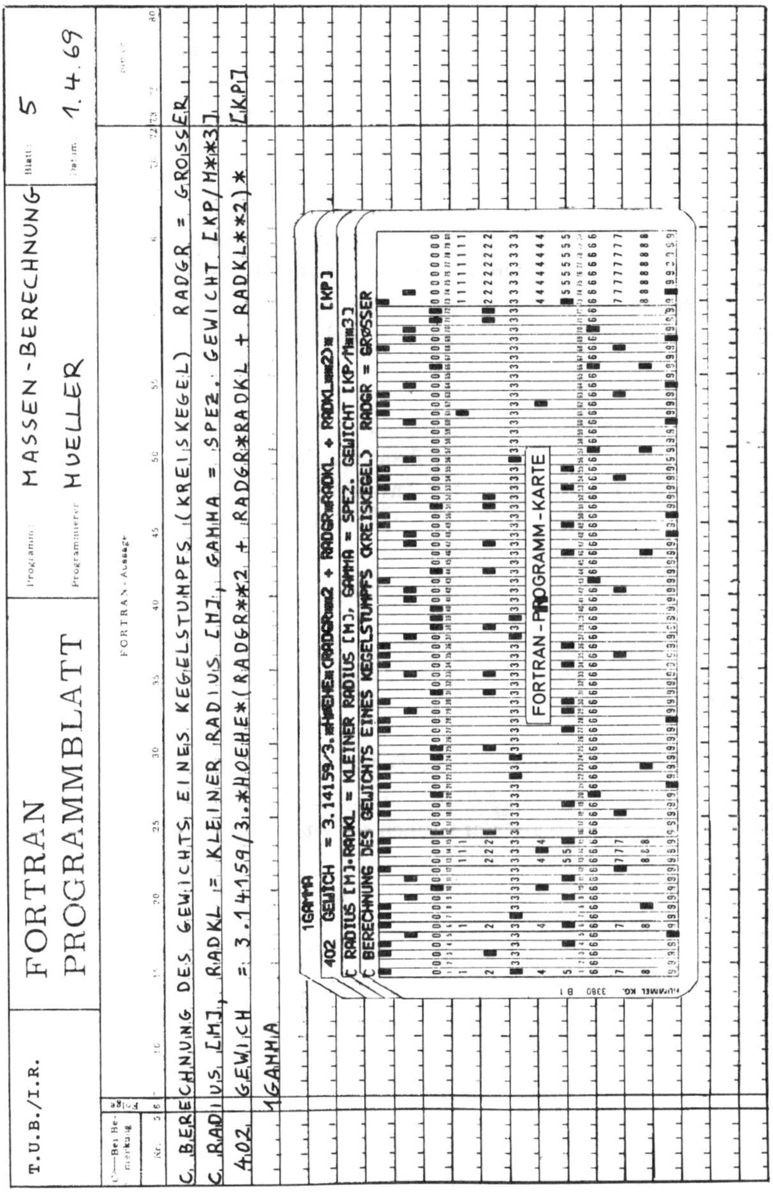

2.1. Formale Darstellung von Daten und Anweisungen 43

Abb. 2.1. Kodierblatt und Lochkarten für FORTRAN-Anweisungen

Jede Spalte einer Lochkarte kann ein Zeichen aufnehmen, so daß auf einer Lochkarte eine Zeile mit 80 Zeichen enthalten sein kann.

In den Spalten 7–72 werden die FORTRAN-Anweisungen abgelocht. Reicht eine Lochkarte nicht aus, um eine Anweisung aufzunehmen, so können bis zu 19 Folgekarten benutzt werden, d. h. eine FORTRAN-Anweisung kann auf maximal 20 Karten stehen.

Die Spalte 6 zeigt an, ob es sich um eine Anfangs- oder eine Folgekarte handelt. Anfangskarten werden durch eine Leerstelle oder eine 0 gekennzeichnet. Bei den Folgekarten kann dort jedes andere Zeichen stehen. Es ist dem Programmierer freigestellt, ob er die Folgekarten in der Spalte 6 durchlaufend numeriert (soweit das mit einer Ziffer möglich ist), ob er sie alphabetisch kennzeichnet oder ständig dasselbe Zeichen wiederholt.

In den Spalten 1–5 können die Anweisungen numeriert werden. Die Reihenfolge der Auswertung hat allerdings mit der Reihenfolge der **Anweisungsnummern** nichts zu tun. Die Numerierung mancher Anweisungen ist notwendig, um auf sie (z. B. bei Sprunganweisungen) Bezug nehmen zu können. Um die Eindeutigkeit des Programms zu wahren, darf daher jede Anweisungsnummer in einem Programmsegment nur einmal auftreten.

Die Anweisungsnummern können links- oder rechtsbündig oder mit Zwischenräumen gelocht werden. Kennzeichnend ist lediglich die Ziffernfolge. Die kleinste mögliche Anweisungsnummer ist 1.

Die Spalten 73–80 haben in einem FORTRAN-Quellenprogramm keine Bedeutung. Der Programmierer kann sie daher nach eigenem Ermessen benutzen, um z. B. die Einheiten von ihm benutzter Größen zu notieren.

An beliebigen Stellen des Programms lassen sich Kommentare und Texte durch sogenannte Kommentar-Karten einfügen. Diese müssen in Spalte 1 durch ein C gekennzeichnet sein und können von Spalte 2 bis 80 beschriftet werden. Sie haben keinen Einfluß auf den Ablauf des Programms. Ist der Text länger als eine Zeile, muß die folgende Karte ebenfalls in Spalte 1 ein C aufweisen.

Die in diesem Abschnitt besprochenen FORTRAN-Vorschriften erläutert das Beispiel in **Abb. 2.1**.

Neben den FORTRAN-Programmkarten gibt es Datenkarten, die Texte oder Zahlenwerte für die Eingabe für ein Programm enthalten. Datenkarten können alle auf der Rechenanlage zugelassenen Zeichen enthalten. Sie können durchgehend von Spalte 1 bis 80 beschrieben werden (s. Abb. 1.4.).

2.1. Formale Darstellung von Daten und Anweisungen

2.1.5. Typen von Daten

Daten sind die Zahlenwerte oder Buchstabenfolgen einer Konstanten oder Variablen. So wie man in der Mathematik verschiedene Zahlenarten unterscheidet (ganze Zahlen, gebrochene Zahlen, komplexe Zahlen etc.), gibt es auch in FORTRAN verschiedene Typen von Daten, deren Abspeicherung und Verarbeitung im Automaten unterschiedlich ist. Im folgenden besprechen wir, welche Bedeutung verschiedene Datentypen haben und wie sie im Programm geschrieben werden müssen.

a) Daten vom Typ INTEGER
INTEGER-Daten sind Festkommazahlen (vgl. Abs. 1.2.2.). Sie werden ohne Dezimalpunkt geschrieben und können mit einem Vorzeichen versehen werden. Eine INTEGER-Größe ohne Vorzeichen ist stets positiv.

Beispiele für INTEGER-Konstanten:
$$37; \ -1969; \ 0; \ +35678910;$$
Zwei wichtige Anwendungen von INTEGER-Zahlen sind das Zählen von sich wiederholenden Vorgängen im Programm und die Unterscheidung gleichnamiger Variablen (z. B. a_1, a_2, a_3, a_4).

b) Daten vom Typ REAL
Daten, die als Gleitkommazahlen im Rechenautomaten dargestellt werden (vgl. Abs. 1.2.2.), sind REAL-Größen. Sie können entweder mit Dezimalpunkt und mit oder ohne Dezimalexponent oder ohne Dezimalpunkt, aber dann mit Dezimalexponent geschrieben werden. REAL-Größen ohne Vorzeichen sind positiv.

Beispiel: Die Zahl –37 kann als REAL-Konstante in folgenden Formen geschrieben werden:
$$-37.0 \quad -37. \quad -0.37E2 \quad -.37E02 \quad -3700.E-02 \quad -370E-1 \ \text{usw.}$$
Mit REAL-Größen kann man auf den meisten Rechenanlagen in einem Zahlenbereich rechnen, der mindestens von 10^{-40} bis 10^{+40} reicht. Die Anzahl der signifikanten Stellen liegt zwischen 7 und 11.
Der größte Teil der numerischen Rechnungen in einem Programm wird mit REAL-Größen durchgeführt.

c) Daten vom Typ DØUBLE PRECISIØN
Sollen bei numerischen Rechnungen die Rundungsfehler klein gehalten werden, verwendet man Größen vom Typ DØUBLE PRECISIØN. Sie haben den gleichen Wertbereich wie die vom Typ REAL, jedoch ist die Anzahl ihrer signifikanten Stellen etwa doppelt so groß und beträgt je nach Hersteller und

Größe der Rechenanlage 16 bis 20 Stellen. Zu ihrer internen Darstellung werden daher auch doppelt so viele Kernspeicherworte benötigt. Eine DØUBLE PRECISIØN-Konstante schreibt man mit Dezimalpunkt und Dezimalexponent, der hier statt des E ein D enthält.

Beispiele für DØUBLE PRECISIØN-Konstanten:

37.37 D1;   -76543210123456789. D-16

d) Daten vom Typ CØMPLEX

Eine komplexe Zahl mit dem Realteil a und dem Imaginärteil b wird in mathematischer Schreibweise durch die Summe a + bi dargestellt. In FORTRAN, das auch die Verarbeitung komplexer Zahlen gestattet, schreibt sich dieselbe Zahl (A,B), wobei A und B Daten vom Typ REAL sind.

Beispiele für CØMPLEX-Konstanten:

(3.5E-1, -0.3) = 0,35 - 0,3i
(0.0   , 7.5) =   7,5i
(2.38   , 0.3E1) = 2,38 + 3i

Auf die Rechenregeln für komplexe Zahlen gehen wir hier nicht ein, der Leser informiere sich darüber in der entsprechenden Literatur. Ein Programmbeispiel mit komplexen Zahlen ist auf S. 151 zu finden.

e) Daten vom Typ LØGICAL

Variable in der booleschen Algebra können nur zwei Werte annehmen: „wahr" oder „falsch" (engl. true oder false). So kann z. B. der booleschen Variablen A die Aussage „C ist kleiner als B" zugeordnet werden. In FORTRAN würde diese Zuordnung durch A = C. LT.B geschehen. Der Operator .LT. ist die Abkürzung für kleiner als (engl. less than). Ist C kleiner als B, so hat A den Wert „wahr", andernfalls den Wert „falsch".
Boolesche Daten werden in FORTRAN durch den Typ LØGICAL dargestellt. Mit ihnen kann z.B. der Ablauf eines Rechenprogramms gesteuert werden. Die beiden möglichen LØGICAL-Konstanten sind:

.TRUE. und .FALSE.

Die Frage, wie Texte (Buchstabenfolgen) im Programm dargestellt werden, wird später beantwortet.

2.1.6. Typenvereinbarung von Daten

Im vorangegangenen Abschnitt haben wir verschiedene Typen von Daten kennengelernt, ohne uns darum zu kümmern, wie das Übersetzerprogramm die verschiedenen Typen unterscheidet.

Konstante erkennt das Übersetzerprogramm an ihrer **Schreibweise**. Es interpretiert z. B. eine Zahl ohne Punkt und Exponent als INTEGER-Konstante.

2.1. Formale Darstellung von Daten und Anweisungen

Den Typ einer **Variablen** erkennt es an ihrem **Namen**. Für die am häufigsten in einem FORTRAN-Programm auftretenden Typen — REAL und INTEGER — entscheidet der Anfangsbuchstabe des Namens über den Typ. Die Anfangsbuchstaben I, J, K, L, M und N kennzeichnen INTEGER-Variable.
Alle anderen Anfangsbuchstaben kennzeichnen Variable vom Typ REAL. Man nennt diese Art der Festlegung von Typen die **implizite Typdeklaration**, da sie keiner besonderen Anweisung bedarf. So sind beispielsweise die Variablen JØHANN, K13, MARKE vom Typ INTEGER und die Variablen HØEHE5, PI, DELTA vom Typ REAL.

Die Festlegung von Variablentypen durch eine spezielle Anweisung nennt man **explizite Typdeklaration**. Diese nichtausführbare Anweisung besteht aus einer Typbezeichnung, der alle Namen von Variablen folgen, die vom bezeichneten Typ sind.

Beispiele für die Typenvereinbarung:
>   DØUBLE PRECISIØN ALPHA, M22, NY
>   LØGICAL BØØL, WERT, Z285
>   CØMPLEX ZEIGER, X25A, SIGMA

Die implizite Festlegung für INTEGER und REAL kann durch eine explizite Typdeklaration außer Kraft gesetzt werden, z. B.
>   REAL I, JØTA, K3

oder
>   INTEGER HØ11A, FAKTØR, B

Ebenso wie die Namen ist der Gültigkeitsbereich der Typdeklaration auf das Segment beschränkt. Es ist daher Vorsicht geboten, wenn Daten von einem Programmsegment in ein anderes übertragen werden. Die Typdeklaration muß in beiden Segmenten übereinstimmen, wenn man nicht absichtlich den Daten neue Typen zuordnen möchte, und sie steht am Anfang des Programmsegments.

Auf einigen Rechenanlagen gibt es eine weitere Möglichkeit, Typen zu vereinbaren. Es kann manchmal von Vorteil sein, z. B. um die Übersichtlichkeit eines Programms zu verbessern, daß alle Variablen desselben Typs mit Namen belegt werden, die mit denselben Anfangsbuchstaben beginnen. Man kann dann beispielsweise alle Namen für DØUBLE PRECISIØN-Variablen mit D beginnen lassen oder alle LØGICAL-Variablen mit B (von boolesch).
Hierzu dient die Anweisung IMPLICIT (sie gehört nicht zum Standard-FORTRAN).

Beispiel:
>   IMPLICIT LØGICAL (B), CØMPLEX (CØM—CØP), REAL (I—K)

Die Wirkung dieser Anweisung ist folgende: Alle Namen, die mit B beginnen, sind vom Typ LØGICAL, alle Namen, die mit CØM bis CØP beginnen, vom Typ CØMPLEX und alle Namen, die mit I, J, K beginnen, vom Typ REAL.

Die IMPLICIT-Anweisung hat Vorrang vor der impliziten Typdeklaration. Die explizite Typdeklaration hat wiederum Vorrang vor der IMPLICIT-Anweisung.

2.1.7. Beispiele — Übungen

A) Beispiele

1. Welche FORTRAN-Namen sind falsch?
   A-1   (falsch, was hier steht, würde als a minus 1 gedeutet)
   X1328   (richtig)
   Y*   (falsch, enthält Sonderzeichen)
   2Z00   (falsch, erstes Zeichen muß Buchstabe sein)
   INHALT   (richtig)
   FLAECHE   (falsch, mehr als 6 Zeichen)
   REAL   (falsch, ist eine Anweisung)

2. Welche Anweisungsnummern sind falsch?
   38   (richtig)
   0   (falsch, Anweisungsnummern müssen >0 sein)
   99999   (richtig, größte zulässige Anweisungsnummer)
   -18   (falsch, Anweisungsnummern müssen >0 sein)
   1827657   (falsch, Anweisungsnummer hat mehr als 5 Stellen)
   35.5   (falsch, Anweisungsnummern müssen ganze Zahlen sein)

B) Übungen

1. Wodurch unterscheidet sich eine Variable von einer Konstanten?
2. In welchen Spalten einer Lochkarte werden Anweisungsnummern abgelocht?
3. Wie können in einem FORTRAN-Programm Kommentare untergebracht werden?
4. Wozu dient eine Typdeklaration?
5. In einem Programmsegment stehen folgende Anweisungen:
   LØGICAL BØØLE
   INTEGER ØBEN,HØEHE, W, B
   Welchen Typ haben dann die Variablen
   HØCH, BREIT, WAHR, W, BØGEN, LANG, BØØLE, BØØLER, B
   a) im selben Segment?
   b) in einem anderen Segment, in dem keine Typen vereinbart wurden?
6. Man schreibe folgende Zahlen als REAL-Konstanten in FORTRAN:
   $-5 \cdot 10^{-5}$ 0 $-160,5$ 0,00000000123 10^5
7. Welche REAL-Konstanten sind falsch?
   0,1   8E-8   -.721   +0.7E6.0   2.7-E2   E11

2.2. Arithmetische Anweisungen

2.2.1. Arithmetische Operationen

Arithmetische Anweisungen werden in FORTRAN in nahezu mathematischer Schreibweise dargestellt. Soll z. B. die Summe von A und B den Wert C ergeben, so schreibt man in FORTRAN

$$C = A + B$$

2.2. Arithmetische Anweisungen

Eine arithmetische Anweisung hat die Form

$$V = a$$

wobei V einen Variablennamen und a einen **arithmetischen Ausdruck** repräsentieren. In unserem Beispiel ist C der Variablenname und A + B der arithmetische Ausdruck.

Die folgende Übersicht enthält die möglichen Formen für arithmetische Ausdrücke.

Arithmetische Ausdrücke	Beispiele
Variablenname	A, ALPHA, I
Konstante	7.0, 3E−4, 5
Arithmetischer Ausdruck verbunden durch einen arithmetischen Operator	A+B, ALPHA*A, A−B
Funktionsaufruf [2]	SQRT (A), SQRT (B−7.0)
Geklammerter arithmetischer Ausdruck	(A+B), (SQRT (A−B))
Kombination der genannten Formen	(A+B)*ALPHA, (A+B) / (SQRT (B−A) +5.0)

Die **arithmetischen Operatoren** für die Grundrechenarten sind:

Arithmetischer Operator		Anwendungsbeispiele
Zeichen	Bedeutung	
+	Addition oder positives Vorzeichen	A+B, +A, + (I+J)
−	Subtraktion oder negatives Vorzeichen	A−B, −A, − (I+J)
*	Multiplikation	A*B, 4*I
/	Division	A/B, I/4
**	Exponentiation	A**4, B**I

---

[2] Ein Funktionsaufruf ist der Aufruf eines Unterprogramms, beispielsweise der Aufruf des Unterprogramms SQRT in Abs. 1.1.

Sie können Ausdrücke vom Typ INTEGER, REAL, DØUBLE PRECISIØN und CØMPLEX verbinden. Die Operatoren + und - können als Vorzeichen, z. B. C = -A, und als Operatoren für Subtraktion und Addition stehen. Die Operatoren *, / und ** müssen dagegen immer zwischen zwei arithmetischen Ausdrücken stehen.

Die vorangestellten Definitionen sollen nun in ihrer Wirkung erläutert werden. X = A**2 ist eine arithmetische Anweisung, in der X der Variablenname und A**2 ein arithmetischer Ausdruck ist, da er sich aus einer Variablen und einer Konstanten verbunden durch den arithmetischen Operator ** zusammensetzt. Die mathematische Formel y = 0,7 x + 0,5 z müßte in FORTRAN in der Form

$$Y = 0.7 * X + 0.5 * Z$$

geschrieben werden. Es ist falsch,

$$Y = 0,7 X + 0,5 Z$$

zu schreiben, da 0,7 X und 0,5 Z keine den Regeln entsprechenden arithmetischen Ausdrücke sind. Für die Formel -a = 5b ist korrekterweise A = -5. * B zu schreiben, und es ist falsch, -A = 5. * B zu schreiben, da auf der linken Seite des Zeichens = kein Variablenname steht. In der folgenden Tabelle sind einige mathematische Formeln als richtige und falsche FORTRAN-Anweisungen angegeben. Zur Übung überlege sich der Leser, gegen welche Regeln die falschen Anweisungen verstoßen.

Mathem. Formel	FORTRAN-Anweisungen	
	zulässig	unzulässig
$y' = 4x$	DYDX = 4.*X	y' = 4.*X
$\frac{a}{2} z = 5 b - c$	Z = 2./A * (5.*B-C)	Z = 2.* (5.*(b-c)/A
$0,5 x = y - 2$	X = 2.* (Y-2.)	0.5*X = Y-2.
$\zeta = \sqrt{z}$	ZETA = Z ** 0.5	$\zeta = \sqrt{Z}$

Wenn auch formal nur geringfügige Unterschiede zwischen FORTRAN-Anweisungen und den dazugehörigen mathematischen Formeln bestehen, so ist in der Bedeutung doch ein großer Unterschied.
Durch die FORTRAN-Anweisung X = A**2 wird im Rechenautomaten eine Kette von Operationen ausgelöst, deren Wirkung man sich — ohne hier auf die wirklichen Vorgänge in der Maschine einzugehen — wie folgt veranschaulichen kann. Das Quadrat des Zahlenwertes, der in der Speicherzelle mit der symbolischen Adresse A steht, soll in die Speicherzelle mit der symbolischen Adresse X gebracht werden. Das Zeichen = hat also in FORTRAN die Bedeutung „ergibt".

2.2. Arithmetische Anweisungen

Aus diesem Grunde sind auch Anweisungen wie die folgende in FORTRAN möglich:
$$A = A + B$$
Nach Ausführung dieser Anweisung ist der Inhalt der Speicherzelle A gleich dem Inhalt vor Ausführung der Anweisung vermehrt um den Inhalt der Speicherzelle B. Man spricht daher nicht von Gleichsetzung sondern von **Wertzuweisung**. Schreibt man B = 7.0, so heißt das: weise der Speicherzelle B den Wert 7.0 zu. Ist der symbolische Speicherplatz B vor der Anweisung B = 7.0 noch nicht im Programm aufgetaucht, so wird, ohne daß eine weitere Anweisung nötig ist, eine Speicherzelle mit dem symbolischen Namen B eingerichtet, der dann der Wert 7.0 zugewiesen wird. Die automatische Einrichtung von Speicherplätzen für im Programm auftauchende Variable übernimmt das Übersetzerprogramm. Dies ist ein Vorteil der Compilersprachen gegenüber den Maschinensprachen. Es sei noch darauf hingewiesen, daß der Inhalt einer Speicherzelle solange identisch Null ist, bis der Speicherzelle durch eine Anweisung ein Wert zugewiesen wird. Es ist nicht nötig, alle Variablen Null zu setzen, um etwa Inhalte, die noch von anderen Programmen im Arbeitsspeicher sein könnten, zu löschen.

2.2.2. Reihenfolge der Auswertung

In Abs. 2.2.1. haben wir relativ einfache arithmetische Ausdrücke behandelt. FORTRAN bietet nun auch die Möglichkeit, längere Ausdrücke zu bilden. Die Rechenvorschrift
$$B = (5A^3 + 8C^2 - 3(\sqrt{A} + 2))^{0.3}$$
kann beispielsweise in eine einzige FORTRAN-Anweisung übertragen werden.

In der Algebra gibt es Regeln, die eine bestimmte Reihenfolge der Auswertung vorschreiben. So muß zur Berechnung von $5A^3$ zunächst der Zahlenwert von A zur dritten Potenz erhoben und dann das Resultat mit 5 multipliziert werden. Würde zuerst die Multiplikation und dann die Potenzierung durchgeführt, wäre das Ergebnis falsch.

Die in FORTRAN festgelegte Reihenfolge in der Ausführung der Operationen entspricht den Regeln der Algebra. Um falsche Rechenergebnisse zu vermeiden, muß der Programmierer diese Reihenfolge beim Schreiben seiner Programme berücksichtigen.

In einem FORTRAN-Ausdruck werden die einzelnen Operationen in folgender Reihenfolge ausgewertet:
1. Funktionsaufrufe[3] und Ausdrücke in Klammern. Bei geschachtelten Klammerausdrücken wird die innerste Klammer zuerst ausgewertet.
2. Exponentiationen
3. Multiplikationen und Divisionen
4. Additionen und Subtraktionen

---

[3] Ein Funktionsaufruf ist der Aufruf eines Unterprogramms, beispielsweise der Aufruf des Unterprogramms SQRT in Abs. 1.1.

Innerhalb dieser Klassen geht die Reihenfolge von links nach rechts.

Unter Beachtung dieser Regel können wir nun die FORTRAN-Anweisung für unser Beispiel schreiben:

$$B = (5.0*A**3 + 8.0*C**2 - 3.0*(SQRT(A) + 2.))**0.3$$

Die anschaulich vereinfachte Reihenfolge der Operationen im Rechenautomaten wäre dann:

1. Bestimmung von SQRT (A) (dies geschieht mit einem Unterprogramm, das der Compiler ohne zusätzliche Anweisung in das Objektprogramm einbaut)
2. Addition: Ergebnis von 1. plus 2.0 (Klammerausdruck, der keine weiteren Klammerausdrücke enthält)
3. Exponentiation: A^3 (Exponentiation, die am weitesten links steht)
4. Exponentiation: C^2
5. Multiplikation: Ergebnis von 3. mal 5.0 (Multiplikation, die am weitesten links steht)
6. Multiplikation: Ergebnis von 4. mal 8.0
7. Multiplikation: Ergebnis von 2. mal 3.0
8. Addition: Ergebnis von 5. plus Ergebnis von 6.
9. Subtraktion: Ergebnis von 8. minus Ergebnis von 7.
10. Exponentiation: Ergebnis von 9. potenziert mit 0.3

Klammerungen sind ähnlich wie bei der mathematischen Schreibweise notwendig, um die Aussagen eindeutig zu machen.

Im obigen Beispiel steht für $5A^3$ in der FORTRAN-Anweisung 5.0*A**3. Da die Exponentiation vor der Multiplikation ausgeführt wird, bestimmt der Rechenautomat tatsächlich den Wert für $5A^3$. Soll dagegen $(5A)^3$ berechnet werden, so müßte in FORTRAN (5.0*A)**3 geschrieben werden. Da in FORTRAN die arithmetischen Operatoren immer nur Wirkung auf den darauffolgenden Ausdruck haben, sind Klammerungen oft notwendig, wo sie in der mathematischen Schreibweise weggelassen werden können. Schreibt man

$$x = \frac{a \cdot b}{c \cdot d}$$

in FORTRAN, so lautet die korrekte Anweisung

$$X = A*B/(C*D)$$

Die Anweisung X = A*B/C*D wäre zwar ebenfalls in FORTRAN zulässig, würde aber der mathematischen Beziehung $x = \frac{a \cdot b \cdot d}{c}$ entsprechen und damit ein unerwünschtes Ergebnis liefern.

Der Schrägstrich in FORTRAN hat nicht die gleiche Bedeutung wie der Bruchstrich in der Algebra.

2.2. Arithmetische Anweisungen

2.2.3. Typ eines Ausdrucks

In diesem Abschnitt wollen wir uns mit der Frage beschäftigen, ob und wie Daten von unterschiedlichem Typ zu arithmetischen Ausdrücken verknüpft werden können. Ist es z. B. erlaubt, eine Variable vom Typ INTEGER mit einer Konstanten vom Typ REAL zu multiplizieren? Diese Frage läßt sich nur beantworten, wenn man sich dabei auf einen bestimmten FORTRAN-Compiler bezieht. Die meisten FORTRAN-Compiler bieten heute mehr Möglichkeiten als im Standard-FORTRAN vorgesehen sind. Daher sollte sich der Benutzer einer elektronischen Datenverarbeitungsanlage, ehe er zu programmieren beginnt, in der Beschreibung des zur Anlage gehörenden Compilers informieren, welche Verknüpfungen zulässig sind. Wegen der unterschiedlichen Compilerversionen können wir uns hier nur mit den Konsequenzen der unter Umständen zulässigen Verknüpfungen befassen. Folgende Regel gilt jedoch für alle existierenden FORTRAN-Compiler: Steht auf der rechten Seite einer arithmetischen Anweisung ein Ausdruck, der sich im Typ von der linksseitig stehenden Variablen unterscheidet, so ist eine solche Anweisung bei den Typen REAL, INTEGER und DØUBLE PRECISIØN zulässig. Dabei wird jeweils der arithmetische Ausdruck seinem Typ entsprechend vollständig ausgewertet und anschließend in den Typ der linksseitig stehenden Variablen umgewandelt.

Beispiele:

Anweisung	Zahlenwerte	Ergebnis
I = A + 4.5	A = 7.3	I = 11
I = A/3.0	A = 4.0	I = 1
A = I/3	I = 2	A = 0.0
I = 5.47896 D 01	-----	I = 54

Die im ersten Beispiel gezeigte Kombination von INTEGER-Variablen mit REAL-Ausdruck bietet die Möglichkeit, Rechenergebnisse auf ganze Zahlen zu runden. Die Rundungsanweisungen

$$I = A + 0.5$$
$$A = I$$

liefern z. B. für A = 0,7 nach der Rundung A = 1,0, und für A = 14,3 erhält man A = 14,0. Man beachte, daß bei negativen Werten von A die erste Anweisung I = A - 0.5 heißen muß.

Wir wollen nun arithmetische Ausdrücke behandeln, in denen Variable oder Funktionen verschiedenen Typs verknüpft sind. In Tabelle 2.2. ist der Typ solcher arithmetischen Ausdrücke angegeben. Die ungeklammerten Kombinationen sind im Standard-FORTRAN zulässig. Bei vielen FORTRAN-Compilern sind jedoch auch die in Klammern gesetzten Kombinationen möglich.

Operator +, -, *, /	Typ des Operanden			
	INTEGER	REAL	DØUBLE PRECISIØN	CØMPLEX
INTEGER	INTEGER	(REAL)	(DØUBLE PRECISIØN)	(CØMPLEX)
REAL	(REAL)	REAL	DØUBLE PRECISIØN	CØMPLEX
DØUBLE PRECISIØN	(DØUBLE PRECISIØN)	DØUBLE PRECISIØN	DØUBLE PRECISIØN	(CØMPLEX)*)
CØMPLEX	(CØMPLEX)	CØMPLEX	(CØMPLEX)*)	CØMPLEX

(Typ des Operanden — linke Spalte)

*) Nur bei sehr wenigen Maschinentypen möglich

Tab. 2.2. Typ eines Ausdrucks in Abhängigkeit vom Typ der Operanden (für Grundrechenarten)

Setzt man folgende Hierarchie voraus

   CØMPLEX
   DØUBLE PRECISIØN
   REAL
   INTEGER

so erkennt man aus Tabelle 2.2., daß bei Verknüpfung zweier, im Typ verschiedener Operanden der entstehende Ausdruck vom Typ des in der Hierarchie höher stehenden Operanden ist, z. B. ergibt INTEGER + REAL wieder REAL.

Verknüpfungen von Operanden verschiedenen Typs sollte der Programmierer möglichst vermeiden, da im Rechenautomaten der Operand „niedrigen" Typs immer erst in den „höheren" Typ umgewandelt werden muß, ehe die Operation ausgeführt werden kann. Diese Umwandlung kostet unnötige Rechen- und Compilationszeit. Statt A = B + 2 schreibe man immer besser A = B + 2., wenn A und B vom Typ REAL sind.

Bei der Verknüpfung von Operanden vom Typ INTEGER, REAL und DØUBLE PRECISIØN mit Operanden vom Typ CØMPLEX beachte man, daß die nichtkomplexen Zahlen als komplexe Zahlen interpretiert werden, bei denen der imaginäre Teil null ist (X,0).

In Tabelle 2.3. sind zulässige und unzulässige Kombinationen bei der Potenzierung angegeben. Die in Klammern gesetzten Kombinationen sind im Standard-FORTRAN unzulässig, und die mit „N" gekennzeichneten Kombinationen sind bei allen Compilern unzulässig.

Außer den in Tabelle 2.3. aufgeführten Einschränkungen ist die Potenzierung von negativen Basen nur mit ganzzahligen Exponenten, d. h. Exponenten vom Typ INTEGER zulässig. Die Anweisung X = A ** 2. führt der Rechenautomat

2.2. Arithmetische Anweisungen

	Operator **	Typ des Exponenten			
		INTEGER	REAL	DØUBLE PRECISIØN	CØMPLEX
Typ der Basis	INTEGER	INTEGER	(REAL)	(DØUBLE PRECISIØN)	N
	REAL	REAL	REAL	DØUBLE PRECISIØN	N
	DØUBLE PRECISIØN	DØUBLE PRECISIØN	DØUBLE PRECISIØN	DØUBLE PRECISIØN	N
	CØMPLEX	CØMPLEX	N	N	N

Tab. 2.3. Typ eines Ausdrucks in Abhängigkeit vom Typ der Operanden (für Exponentiation) für negative A nicht aus, während X = A ** 2 für alle A ausgewertet werden kann.

Die in diesem Abschnitt besprochenen Anweisungen gestatten uns mathematische Beziehungen in FORTRAN auszudrücken, womit wir das Kernstück von Programmen bereits programmieren können.

2.2.4. Beispiele – Übungen

A) Beispiele

1. Die städtischen Gaswerke benötigen ein Rechenprogramm zur Bestimmung der monatlichen Vorauszahlungen für den wahrscheinlichen Gasverbrauch jedes Haushalts. Die monatliche Vorauszahlung bestimmt sich aus dem zwölften Teil des Verbrauchs des vorangegangenen Jahres. Das Programm, das am Ende jeden Jahres die Abrechnung durchführt, enthält folgende Ein- und Ausgabedaten:

   Eingabe: JAVER = Gesamtverbrauch im vergangenen Jahr in m^3
   GASPR = Gaspreis pro verbrauchten Kubikmeter (wird als unabhängig von der Höhe des Verbrauchs angenommen)
   MØNZA = Monatliche Vorauszahlungen des vergangenen Jahres

   Ausgabe: AUSGL = Ausgleichsbetrag zum Ausgleich der Preisdifferenz zwischen tatsächlich verbrauchtem Gas und Summe der Vorauszahlungen
   MØNZA = Neuer Wert der monatlichen Vorauszahlungen, aufgerundet auf ganze DM

(Der Leser möge die Ein- und Ausgabeanweisungen überlesen, sie sind nur der Vollständigkeit halber angegeben).

Lösung:

Die zugehörigen FORTRAN-Anweisungen sind:
```
      REAL JAVER, MØNZA
C DIMENSIONEN: JAVER [M**3], GASPR [DM], MØNZA [DM]
C EINGABE
      READ (1,10) JAVER, GASPR, MØNZA
   10 FØRMAT (3F10.0)
```

```
      C BERECHNUNG
            AUSGL=JAVER*GASPR-MØNZA*12
            IMØNZA=JAVER*GASPR/12.+0.99
            MØNZA=IMØNZA
      C AUSGABE
            WRITE (2,11) AUSGL, MØNZA
         11 FØRMAT (2F14.2)
```

2. Schreibe FORTRAN-Anweisungen für die folgenden Formeln

   Formel   **Lösung**

   a) $y = 1 + \dfrac{a \cdot b}{c}$ Y = 1. + A * B/C

   b) $y = \dfrac{1}{c} \cdot (a + a \cdot b)$ Y = (A+A*B)/C

   c) $y = 1 + x + \dfrac{x^2}{2!} + \dfrac{x^3}{3!} + \dfrac{x^4}{4!}$ Y = 1.+X*(1.+X/2.* (1.+X/3.* (1.+X/4.)))

   d) $x = \dfrac{a+b}{c}$ X = (A+B)/C

B) Übungen (Lösungen auf S. 188)

1. Was ist
   a) ein arithmetischer Ausdruck?
   b) eine Wertzuweisung?

2. Finde die Fehler in den zu folgenden mathematischen Beziehungen angegebenen FOR-TRAN-Anweisungen

   a) $x = (a+b)^2$ X = A + B ** 2

   b) $x = \dfrac{b^{K-L+1}}{b^{K+L-1}+a}$ X = B ** (K-L+1)/(B ** (K+L-1)+A

   c) $5 = (B^7 + 2) \cdot C$ 5 = (B** 7 + 2.) * C

   d) $y = \sqrt[4]{a^3}$ y = A ** (3/4)

   e) $z^2 = \dfrac{a \cdot b}{b+3}$ Z ** 2 = A · B/(B + 3.)

3. Entferne aus den folgenden arithmetischen Ausdrücken die überflüssigen Klammern
   a) (X * Y)/Z   b) (A/X) * C
   c) (A + B)/(C * D)   d) (B** (K + 1))/(B ** (K) + 1.)
   e) (X ** (I − J))+(B/(C+3.))*(B+C)

2.3. Boolesche Ausdrücke

2.3.1. Logische Operationen

Logische Entscheidungen haben wir bereits in dem einfachen Programmierbeispiel in Abs. 1.1. kennengelernt. Die Anweisung

```
         7 IF(A.NE.999999.0) GØTØ 1
```

2.3. Boolesche Ausdrücke

beinhaltet eine logische Entscheidung, und zwar wird zur Anweisung 1 gesprungen, wenn es „wahr" ist, daß A ungleich 999999.0 ist. Die Aussage A.NE.999999.0 ist ein boolescher Ausdruck, der entweder den Wert „wahr" (A ungleich 999999.0) oder den Wert „falsch" (A gleich 999999.0) hat. Boolesche Ausdrücke werden beim Programmieren am häufigsten dazu benutzt, um die Erfüllung bestimmter Bedingungen abzufragen und damit den Programmablauf zu steuern. In diesem Abschnitt wollen wir kurz auf einige Grundlagen der booleschen Algebra eingehen.

Boolesche Aussagen sind Ausdrücke, die entweder den Wahrheitswert wahr oder falsch (in FORTRAN .TRUE. oder .FALSE.) haben. Bezeichnet z. B. die boolesche Variable A die Elementaraussage „Es scheint die Sonne", so wird A der Wert .TRUE. zugewiesen, wenn die Aussage „Es scheint die Sonne" wahr ist. Ist sie nicht wahr, so ist der Wert von A gleich .FALSE. .

Mehrere Elementaraussagen können mittels **logischer Operatoren** zu größeren booleschen Ausdrücken zusammengefaßt werden.

Beispiel: B stehe für die boolesche Variable „Es ist Sonntag"
C stehe für die boolesche Variable „Ich gehe spazieren"
Die Aussage D: „Es ist Sonntag, und ich gehe spazieren" ist ein boolescher Ausdruck.

Er entsteht aus der Verknüpfung der booleschen Variablen B und C durch den logischen Operator .AND. und hängt eindeutig von deren Werten ab.

$$D = B \text{ .AND. } C$$

Es leuchtet ein, daß der Aussage D nur dann der Wert .TRUE. zugewiesen werden darf, wenn die beiden Elementaraussagen „Es ist Sonntag" **und** „Ich gehe spazieren" erfüllt sind. Ist jedoch der Wert einer der beiden booleschen Variablen .FALSE., so ist auch der Wert von D .FALSE.. Ist z. B. B = .FALSE., wird aus D: „Es ist nicht Sonntag, und ich gehe spazieren". Auch wenn B **und** C den Wert .FALSE. haben, bekommt D den Wert .FALSE. zugewiesen.

Man beachte: Der logische Operator .AND. hat nichts gemeinsam mit dem arithmetischen Operator + (plus). Der Wert .FALSE. bedeutet nicht, daß ein Fehler vorliegt.

Neben dem logischen Operator .AND. (UND, Konjunktion) gibt es die Operatoren .ØR. (ODER, Disjunktion) und .NØT. (NICHT, Negation). Die Negation kehrt den Wahrheitswert um; aus A = .TRUE. folgt für .NØT.A der Wert .FALSE. .

Die Disjunktion A.ØR.B ist nur dann .FALSE., wenn sowohl A als auch B .FALSE. sind.

Die Wirkungen der Verknüpfungen von booleschen Ausdrücken durch logische Operatoren werden in Wahrheitstafeln zusammengestellt, wie es für die Operatoren .NØT., .AND. und .ØR. in Tabelle 2.4. ausgeführt ist.

	A =	
B =	.TRUE.	.FALSE.
.TRUE.	.TRUE.	.FALSE.
.FALSE.	.FALSE.	.FALSE.

Konjunktion: A.AND.B

	A =	
B =	.TRUE.	.FALSE.
.TRUE.	.TRUE.	.TRUE.
.FALSE.	.TRUE.	.FALSE.

Disjunktion: A.ØR.B

A = .TRUE.
.NØT.A = .FALSE.

Negation: .NØT.A

Tab. 2.4. Wahrheitstafeln für die logischen Operatoren .AND. , .ØR. und .NØT.

Anhand der Wahrheitstafeln möge der Leser nachvollziehen, daß wir das obige Beispiel auch mit den Operatoren .NØT. und .ØR. durch

$$D = .NØT. (.NØT. B .ØR. .NØT. C)$$

beschreiben können.

Aus dem bisher Gesagten können einige Regeln über den Umgang mit logischen Operatoren abgeleitet werden. Zwei logische Operatoren dürfen nicht aufeinanderfolgen, es sei denn, es folgt .NØT. auf .AND. oder .ØR.. Die Operatoren .AND. und .ØR. müssen von booleschen Ausdrücken eingeschlossen werden, dem Operator .NØT. muß ein boolescher Ausdruck folgen.

Als Übung sollen die folgenden Aussagen mit Hilfe von booleschen Variablen programmiert werden:

1. Aussage: Wenn die Sonne scheint (A=.TRUE.) und Sonntag ist (B=.TRUE.), gehe ich spazieren (C=.TRUE.)

2. Aussage: Wenn nicht Sonntag ist (B=.FALSE.), erledige ich Hausarbeiten (E=.TRUE.)

3. Aussage: Wenn Sonntag ist (B=.TRUE.) und die Sonne nicht scheint (A=.FALSE.), sehe ich fern (F=.TRUE.)

4. Aussage: Die logischen Variablen C, E und F haben den Wert .FALSE., wenn die in den Aussagen 1. bis 3. formulierten Bedingungen nicht erfüllt sind.

2.3. Boolesche Ausdrücke

Die entsprechenden FORTRAN-Anweisungen sind:

LØGICAL A, B, C, E, F
C=A.AND.B
E=.NØT.B
F=B.AND..NØT.A

2.3.2. Vergleichsoperationen

Eine weitere Art des booleschen Ausdrucks ist der Vergleichsausdruck. Er entsteht durch die Verknüpfung zweier arithmetischer Ausdrücke mittels eines Vergleichsoperators. Die mathematische Ungleichung

$$Y-3 < X+8$$

stellt man in FORTRAN dar durch den Vergleichsausdruck

Y-3..LT. X+8.

Er hat den Wert .TRUE., solange Y-3. kleiner als X+8. ist. Er wird .FALSE., wenn Y-3. gleich oder größer als X+8. wird.

Die in FORTRAN zulässigen Vergleichsoperatoren sind in Tabelle 2.5. zusammengestellt.

Vergleichsoperator	mathematisches Symbol	Bedeutung
.LT.	<	kleiner als (less than)
.LE.	≤	kleiner als oder gleich (less than or equal to)
.EQ.	=	gleich (equal to)
.NE.	≠	ungleich (not equal to)
.GT.	>	größer als (greater than)
.GE.	≥	größer als oder gleich (greater than or equal to)

Tab. 2.5. Zulässige Vergleichsoperatoren in FORTRAN

Im allgemeinen ist es möglich, arithmetische Ausdrücke verschiedener Typen durch Vergleichsoperatoren miteinander zu verbinden. Ausgenommen hiervon sind Ausdrücke vom Typ CØMPLEX. Tabelle 2.6. zeigt die zulässigen und unzulässigen Verbindungen arithmetischer Ausdrücke unterschiedlichen Typs.

Vergleichsoperatoren müssen von arithmetischen Ausdrücken eingeschlossen werden.

Die häufigste Anwendung finden Vergleichausdrücke im logischen IF. Es besteht aus dem Wort IF (dtsch. wenn) und einem in Klammern gesetzten Ausdruck, dem eine ausführbare Anweisung in derselben Zeile folgt.

Beispiel: IF (ALPHA.GT.BETA) GØTØ10
ALPHA=BETA

Typ des arithme- tischen Ausdrucks	INTEGER	REAL	DØUBLE PRECISIØN	CØMPLEX
INTEGER	JA	(JA)	(JA)	NEIN
REAL	(JA)	JA	JA	NEIN
DØUBLE PRECISIØN	(JA)	JA	JA	NEIN
CØMPLEX	NEIN	NEIN	NEIN	NEIN
( ) Im Standard-FORTRAN nicht erlaubt, aber auf vielen Rechenautomaten möglich				

Tab. 2.6. Zulässige Verbindungen von arithmetischen Ausdrücken verschiedenen Typs durch Vergleichsoperatoren

Hat der boolesche Ausdruck den Wert .TRUE., so wird die in der gleichen Zeile mit dem IF stehende Anweisung ausgeführt, hat er den Wert .FALSE., so wird sie nicht beachtet und das Programm mit der in der nächsten Zeile stehenden Anweisung fortgesetzt. Im obigen Beispiel wird für den Fall, daß ALPHA einen größeren Wert als BETA hat, die Anweisung GØTØ 10, d. h. ein Sprung zur Anweisung 10, ausgeführt. Im Falle ALPHA kleiner oder gleich BETA, wird die Anweisung GØTØ 10 nicht beachtet und das Programm mit der Anweisung ALPHA= BETA fortgesetzt.

Obwohl das logische IF nur boolesche Ausdrücke auf ihren Wert prüft, wird es meist mit den Vergleichsoperatoren zum Testen arithmetischer Ausdrücke verwendet. Mit Hilfe der Vergleichsoperatoren kann ein arithmetischer Ausdruck auf jeden Wert abgefragt werden.

Beispiele: IF (A.LE.0.)A=B
            IF (A.EQ.B)A=-B
            IF (A.GT.0..AND.A.LE.1.0)A=1.0

2.3.3. Reihenfolge der Auswertung

Setzt der Programmierer keine Klammern, um eine bestimmte Reihenfolge bei der Auswertung eines booleschen Ausdrucks vorzuschreiben, so werden zunächst die arithmetischen Operationen nach den in Abs. 2.2.2. besprochenen Regeln ausgeführt, an die sich die Auswertung der logischen Operationen anschließt. Die logischen Operationen werden nach der Rangfolge

1. Vergleichsoperationen
2. .NØT.-Operationen
3. .AND.-Operationen
4. .ØR.-Operationen

bearbeitet. Innerhalb einer Rangordnung geschieht die Auswertung von links nach rechts.

2.3. Boolesche Ausdrücke

Im Fall des logischen Operators .NØT. empfiehlt es sich immer, Klammern zu setzen, wenn ihm mehr als ein boolescher Ausdruck folgen. Der boolesche Ausdruck .NØT. A .ØR. B
bedeutet (.NØT. A) .ØR. B
und nicht .NØT. (A .ØR. B)

2.3.4. Beispiele und Übungen

A) Beispiele
1. Welche FORTRAN-Anweisungen sind falsch?
   a) LØGICAL TRUE
      TRUE = .FALSE.
      Die Anweisung ist richtig, da TRUE ohne die Punkte ein zulässiger Variablenname ist.
   b) LØGICAL G, B
      DØUBLE PRECISIØN Z
      B = (G .GT. Z-5) .ØR. (G .EQ. Z)
      Die Anweisung ist falsch, denn G ist kein arithmetischer Ausdruck.
   c) LØGICAL TRUE
      .NØT. TRUE = .FALSE.
      IF(.NØT. FALSE) TRUE = .TRUE.
      Die beiden letzten Anweisungen sind falsch; die obere, weil auf der linken Seite kein Variablenname steht, und die untere, weil FALSE nicht als boolescher Ausdruck erklärt ist.

2. Welchen Wert hat ZETA nach Durchlaufen folgender Anweisungsfolge:
   LØGICAL ZETA, L
   INTEGER Z
   X = .86
   Z = X - 0.36
   ALPHA = Z**2
   L = Z.NE.ALPHA
   ZETA = Z+1 .LT. X-2. .ØR. SIN(ALPHA).GT.0. .AND. .NØT. L

Der Wert von ZETA ist .FALSE., weil:
X=0,86
Z=0 (Z ist explizit als INTEGER definiert)
ALPHA=0
L = .FALSE. (da Z=ALPHA)
Z+1 .LT. X-2 = .FALSE. (da Z+1 > X-2)
SIN(ALPHA) .GT.0. = .FALSE. (da SIN(ALPHA) = 0.)
.NØT. L = .TRUE. (da L = .FALSE.)
SIN(ALPHA) .GT.0. .AND. .NØT. L = .FALSE. (vgl. Wahrheitstafel)
ZETA = .FALSE. (vgl. Wahrheitstafel)

B) Übungen (Lösungen auf S. 190)
1. Man schreibe folgende Aussagen als FORTRAN-Anweisungen:
   a) $A-1 \geq B > 0$

b) IZ $\begin{cases} = Z & \text{, wenn } Z \geq 0 \\ = 2^n + Z, & \text{wenn } Z < 0 \end{cases}$

2. Bei der Addition zweier einstelliger Dualzahlen gibt es abhängig von den Werten der beiden Summanden X1 und X2 vier verschiedene Ergebnisse für die Summe und den Übertrag:

X1:	0	0	1	1
X2:	+0	+1	+0	+1
S:	0	1	1	0
Ü:	0	0	0	1

Man schreibe die notwendigen FORTRAN-Anweisungen, die durch Einführung der booleschen Variablen X1, X2, SUMME und UEBER den Additionsvorgang wiedergeben. Man setze für 0 den Wert .FALSE. und für 1 den Wert .TRUE..

2.4. Indizierte Variable

2.4.1. Was ist eine indizierte Variable?

Bei einem großen Teil der Aufgaben, die von Rechenautomaten bearbeitet werden, handelt es sich um die Verarbeitung großer Datenmengen. Solche Daten sind z. B. Personenangaben wie Name, Gehaltsgruppe, Familienstand, Dienstjahre, etc. bei einem Gehaltsabrechnungsprogramm. Ein anderes Beispiel ist eine physikalische Meßreihe, wo für verschiedene Meßstellen viele Werte gemessen wurden, die in einem Rechenprogramm verarbeitet werden sollen, um funktionale Abhängigkeiten zu ermitteln. Bei allen solchen Beispielen handelt es sich um Mengen von Variablen, denen gewisse Eigenschaften gemeinsam sind. Man hat es mit geordneten Variablenmengen der Form

$a_1 \quad a_2 \quad a_3 \quad a_4 \quad a_5 \quad a_6 \ldots \ldots a_n$ (1-dimensional)

$$\begin{matrix} a_{11} & a_{12} & a_{13} & \cdots\cdots\cdots\cdots & a_{1n} \\ a_{21} & a_{22} & a_{23} & \cdots\cdots\cdots\cdots & a_{2n} \\ \vdots & & & & \vdots \\ a_{m1} & a_{m2} & & \cdots\cdots\cdots\cdots & a_{mn} \end{matrix}$$ (2-dimensional)

zu tun. Die Ordnung innerhalb der gleichnamigen Variablen wird durch die Indices angegeben.

FORTRAN bietet die Möglichkeit, indizierte Variablen zu verarbeiten. Sie werden im eindimensionalen Fall in der Form

A(1), A(2), ... , A(N)

2.4. Indizierte Variable

dargestellt. Im zweidimensionalen Fall schreibt man entsprechend

$$A(1,1), A(1,2), \ldots, A(1,N)$$
$$A(2,1), A(2,2), \ldots\ldots\ldots$$
$$\vdots$$
$$A(M,1), A(M,2), \ldots, A(M,N)$$

Im Standard-FORTRAN sind bis zu drei verschiedene Indices zulässig, d. h. man kann dreidimensionale **Felder** verarbeiten. Die meisten modernen Compiler erlauben jedoch, mehr als drei Indices zu verwenden.

Die personellen Angaben für ein Gehaltsabrechnungsprogramm könnten in einem zweidimensionalen Feld PA gespeichert werden; man hätte dann die folgende Zuordnung:

Angaben zur Person

	Name	Grund-gehalt	Fam.-stand	Dienst-alter	Kinder-zahl		m. An-gabe
1. Angest.	PA(1,1)	PA(1,2)	PA(1,3)	PA(1,4)	PA(1,5)		PA(1,M)
2. Angest.	PA(2,1)	PA(2,2)	PA(2,3)	PA(2,4)	PA(2,5)		.
3. Angest.	PA(3,1)	PA(3,2)	PA(3,3)	PA(3,4)	PA(3,5)		.
.		.	.	.	.		.
.		.	.	.	.		.
.		.	.	.	.		.
n. Angest.	PA(N,1)	PA(N,2)	PA(N,3)	PA(N,4)	.		PA(N,M)

Tab. 2.7. Beispiel eines zweidimensionalen Feldes

Das Element PA(2,2) enthält die Gehaltsgruppe des 2. Angestellten, das Element PA(N,M) enthält die mte Angabe über den nten Angestellten, usw.

Felder können vom Typ REAL, INTEGER, DØUBLE PRECISIØN, CØMPLEX oder LØGICAL sein. Der Typ eines Feldes wird in der gleichen Weise festgelegt wie der einer Variablen. A(M,N) wäre ein Feld vom Typ REAL, und J(M) wäre ein Feld vom Typ INTEGER, sofern keine anderen Vereinbarungen getroffen wurden. Das Feld A(M,N) – M und N seien die größten Indices des Feldes – hätte dann M x N Elemente, die **alle** vom Typ REAL wären, da es innerhalb eines Feldes nur Elemente desselben Typs geben kann.

2.4.2. Dimensionierung von Feldern

Den zentralen Arbeitsspeicher eines Rechenautomaten kann man sich als Kette der einzelnen Speicherplätze vorstellen. Die Organisation des von einem Programm besetzten Teils dieses Speichers wird vom Compiler während der Übersetzung des Programms vorherbestimmt. Hierzu braucht der FORTRAN-Compiler u. a. die Information, wieviele Variablen in dem betreffenden Programm vorkommen, um entsprechend viele Speicherplätze für diese Variablen vorzusehen.

Bei indizierten Variablen muß daher vom Programmierer angegeben werden, welche Variablen indiziert sind, wieviele Elemente und wieviele Indices jedes Feld hat. Diese Informationen erhält der Compiler mittels der DIMENSIØN-Anweisung, die für unser oben behandeltes Feld PA die Form

> DIMENSIØN PA(100,9)

hat, wenn die maximale Zahl der Angestellten 100 und die der Angaben zur Person 9 ist. Eine DIMENSIØN-Anweisung besteht aus dem Wort DIMENSIØN, dem eine Liste von Variablennamen nachgestellt ist. Hinter jedem Variablennamen stehen in Klammern bis zu drei durch Kommata getrennte INTEGER-Zahlen, die die maximalen Kantenlängen des Feldes festlegen.

Beispiel: DIMENSIØN A (3), I(10,5), C(3,40,5), MATRIX (10,10)

Felder können auch in einer Typdeklaration dimensioniert werden, dürfen dann aber nicht in der Anweisung DIMENSIØN vorkommen. Will man in einem Programm ein zweidimensionales Feld I, dessen Elemente vom Typ REAL sind, benutzen, so wären folgende Anweisungen richtig:

>   REAL I(10,10)
> oder   REAL I
>   DIMENSIØN I(10,10)

Es wäre falsch,

>   REAL I(10,10)
>   DIMENSIØN I(10,10)

zu schreiben.

Der Name eines Feldes darf in einer Wertzuweisung nur unter Nennung der Indices verwendet werden, denn ein Feld enthält viele Elemente. Das Programm wäre nicht eindeutig, würde nicht durch Angabe der Indices das gewünschte Element des Feldes festgelegt und dadurch ein bestimmter Zahlenwert verarbeitet.

Beispiel: DIMENSIØN A (3), C (10,5)
                   A (2) = B*C (1,5)

Es wäre falsch, A=B*C zu schreiben, denn der Rechenautomat wüßte nicht, welches Element des Feldes A und welches Element des Feldes C vom Programmierer gemeint ist. Man beachte, daß die Zahlen in einer Dimensionierungsanweisung eine andere Bedeutung haben als die Indices in einer ausführbaren Anweisung. Während eine Zahl in einer Dimensionierungsanweisung den zulässigen Maximalwert eines Index anzeigt und damit dem Compiler eine notwendige Information über die Größe des Feldes gibt, bezeichnet ein Index in einer ausführbaren Anweisung ein bestimmtes Element des betreffenden Feldes. I(7,3) bezeichnet genau wie z. B. B eine ganz bestimmte Stelle im Arbeitsspeicher und kann dementsprechend, so wie im obigen Beispiel, wie eine Variable ohne Index verwendet werden.

2.4. Indizierte Variable

Der Compiler ordnet die einzelnen Elemente eines Feldes im Arbeitsspeicher nach einem festen Schema. Bei eindimensionalen Feldern stehen die Elemente beginnend mit dem 1. Element nach aufsteigendem Index geordnet hintereinander im Speicher:

$$A(1) \quad A(2) \quad A(3) \quad A(4) \quad \ldots\ldots\ldots\ldots\ldots \quad A(N)$$

Mehrdimensionale Felder sind so geordnet, daß die links stehenden Indices schneller wachsen als die rechts stehenden.

Beispiel: Dreidimensionales Feld A(J,K,L) mit den Kantenlängen J = 2, K = 3 und L = 2
Ordnung der Elemente im Arbeitsspeicher:

A(1,1,1)	A(2,1,1)	A(1,2,1)	A(2,2,1)	A(1,3,1)	A(2,3,1)
A(1,1,2)	A(2,1,2)	A(1,2,2)	A(2,2,2)	A(1,3,2)	A(2,3,2)

Da die Indices einer Variablen eine bestimmte Speicherstelle bezeichnen, ist es leicht einzusehen, daß Indices nur ganze Zahlen sein können, d. h. nur vom Typ INTEGER sein dürfen. Ein Feldelement A(3.5) würde keinen Sinn haben, da es zwischen A(3) und A(4) keine weitere Speicherzelle gibt. Indices dürfen im Standard-FORTRAN nur ganze Zahlen sein, die größer als Null sind, so ist es nicht zulässig, A(0) oder A(-5) zu schreiben.

2.4.3. Das Rechnen mit indizierten Variablen

Die Möglichkeit, indizierte Variable zu benutzen, vereinfacht die Programmiertätigkeit in sehr starkem Maße, wie wir am Beispiel des Gehaltsabrechnungsprogramms sehen können. Das Programm soll für jeden der 100 Angestellten das Bruttogehalt nach der Beziehung

$$BG = Grundgehalt \cdot (1 + FAK \cdot \frac{Dienstalter}{2}) + KG \cdot Kinderzahl + ZE \cdot Familienstand$$

berechnen. Das Grundgehalt wird in DM eingesetzt, die übrigen Abkürzungen bedeuten:

BG   = Bruttogehalt
FAK = prozentuale Gehaltserhöhung im 2-Jahre-Rhythmus
KG   = Kindergeld in DM
ZE   = Zuschlag für die Ehefrau in DM

Der Programmteil für diese Beziehung könnte wie folgt aussehen (vgl. Tab. 2.7.):

```
      REAL KG
      DIMENSIØN PA(100,9), BG(100)
C  DIESES PROGRAMM BERECHNET DAS BRUTTOGEHALT FUER
C  100 ANGESTELLTE
         :
         :
      I=1
   10 L=PA(I,4)/2.
      BG(I)=PA(I,2)*(1+FAK*L)+KG*PA(I,5)+ZE*PA(I,3)
      IF(I.EQ.100) GØTØ 11
      I=I+1
      GØTØ 10
   11 .
         :
```

Sechs Anweisungen genügen, um diese vereinfachte Gehaltsberechnung für 100 Angestellte vom Rechenautomaten durchführen zu lassen. Der Grund für die einfache Programmierung sich wiederholender Rechnungen ist die Möglichkeit, statt fester Zahlen Variablen vom Typ INTEGER als Indices von Feldern einzusetzen. In unserem Beispiel setzen wir zur Gehaltsberechnung für den 1. Angestellten zunächst die Variable I=1, wodurch die Angaben der 1. Zeile von Tabelle 2.7. in die Berechnungsformel eingesetzt werden. Durch Erhöhung von I auf 2 werden im zweiten Durchlauf die Angaben für den zweiten Angestellten eingesetzt, usw. Ist das Gehalt für den 100. Angestellten bestimmt, so wird der Berechnungskreislauf verlassen und die Berechnung bei Anweisung 11 fortgesetzt.

Neben Variablen und Konstanten können Indices auch arithmetische Ausdrücke bestimmter Form sein. Tabelle 2.8. zeigt die zulässigen Formen von Indices.

Indexvorschrift	Beispiel
V	A(I,J)
C	A(5,7)
V+C	A(I+5,J+3)
V−C	A(I−5,J−3)
C*V	A(5*I)
C*V+C'	A(5*I+3, 3*J+2)
C*V−C'	A(5*I−3, 3*I−1)
V = nicht indizierte INTEGER−Variable ohne Vorzeichen	
C und C' = INTEGER−Konstante ohne Vorzeichen	

Tab. 2.8. Zulässige Formen von Indices

2.4. Indizierte Variable

Es ist natürlich darauf zu achten, daß der Wert eines arithmetischen Ausdrucks nicht den zulässigen Bereich des Index überschreitet, d. h. der Zahlenwert j des Index muß der Bedingung

$$1 \leq j \leq j_{max}$$

genügen. Das folgende Programmbeispiel zeigt eine verbotene Bereichsüberschreitung. Wir wollen, zurückkommend auf das Gehaltsabrechnungsprogramm, jetzt nur für den 1., 3., 5., ..., 99. Angestellten das Gehalt bestimmen. Wir ersetzen den Index I der Anweisungsfolge auf S. 66 durch 2*I-1.

```
      REAL KG
      DIMENSIØN PA(100,9),BG(100)
      .
      .
      .
      I=1
   10 L=PA(2*I-1,4)/2.
      BG(2*I-1) = PA(2*I-1,2) * (1.+FAK*L)+KG*PA(2*I-1,5)+ZE*PA
     1(2*I-1,3)
      IF(I.EQ.100)GØTØ 11
      I=I+1
      GØTØ 10
   11 .
      .
      .
```

Der aufmerksame Leser hat sicher bemerkt, daß sich für I=51 bereits eine unzulässige Bereichsüberschreitung ergibt, indem die Feldelemente PA(101,2), PA(101,4), etc. in die Berechnungsformel eingesetzt werden sollen. Wir müssen daher die Abfrage ändern und könnten z. B. IF(I.EQ.50)GØTØ 11 schreiben.

2.4.4. Beispiele — Übungen

A) Beispiele

1. Ein Programm enthält ein eindimensionales Feld A mit maximal 100 Elementen. Man summiere die Zahlenwerte der Elemente 1 bis zu einer im Programm bekannten Zahl j.

   Lösung: Der Leser zeichne ein Flußdiagramm und prüfe, ob es dem folgenden Quellenprogramm entspricht.

```
      DIMENSIØN A (100)
    C I  I ST DER ZAEHLINDEX FUER DIE SUMMATIØN, SU
    C ENTHAELT AM ENDE DER RECHNUNG DEN SUMMENWERT
      I=1
      SU=0.
   10 SU=SU+A (I)
      I=I+1
      IF (I.LE.J) GØTØ10
      .
      .
      .
```

Ist beispielsweise J=30, so werden die Zahlenwerte der Elemente A(1) bis A(30) summiert. Die IF-Abfrage bewirkt, daß, wenn J den Wert 31 annimmt, nicht mehr zur Anweisung 10 gesprungen wird, sondern das Programm nach der IF-Abfrage fortgesetzt wird.

2. Man schreibe die notwendigen FORTRAN-Anweisungen zur Berechnung des Umfangs eines Dreiecks im Raum, das durch seine drei Eckpunkte P_1, P_2, P_3 gegeben ist. Die Koordinaten der Eckpunkte sind gegeben und stehen in einem zweidimensionalen Feld P(3,3) in der Form

$$P(1,1) = x_1, \quad P(1,2) = y_1, \quad P(1,3) = z_1$$
$$P(2,1) = x_2, \quad P(2,2) = y_2 \quad \text{usw.}$$

Lösung: Der Dreiecksumfang ist gleich der Strecke $\overline{P_1P_2P_3P_1}$. Die Entfernung zwischen zwei Punkten ist[4]

$$l = \sqrt{(x_2-x_1)^2 + (y_2-y_1)^2 + (z_2-z_1)^2}$$

```
      DIMENSIØN P(3,3)
      REAL L
      L=0.
      I=0
   10 I=I+1
      J=I+1
      IF(I.EQ.3)J=1
      L=L+((P(J,1)-P(I,1))**2+ (P(J,2)-P(I,2))**2+ (P(J,3) -P(I,3))**2)**0.5
      IF(I.LT.3)GØTØ 10
      WRITE(2,12)L
      .
```

B) Übungen (Lösungen auf S. 190)

1. Welche Bedeutung haben die Anweisungen
    a) DIMENSIØN MATRIX (10, 10, 10)
    b) REAL MATRIX (10, 10, 10)

2. Am Anfang eines Programmsegments steht die Anweisung
    DIMENSIØN A(10,10).
    Innerhalb dieses Segments stehen außerdem die folgenden fehlerhaften Ausdrücke. Man finde die Fehler

    a) A(2,11)   d) A(0,1)
    b) A(2.5,10)   e) A(-3,2)
    c) A(3,2,7)   f) A(4,+2)

3. Man finde die Fehler im folgenden Programmteil
```
      DIMENSIØN A(10)
      I=0
   10 I=I+1
      B=A(I-1)**2
      C=A(I/2)**3
      D=B+C
      WRITE(2,12)D
      IF(I.LE.11) GØTØ 10
```

---

[4] Der Leser beachte, daß das Wurzelzeichen durch eine Potenzierung mit 0,5 ersetzt werden kann.

2.5. Einfache Anweisungen für die Ein- und Ausgabe   69

4. Schreibe die notwendigen FORTRAN-Anweisungen zur Multiplikation aller Elemente mit ungeradem Index eines eindimensionalen Feldes C(J) mit einer Konstanten ALPHA. Nach der Multiplikation sollen sämtliche Elemente des Feldes aufsummiert werden. Das Feld habe 50 Elemente.

5. Man schreibe die notwendigen Anweisungen für ein Programm, das ein vorgegebenes eindimensionales Feld nach der Größe ordnet. Das geordnete Feld soll an der gleichen Stelle im Speicher stehen wie das ungeordnete Feld, das kleinste Element soll am Anfang des Feldes stehen, und das Feld A(I) soll maximal 100 Elemente haben. Die Zahl der tatsächlichen Elemente ist j_{max}.

2.5. Einfache Anweisungen für die Ein- und Ausgabe

Wir haben bereits einige wichtige Merkmale der Programmiersprache FORTRAN kennengelernt, jedoch fehlen uns bisher Kenntnisse darüber, wie wir dem Rechenautomaten Zahlenwerte für die benutzten Variablen eingeben und wie wir die vom Automaten errechneten Ergebnisse erfahren können. In dem folgenden Abschnitt geben wir eine Übersicht über einfache Anweisungen für die Ein- und Ausgabe von Daten. Wir beschränken uns dabei auf die am häufigsten auftretenden Fälle. Die besprochenen Anweisungen sind in der Regel allgemeiner verwendbar als hier beschrieben. Diese Fälle werden im Kapitel 4 behandelt.

2.5.1. READ

Eine sehr einfache Weise, einer Variablen einen Zahlenwert zuzuweisen, kennen wir bereits in der Form

Variable = Konstante

Beispiel: A = 7.0

Diese Form befriedigt jedoch nicht, da

1. der Zahlenwert der Variablen bei jedem Rechenlauf des Programms derselbe ist,
2. bei großen Datenmengen diese Methode sehr unhandlich ist und großen Speicherbedarf verursacht.

Wegen der Nachteile benutzt man diese Art der Datenversorgung nur für wirkliche Konstanten, z. B. PI = 3.14159265.

Anfangswerte werden Variablen am häufigsten mittels der READ-Anweisung zugewiesen. Eine READ-Anweisung hat zur Folge, daß ein Zahlenwert beispielsweise von einer Lochkarte, einem Lochstreifen oder einem Magnetband gelesen und der hinter dem READ angegebenen Variablen zugewiesen wird.

Am Beispiel des Lochkartenlesens wollen wir die zur Dateneingabe notwendigen Anweisungen erläutern. Abb. 2.2. zeigt die Lochkarte, die gelesen werden soll.

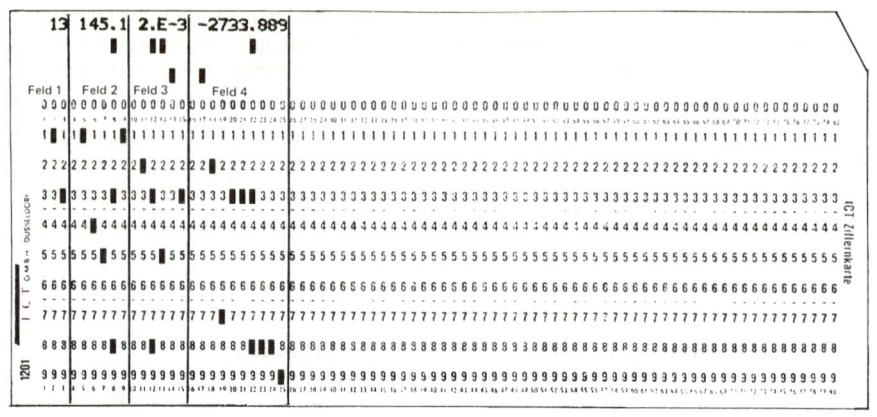

Abb. 2.2. Beispiel einer Datenkarte

Sie enthält vier Zahlen, die den im Programm vorkommenden Variablen K, A, C und B zugewiesen werden sollen. Die FORTRAN-Anweisungen, die diesen Vorgang veranlassen, lauten

```
READ(1,10)K,A,C,B
10 FØRMAT (I3, F6.0, F6.0, F10.0)
```

Nach Ausführung dieser Anweisung ist K = 13, A = 145.1, C = 0.002 und B = −2733.889. Die Zuordnung der Zahlenwerte wird der Reihe nach vorgenommen:

Die erste Zahl der Lochkarte wird der ersten Variablen aus der im READ aufgeführten Liste von Variablen zugeordnet, die zweite Zahl auf der Lochkarte der zweiten Variablen usw: Der Programmierer muß daher Vertauschungen seiner Daten vermeiden, und es empfiehlt sich immer, die Daten nach dem Einlesen auszudrucken (vgl. 1. Beispiel in Abs. 2.5.4.), um eine Kontrollmöglichkeit zu haben, ob jeder Variablen der richtige Zahlenwert zugewiesen wurde.

Vor der Liste der Variablen steht in der READ-Anweisung eine Klammer, der der FORTRAN-Compiler zwei Informationen entnimmt:

1. Die Zahl vor dem Komma bezeichnet das periphere Gerät, auf dem der Lesevorgang stattfindet, das ist beispielsweise der Kartenleser, der Lochstreifenleser, eine Magnetbandstation oder ein Wechselplattenspeicher. Die Gerätenummer (in unserem Beispiel 1) ist symbolisch und kann bei den meisten Rechenanlagen vom Programmierer festgelegt werden. Eine symbolische Gerätenummer gilt innerhalb des gesamten Programms und darf nur **ein** peripheres Gerät symbolisieren. Im obigen Beispiel symbolisiert die 1 den Kartenleser.

2. Die Zahl hinter dem Komma in der READ-Anweisung ist eine Anweisungsnummer, die die zum READ gehörige **FØRMAT-Anweisung** kennzeichnet. FØRMAT-Anweisungen gehören zu den nichtausführbaren Anweisungen. Sie

2.5. Einfache Anweisungen für die Ein- und Ausgabe

geben dem Rechenautomaten notwendige Informationen über die **Form** der einzulesenden Daten. Sie bestehen aus dem Wort FØRMAT, dem eine Klammer folgt, die durch Kommata oder Schrägstriche getrennte **Feldspezifikationen** enthält.

In unserem Beispiel wird die Zahl 13 mit der Feldspezifikation I3 der Variablen K zugewiesen, die Zahl 145.1 mit der Feldspezifikation F6.0 der Variablen A usw. Der Buchstabe in der Feldspezifikation gibt Auskunft über den Typ der Daten, die eingelesen werden. Es spezifiziert I einen Zahlenwert, der einer Variablen vom Typ INTEGER, und F einen Zahlenwert, der einer Variablen vom Typ REAL zugewiesen werden soll. So werden der INTEGER-Variablen K in unserem Beispiel ein Zahlenwert mit der I-Spezifikation und den REAL-Variablen A, C und B Zahlenwerte mit der F-Spezifikation zugewiesen.

Die Zahl hinter dem Buchstaben der Feldspezifikation gibt an, wie viele Zeichen gelesen werden sollen. Hier sind es für die Variable K drei Zeichen, eine Leerstelle, die 1 und die 3. Dementsprechend lautet die Feldspezifikation I3.

Die allgemeine Form der Feldspezifikation für INTEGER-Zahlen ist Iw, wobei wir für w die Zahl der Zeichen einsetzen, die gelesen werden sollen. Die Gesamtheit der zu lesenden Zeichen nennt man **Datenfeld** (vgl. Abb. 2.2.), seine Breite, die durch w festgelegt wird, ist die **Feldbreite**.

Werden Zahlenwerte für INTEGER-Variablen eingelesen, so dürfen diese Zahlenwerte auf der Lochkarte keinen Dezimalpunkt enthalten. Sie müssen im Feld rechtsbündig gelocht werden, da sonst die folgenden Leerstellen als Nullen interpretiert werden. Wäre die 13 in der Lochkarte in Abb. 2.2. in den Spalten 1 und 2 gelocht, so würde K der Zahlenwert 130 zugewiesen.

Zahlenwerte für REAL-Variablen können mit der Feldspezifikation Fw.0 eingelesen werden. Die Zahlen auf der Lochkarte müssen dann in der Form einer REAL-Konstanten mit Dezimalpunkt (wie hier 145.1 und 2.E−3) geschrieben werden. Fehlt der Dezimalpunkt auf der Lochkarte, so ist in der Feldspezifikation außer der Feldbreite w auch die Stellung des Dezimalpunktes anzugeben. Diesen Fall besprechen wir im Kapitel 4.

In unserem Beispiel haben wir die Datenfelder immer größer gewählt, als sie zur Aufnahme der Zahlenwerte eigentlich hätten sein müssen. Wir empfehlen dieses Verfahren, um das Lesen – und damit die Kontrolle – der Datenkarten zu erleichtern.

Folgen mehrere gleiche Feldspezifikationen in einer FØRMAT-Anweisung hintereinander, so kann man diese durch den **Wiederholungsfaktor r** (engl. repeat factor) zusammenfassen. In der FØRMAT-Anweisung unseres Beispiels

    10 FØRMAT (I3,F6.0,F6.0,F10.0)

können wir die beiden Spezifikationen F6.0 zu 2F6.0 (r = 2) zusammenziehen:

    10 FØRMAT (I3,2F6.0,F10.0)

2.5.2. WRITE

2.5.2.1. Ausgabe von Zahlenwerten

Die WRITE-Anweisung vermittelt dem Benutzer eines Rechenautomaten Kenntnis über den Zahlenwert bestimmter Variablen in einem Programm, sie dient also vor allem dazu, Rechenergebnisse auszudrucken.

Mit den Anweisungen

    WRITE(2,12)K,A,C,B
  12 FØRMAT (1H_,I3,2F10.3,F12.3) [5]

können wir die im vorigen Abschnitt eingelesenen Werte wieder ausgeben.

Ein Vergleich dieser Anweisungen mit der obigen READ-Anweisung zeigt, daß READ- und WRITE-Anweisungen den gleichen formalen Aufbau haben. Die Erklärungen in Abs. 2.5.1. gelten daher sinngemäß auch für die WRITE-Anweisung. Von den in Klammern stehenden Zahlen bezeichnet die vor dem Komma stehende die Ausgabeeinheit, d.h. Zeilendrucker, Lochkartenstanzer, Lochstreifenstanzer, Magnetbandstation, Wechselplattenspeicher oder ähnliche Geräte, die hinter dem Komma stehende Zahl ist die Anweisungsnummer der zum WRITE gehörenden FØRMAT-Anweisung.

Zu jeder Variablen, deren Zahlenwert ausgeschrieben werden soll, gehört wiederum eine Feldspezifikation, zu den Variablen vom Typ REAL eine F-Spezifikation und zu den Variablen vom Typ INTEGER eine I-Spezifikation.

Für das Folgende wollen wir annehmen, die 2 in der WRITE-Anweisung symbolisiere einen Zeilendrucker. In diesem Fall müssen wir dem Rechenautomaten zunächst mitteilen, an welcher Stelle des Papiers der Schreibvorgang beginnen soll, ob z.B. ein Seitenwechsel oder nur ein Zeilenwechsel vorgenommen werden soll.

Dies geschieht durch ein Steuerzeichen, das als erstes in der Klammer der FØRMAT-Anweisung steht. In unserem Beispiel soll der Zeilendrucker die Daten auf eine neue Zeile schreiben. Wir kennzeichnen dies durch das Steuerzeichen 1H_ [5]

Bei der Ausgabe von REAL-Größen genügt es nicht mehr, nur die Breite des Datenfeldes vorzuschreiben. Hier benötigen wir auch die Zahl der Stellen hinter dem Dezimalpunkt. Sie werden in der F-Spezifikation durch eine Ziffer hinter dem Punkt angegeben. Durch die Spezifikation F10.3 werden 10 Zeichen ausgegeben: Drei Ziffern stehen hinter dem Dezimalpunkt, dieser erscheint als 7. Zeichen, und davor erscheinen 6 Zeichen (incl. Leerzeichen).

---

[5] der tiefgesetzte Strich markiert eine Leerstelle

2.5. Einfache Anweisungen für die Ein- und Ausgabe

Unser obiges Beispiel erzeugt auf dem Papier folgendes Druckbild.

|_13|_ _ _145.100|_ _ _ _ _0.002|_ _ _−2733.889|
Feld 1   Feld 2   Feld 3   Feld 4

Die allgemeine Form der F-Spezifikation ist F$w.d$, wobei w die Feldbreite und d die Anzahl der Stellen hinter dem Dezimalpunkt angeben. Die Werte von w und d müssen genügend groß gewählt werden. Wählt man beispielsweise d zu klein, können unerwünschte Rundungen auftreten. Benutzen wir in unserem Beispiel F10.2 statt F10.3 zum Ausdrucken, so erhalten wir durch

```
   WRITE(2,12)K,A,C,B
12 FØRMAT(1H_,I3,2F10.2,F12.2)
```

folgendes Ergebnis ausgedruckt.

_13_ _ _ _145.10_ _ _ _ _ _0.00_ _ _ _−2733.89

Für den Wert 0.002 erscheint im Druckbild der Wert Null. Reicht dagegen die Feldbreite nicht aus, um einen Zahlenwert aufzunehmen, gibt der Rechenautomat eine Fehlermeldung aus.

2.5.2.2. Ausgabe von Texten

Ausgedruckte Zahlenwerte werden leichter lesbar und verständlicher, wenn man sie mit Bezeichnungen und Texten versieht. Die einfachste Möglichkeit, die FORTRAN für die Textverarbeitung vorsieht, ist der Einbau einer **Textkonstanten** in eine FØRMAT-Anweisung.

Die Textkonstante besteht aus dem eigentlichen Text, dem der Buchstabe H und eine Zahl vorangestellt sind. Die Zahl gibt die Länge des Textes an.

Beispiel: 11HERGEBNISSE:
23HTECHNISCHE_UNIVERSITAET

Die allgemeine Form der Textkonstanten ist wH (w = Zahl der Zeichen = Feldbreite). Sie kann alle Zeichen enthalten, die auf einer Rechenanlage zur Verfügung stehen, also Buchstaben, Ziffern und Sonderzeichen. Leerstellen zählen in einer Textkonstanten als Zeichen.

Wenn 2 den Zeilendrucker kennzeichnet, ergibt die Anweisungsfolge

```
  WRITE(2,6)A
6 FØRMAT(1H_,F10.2,13H_GRAD_CELSIUS)
```

für A = 15.35 folgendes Bild auf dem Papier.

_ _ _ _ _15.35_GRAD_CELSIUS

Textkonstanten können auch ausgegeben werden, ohne daß eine Variable in der WRITE-Anweisung stehen muß.

Durch
>   WRITE(2,11)
>   11 FØRMAT (1H_, 10HPRØTØKØLL:)

erscheint der Schriftzug PROTOKOLL: auf dem Papier.

Soll das Wort PROTOKOLL in der Mitte der Zeile stehen, so müssen entsprechend viele Leerstellen ausgegeben werden. Hierzu verwenden wir die Feldspezifikation wX, die veranlaßt, daß w Leerstellen „ausgedruckt" werden. Um das Wort PROTOKOLL 20 Stellen vom Rand des Papiers nach rechts zu verschieben, müssen wir die FØRMAT-Anweisung in

>   11 FØRMAT (1H_,20X,10HPRØTØKØLL:)

ändern.

2.5.2.3. Der Papiertransport auf dem Zeilendrucker

Im Abs. 2.5.2.1. haben wir bereits das Steuerzeichen 1H_ für den einfachen Zeilenvorschub kennengelernt. Um jedoch Schrift in gewünschter Form auf dem Papier zu positionieren, ist der einfache Zeilenvorschub nicht ausreichend. Man benötigt Steuerzeichen für Seitenwechsel, doppelten Zeilenvorschub etc.

Das erste Zeichen einer Zeile wird auf dem Zeilendrucker nicht ausgegeben, da dieses Zeichen für die Steuerung des Zeilenvorschubs reserviert ist. Um daher den Zeilenvorschub in der gewünschten Weise sicherzustellen, gebe man nicht ein Ergebnis, sondern ein durch die H-Spezifikation beim Programmieren festgelegtes Zeichen als erstes aus.

Die folgende Tabelle gibt Auskunft über die Wirkung bestimmter Zeichen auf den Zeilenvorschub.

Erstes Zeichen der Zeile	Wirkung
_ (Leerstelle)	eine Zeile Vorschub
0	zwei Zeilen Vorschub
1	Beginn einer neuen Seite
+	kein Zeilenvorschub

Tab. 2.9. Festlegung für den Zeilenvorschub beim Zeilendrucker

Eine weitere Möglichkeit, den Papiertransport auf dem Zeilendrucker zu steuern, bietet der Schrägstrich (engl. slash). Wir kennen den Schrägstrich bereits als Zeichen für die Division. Steht er jedoch in einer FØRMAT-Anweisung, so hat er eine andere Bedeutung. In diesem Fall wird der Schrägstrich wie das Komma zur Trennung von Feldspezifikationen verwendet, bewirkt aber zusätzlich – wie die sich rechts schließende Klammer der FØRMAT-Anweisung –, daß in der augenblicklich beschriebenen Zeile nichts mehr gedruckt wird.

2.5. Einfache Anweisungen für die Ein- und Ausgabe

Das Zusammenspiel von Schrägstrich und Steuerzeichen veranschaulicht folgendes Beispiel:

Auf dem Zeilendrucker soll am Kopf einer neuen Seite folgendes Druckbild hergestellt werden:

(Leerzeile)
(Leerzeile)
(Leerzeile)
_ _ _ _ _PROTOKOLL
(Leerzeile)
(Leerzeile)

Die zugehörige Anweisungsfolge ist:

  WRITE(2,15)
  15 FØRMAT (1H1//1H0,5X,9HPRØTØKØLL//)

Dabei ist die Wirkung der einzelnen Spezifikationen wie folgt: Die Textkonstante 1H1 wird als Steuerzeichen interpretiert und veranlaßt den Sprung zum Anfang einer neuen Seite. Der erste Schrägstrich markiert bereits das „Zeilenende", so daß die erste Zeile leer bleibt. Da zwischen zwei Zeilenenden (2. Schrägstrich) eine Zeile vorhanden sein muß, andererseits aber nichts ausgeschrieben wurde, muß diese Zeile eine Leerzeile sein. Das erste „Zeichen" dieser Leerzeile ist ein Leerzeichen, das vom Rechenautomaten als Steuerzeichen für den Zeilenvorschub interpretiert wird. Dieser Zeilenvorschub ist notwendig, um zum zweiten Zeilenende zu gelangen. Die folgende Textkonstante wird wiederum als Steuerzeichen interpretiert, da sie am Anfang einer neuen Zeile steht. Sie bewirkt den Vorschub um zwei Zeilen. In die so erreichte Zeile wird das Wort PROTOKOLL, das durch die Spezifikation 5X um 5 Leerstellen vom Zeilenbeginn versetzt ist, gedruckt. Der folgende Schrägstrich beendet diese Zeile und der letzte Schrägstrich und die sich schließende Klammer markieren das Ende zweier weiterer Zeilen.

2.5.3. Ein- und Ausgabe von Feldern

Bei der Ein- und Ausgabe von Feldern braucht nicht jedes einzelne Feldelement in der READ- bzw. WRITE-Anweisung aufgeführt zu werden. Im Gegensatz zu den arithmetischen Anweisungen, wo ein Feldname nur mit den entsprechenden Indices genannt werden darf, kann hier der Feldname allein geschrieben werden, da das gesamte Feld gemeint ist. Soll dagegen nur der Wert eines bestimmten Elementes gelesen werden, so muß die entsprechende Indizierung vorgesehen werden.

Beispiel:
```
          DIMENSIØN A(5,10),J(10)
          READ(1,3)A
        3 FØRMAT(5F16.0)
          READ(1,4)J(1),J(10)
        4 FØRMAT(2I4)
```

Wenn die 1 den Kartenleser symbolisiert, müssen für die erste READ-Anweisung 10 Lochkarten mit je 5 Werten in seinem Eingabefach liegen. Die Zahlenwerte werden den Feldelementen in der Reihenfolge zugewiesen, in der diese im zentralen Arbeitsspeicher stehen. A(1,1) erhält den 1. Wert der 1. Karte, A(2,1) den zweiten Wert der 1. Karte, usw.

Nachdem der 5. Wert der 1. Karte gelesen wurde, ist die FØRMAT-Anweisung abgearbeitet. Darauf setzt folgender Mechanismus ein: Der Rechenautomat prüft, ob noch Feldelemente vorhanden sind, denen noch kein Wert zugewiesen wurde. Wenn das der Fall ist, wird die FØRMAT-Anweisung erneut begonnen, wobei der nächste Wert auf einer **neuen** Karte stehen muß. Das bedeutet: Jedesmal, wenn der Rechenautomat beim Lesen auf die sich schließende Klammer trifft und noch Werte gelesen werden sollen, beginnt er die FØRMAT-Anweisung von vorn. Hierzu wird eine neue Lochkarte gezogen.

Hinter den 10 Lochkarten für das Feld A liegt eine Karte mit zwei Zahlen, die den Elementen J(1) und J(10) des Feldes J zugewiesen werden.

Der Ausschreibevorgang läuft analog dem Einlesevorgang ab. Durch

```
           DIMENSIØN A(5,10),J(10)
           WRITE (2,50)A
        50 FØRMAT(1H_,5F16.5)
           WRITE(2,60)J(1),J(10)
        60 FØRMAT(1H0,2I8)
```

werden auf dem (durch 2 gekennzeichneten) Zeilendrucker für das Feld A zehn Zeilen ausgegeben, die je 5 Werte enthalten.

Wird die sich schließende Klammer der FØRMAT-Anweisung 50 erreicht, wird die Zeile beendet und das FØRMAT von neuem abgearbeitet. Aufgrund des Steuerzeichens 1H_ wird in der neuen Zeile weitergeschrieben. Der Vorgang ist beendet, wenn alle Elemente von A ausgedruckt sind. Nach der 10. wird eine Zeile freigelassen, und in der 12. Zeile stehen die Zahlenwerte von J(1) und J(10). Soll jeder Druckzeile des Feldes A eine Leerzeile folgen, muß die FØRMAT-Anweisung geändert werden in

```
        50 FØRMAT (1H_,5F16.5/)
```

soll jeder Druckzeile eine Leerzeile vorausgehen, lautet die FØRMAT-Anweisung

```
        50 FØRMAT(1H0,5F16.5)
```

2.5. Einfache Anweisungen für die Ein- und Ausgabe   77

2.5.4. Beispiele – Übungen

A) Beispiele

1. Schreibe die notwendigen FORTRAN-Anweisungen, mit denen die Gleichung

   $$x = a \cdot t - b \cdot t^5 + c \cdot \sqrt{t} + d \cdot (1-t^2) + e \cdot t^{0.3}$$

   ausgewertet werden kann. Die Zahlenwerte für die Faktoren a bis e und für t sollen von Lochkarten eingelesen und anschließend auf dem Zeilendrucker zur Kontrolle ausgeschrieben werden. Das Ergebnis der Rechnung soll ebenfalls auf dem Zeilendrucker ausgegeben werden. Alle Zahlenwerte sollen eine Feldbreite von 10 Stellen haben.

   Lösung:
   ```
           READ(1,10) A,B,C,D,E,T
        10 FØRMAT(6F10.0)
           WRITE(2,11) A,B,C,D,E,T
        11 FØRMAT (1H_,6F10.3)
           X=A*T-B*T**5+C*SQRT(T)+D*(1.-T**2)+E*T**0.3
           WRITE(2,12)X
        12 FØRMAT(1H0,2HX=,F10.3)
           STØP
   ```

2. Man schreibe eine Anweisungsfolge, die einem dreidimensionalen INTEGER-Feld mit den Kantenlängen 3, 2 und 5 Werte zuweist. Man skizziere die Reihenfolge der Zahlen auf der Lochkarte, wobei jede Ziffernfolge die Indices des Elements darstellen soll, z.B. dem Element 2,1,5 werde die Zahl 215 zugewiesen.

   Lösung:
   ```
           DIMENSIØN MATRIX (3,2,5)
           READ(1,2) MATRIX
         2 FØRMAT(10I4)
   ```

   3. Karte: _314_124_224_324_115_215_315_125_225_325

   2. Karte: _222_322_113_213_313_123_223_323_114_214

   1. Karte: _111_211_311_121_221_321_112_212_312_122

3. Aus dem 2. Beispiel in Abschnitt 2.4.4. soll ein komplettes Programm gemacht werden. Hierzu müssen die Eingabeanweisungen für das Feld P(3,3) und die Ausgabeanweisungen für das Ergebnis ergänzt werden.

   Lösung:
   ```
   C PRØGRAMM ZUR BERECHNUNG DES UMFANGS EINES RAEUMLICHEN
   C DREIECKS
           DIMENSIØN P(3,3)
           REAL L
   C DIE DREI KØMPØNENTEN EINES VEKTØRS STEHEN JEWEILS AUF
   C EINER KARTE
           READ(1,5)P
         5 FØRMAT(3F10.0)
           L=0.
           I=0
   ```

```
     10 I=I+1
        J=I+1
        IF(I.EQ.3)J=1
        L=L+((P(J,1)-P(I,1))**2+(P(J,2)-P(I,2))**2+(P(J,3)-P(I,3))**2)**0.5
        IF(I.LT.3)GØTØ 10
        WRITE(2,15)P,L
     15 FØRMAT(1H0,3F10.3/1H_,3F10.3/1H_,3F10.3/1H0,F20.4)
        STØP
```

B) Übungen (Lösungen auf S. 193)

1. Man erläutere die Eingabe von REAL-Daten mit der Feldspezifikation F10.0 und die Ausgabe mit der Spezifikation F15.4.

2. Welches Druckbild erzeugt folgende Anweisungsfolge auf dem Papier (2 = Zeilendrucker)

    ```
           WRITE(2,11)
        11 FØRMAT(10H_ERGEBNIS:)
    ```

3. In den folgenden Übungen handelt es sich um einfache Aufgaben, bei denen Berechnungsformeln und die dazugehörigen Lese- und Schreibanweisungen programmiert werden sollen.

    a) Einlesen: H, A1, A2, B1, B2 mit F10.0

       Formel: $V = \frac{1}{6} \cdot H \left[(2 \cdot A1 + A2) \cdot B1 + (2 \cdot A2 + A1) \cdot B2 \right]$

       Ausdrucken: H, A1, A2, B1, B2, V mit F15.4

    b) Einlesen: y, z mit F12.0

       Formel: $x = \dfrac{8 - y^2}{3\,z^2}$

       Ausdrucken: y, z, x mit F12.3

    c) Einlesen: Zwei zweidimensionale Felder A(3,4) und B(3,4) mit F5.0

       Formel: $c_i = \sum_{j=1}^{4} a_{ij} \cdot b_{ij}$

       Ausdrucken: a_{ij} und b_{ij} mit F5.1 und c_i mit F10.3

4. Man schreibe die notwendigen FORTRAN-Anweisungen, um folgenden Briefkopf zu drucken (Zeilendrucker = 2)

    (2 Leerzeilen)

    ____HANS MEIER_(40 Leerstellen)   1_BERLIN_15,_DEN
                                              KURFUERSTENDAMM_201

3. Aufbau und Ablauf eines FORTRAN-Programms

Eine wichtige Eigenschaft des Rechenautomaten ist seine Fähigkeit, Programmteile zu wiederholen oder zu überspringen.

Die Anweisungen, die diese Vorgänge steuern, heißen Steueranweisungen. Sie enthalten meistens nicht nur den Befehl zur Wiederholung oder zum Sprung, sondern auch die Bedingung, unter der ein Programmteil wiederholt oder übersprungen werden soll.

Um Bedingungen zu formulieren, benutzen wir die Eigenschaften von Ausdrükken, die wir mit einfachen mathematischen Mitteln beschreiben können, wie z.B. ihren Wert oder ihr Vorzeichen.

Die Bedingungen, unter denen der Programmablauf gesteuert werden kann, sind mannigfaltig und den jeweiligen Bedürfnissen angepaßt. Wir werden im nächsten Abschnitt zunächst die Steueranweisungen behandeln, die nur innerhalb eines Segments den Ablauf eines Programms beeinflussen. Im darauffolgenden Abschnitt 3.2. gehen wir auf das Zusammenwirken mehrerer Segmente ein.

3.1. Die Steuerung des Programmablaufs innerhalb eines Segments

3.1.1. Sprunganweisungen

3.1.1.1. Das unbedingte GØTØ

Diese Anweisung kennen wir schon aus dem vorhergehenden Kapitel, wo wir sie in einigen Beispielen benutzt haben. Sie wird in der Form

$$\text{GØTØ } n$$

geschrieben, wobei *n* eine Anweisungsnummer aus **demselben Segment** ist, z. B. GØTØ 22

Sie ist eine ausführbare Anweisung und veranlaßt, daß das Programm an der durch die Anweisungsnummer gekennzeichneten Stelle, dem Sprungziel, fortgesetzt wird.

Das Sprungziel muß ebenfalls eine ausführbare Anweisung sein, die vor oder hinter der GØTØ-Anweisung steht. (Vgl. Beispiel 2 in Abs. 2.4.4.).

Eine Steuerung des Programms mit dem unbedingten GØTØ allein ist nicht möglich. Die Bedingungen, unter denen ein Sprung ausgeführt werden soll, müssen in einer anderen Anweisung enthalten sein. Diese Funktion übernimmt das logische IF, z. B. IF(I.LT.3)GØTØ 10

3.1.1.2. Das bedingte GØTØ

Das bedingte GØTØ ist eine Sprunganweisung, die Programmverzweigungen nach verschiedenen Zielen ermöglicht, die auf Grund des Wertes einer INTEGER-Variablen ausgeführt werden.

Ihre allgemeine Form ist

$$\text{GØTØ } (n_1, n_2, \ldots, n_i, \ldots, n_m), i$$

Der momentane Wert von i gibt an, zu welcher der aufgeführten (ausführbaren) Anweisungen mit der Nummer n_i gesprungen werden soll.

Beispiel: GØTØ (10, 20, 8, 18, 5), NUMMER

Ist der Wert von NUMMER = 1, wird zur Anweisung 10 gesprungen, ist NUMMER = 4, zur Anweisung 18.

i muß eine INTEGER-Variable sein, es darf weder ein Feldelement noch ein Ausdruck vom Typ INTEGER sein. Der Wert von i muß immer im Bereich von 1 bis m liegen, sonst ist die Wirkung des bedingten GØTØ nicht vorhersehbar.

In der Liste der Anweisungsnummern können an mehreren Stellen dieselben Anweisungsnummern stehen.

Beispiel: GØTØ(18,3,3,5,18,6,21),I

Für I = 1 und I = 5 wird auf die Anweisung 18 gesprungen, für I = 2 und I = 3 auf die Anweisung mit der Nummer 3.

Eine häufige Anwendung des bedingten GØTØ, das auch als Anweisung für den berechneten Sprung bezeichnet wird (engl. computed GØTØ), ist das Steuern von Ein- und Ausgabevorgängen (s. Beispiel 2 in Abs. 3.1.5.).

3.1.1.3. Das assigned GØTØ

Diese Anweisung ermöglicht, ähnlich wie das bedingte GØTØ, Programmverzweigungen zu mehreren Sprungzielen. Sie ist jedoch nur im Zusammenhang mit einer speziellen Wertzuweisung ausführbar, in der das Sprungziel wie folgt festgelegt wird:

$$\text{ASSIGN } n \text{ TØ } i$$

Die Anweisungsnummer n des Sprungziels wird einer an Stelle von i stehenden INTEGER-Variablen zugewiesen.
Die zugehörige GØTØ-Anweisung hat die Gestalt:

$$\text{GØTØ } i, (n_1, n_2, \ldots, n_m)$$

Die in Klammern stehenden Zahlen n_1 bis n_m sind Anweisungsnummern von möglichen Sprungzielen innerhalb des Segments.

3.1. Die Steuerung des Programmablaufs innerhalb eines Segments

Beispiel: ASSIGN 581 TØ LABEL
           ⋮
           GØTØ LABEL, (18,5,581,7)
           ⋮

Die Wirkung dieser beiden Anweisungen ist dieselbe wie GØTØ 581. Wird der INTEGER-Variablen eine Anweisungsnummer zugewiesen, die im zugehörigen assigned GØTØ nicht auftritt, so ist die Wirkung des assigned GØTØ unvorhersehbar.

Folgende Regeln müssen eingehalten werden, wenn von dieser Sprunganweisung Gebrauch gemacht wird:

1. Die ASSIGN-Anweisung muß im Programmablauf **vor** der entsprechenden GØTØ-Anweisung erreicht werden.
2. Die INTEGER-Variable, der eine Anweisungsnummer zugewiesen wird, darf kein Feldelement sein.
3. Nur durch eine ASSIGN-Anweisung darf der INTEGER-Variablen ein Wert zugewiesen werden. Wird diese im Verlauf des Programms nicht mehr in einer assigned GØTØ-Anweisung benötigt, so kann sie als INTEGER-Variable verwendet werden, wenn ihr mit einer anderen Anweisung als ASSIGN ein Wert zugewiesen worden ist.
4. Zwischen der ASSIGN-Anweisung und der entsprechenden GØTØ-Anweisung können andere Anweisungen stehen, in denen die INTEGER-Variable i jedoch nicht vorkommen darf.

3.1.2. IF-Anweisungen

IF-Anweisungen ermöglichen die Steuerung des Programmablaufs auf Grund des Wertes eines booleschen oder arithmetischen Ausdrucks.

Von der ersten Möglichkeit, der Steuerung mittels des **logischen IF**, haben wir bereits in verschiedenen Beispielen Gebrauch gemacht. Die allgemeine Form dieser Anweisung ist:

IF (l) s

Die Abkürzung l steht für einen Ausdruck vom Typ LØGICAL, und s symbolisiert eine Anweisung, die nur dann ausgeführt wird, wenn der Wert des booleschen Ausdrucks .TRUE. ist.

Die Anweisung s muß ausführbar sein, sie darf jedoch nicht ein logisches IF oder eine DØ-Anweisung (s. Abs. 3.1.3.) sein.

Beispiel: IF (A−B .LT. 0.) GØTØ 10

Wenn der Vergleichsausdruck A−B.LT.0. den Wert .TRUE. annimmt, d. h. wenn A < B ist, wird das Programm bei Anweisung 10 fortgesetzt.

Beim **arithmetischen IF** werden Sprünge in einem Segment abhängig vom Vorzeichen eines arithmetischen Ausdrucks ausgeführt. Die Anweisung hat die Form:

$$IF\ (a)\ n_1, n_2, n_3$$

Ist der arithmetische Ausdruck a negativ, so wird auf die Anweisung mit der Nummer n_1 gesprungen. Ist $a = 0$, so wird die Anweisung mit der Nummer n_2 als nächste ausgeführt. Ist schließlich a positiv, so wird das Programm bei der Anweisung mit der Nummer n_3 fortgesetzt.

Beispiel:

```
        :
        :
        IF(Z**3 - 8.) 15,1,5
     5  Y = 1. + X**2
        GØTØ 18
    15  Y = 1. - X**2
        GØTØ 18
     1  Y = 1.
    18  .
        :
        :
```

Ist $z^3 - 8 < 0$, so wird die Anweisung 15 ausgeführt, d. h. $y = 1-x^2$; ist $z^3 = 8$, so wird auf die Anweisung 1 gesprungen, d. h. $y = 1$, usw.

Das unbedingte GØTØ zwischen den Sprungzielen wird von Anfängern im Programmieren oft vergessen. Fehlt es, so hat in jedem Fall nach Durchlaufen der Anweisungsfolge y den Wert 1.

Die Anweisungsnummern n_1, n_2 und n_3 müssen nicht unbedingt voneinander verschieden sein, sie müssen jedoch auf jeden Fall ausführbare Anweisungen kennzeichnen.

Es ist leicht einzusehen, daß der arithmetische Ausdruck a nicht vom Typ CØMPLEX sein darf, da negative komplexe Zahlen nicht eindeutig definiert sind.

Auf einigen Rechenanlagen ist es möglich, eine dritte Form der IF-Anweisung, das **Zwei-Wege-IF** (two branch IF), zu verwenden, das Eigenschaften des logischen und des arithmetischen IF vereinigt:

$$IF(e)\ n_1, n_2$$

Hier kann e entweder ein arithmetischer oder ein boolescher Ausdruck sein, n_1 und n_2 sind Nummern von ausführbaren Anweisungen. Die Wirkung dieser Form der IF Anweisung, die nicht zum Standard-FORTRAN gehört, beschreibt folgende Tabelle.

3.1. Die Steuerung des Programmablaufs innerhalb eines Segments 83

geklammerter Ausdruck e	Sprung nach Anweisung	
	n_1	n_2
boolesch	.TRUE.	.FALSE.
arithmetisch	$\neq 0$	$= 0$

3.1.3. Die DØ-Anweisung

3.1.3.1. Die einfache DØ-Schleife

Eine mehrfach zu durchlaufende Folge von Anweisungen nennen wir eine Schleife. In einigen Beispielen haben wir bereits Schleifen mit Hilfe des logischen IF aufgebaut.

Eine andere Möglichkeit, Schleifen zu bilden, bietet das arithmetische IF, wie das folgende Beispiel zeigt. Es sei m-Fakultät, das ist das Produkt der ganzen Zahlen von 1 bis m (m! = 1·2·3·4·...·m), zu berechnen. Die Zahl m soll eingelesen werden, und die Werte von m und m! sollen ausgeschrieben werden.

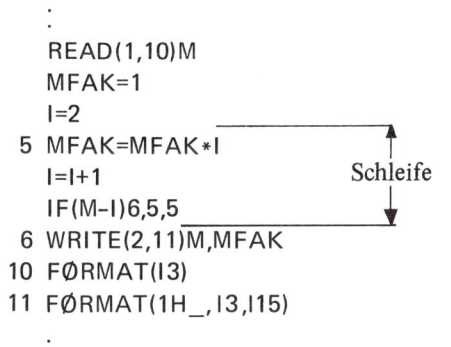

```
     :
     READ(1,10)M
     MFAK=1
     I=2
   5 MFAK=MFAK*I       ↑
     I=I+1             │  Schleife
     IF(M-I)6,5,5      ↓
   6 WRITE(2,11)M,MFAK
  10 FØRMAT(I3)
  11 FØRMAT(1H_,I3,I15)
     :
```

(Beachte, daß die Größe von m durch den zulässigen Bereich der INTEGER-Zahlen begrenzt ist.) Mit Hilfe der DØ-Anweisung können wir dieselbe Schleife übersichtlicher und bequemer programmieren:

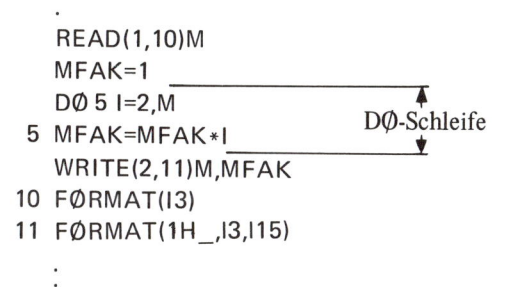

```
     :
     READ(1,10)M
     MFAK=1                ↑
     DØ 5 I=2,M            │  DØ-Schleife
   5 MFAK=MFAK*I           ↓
     WRITE(2,11)M,MFAK
  10 FØRMAT(I3)
  11 FØRMAT(1H_,I3,I15)
     :
```

Die einfache DO-Anweisung lautet:

DO n $i=m_1,m_2$

Hierbei ist n die Anweisungsnummer der letzten Anweisung der DO-Schleife; i ist der Schleifenindex; m_1 und m_2 heißen Parameter.

Die DO-Schleife und obige Schleife mit dem arithmetischen IF werden in analoger Weise abgearbeitet. Dem Index i wird m_1 zugewiesen und die Schleife durchlaufen. Darauf wird i um 1 erhöht und geprüft, ob der neue Wert von i größer als m_2 ist. Ist i kleiner oder gleich m_2, so wird die Schleife wieder durchlaufen und so fort. Ist i größer als m_2, so ist die Schleife abgearbeitet, und es wird die nächste Anweisung hinter der DO-Schleife ausgeführt.

In unserem Beispiel erhält I beim ersten Durchlauf der Schleife den Wert 2, und in Anweisung 5 wird der alte Wert von MFAK(=1) mit 2 multipliziert. Im nächsten Durchlauf ist I=3, MFAK=2, so daß nach Ausführung von Anweisung 5 MFAK=6 ist. Wird I größer als M, so wird der Wert von M und MFAK ausgeschrieben.

Die einfache DO-Anweisung wird benutzt, wenn der Index bei jedem Durchlaufen der Schleife lediglich um 1 erhöht wird.

Mit der allgemeinen DO-Anweisung läßt sich der Index um beliebige ganzzahlige Werte erhöhen. Sie hat die Form:

DO n $i=m_1,m_2,m_3$

Hier wird bei jedem Durchlauf der Index i um m_3 erhöht. Es ist jedoch nicht notwendig, daß (m_2-m_1) ein ganzzahliges Vielfaches von m_3 ist, damit die Schleife korrekt abgearbeitet werden kann. Der Prozeß wird beendet, wenn i größer ist als m_2.

Eine zweite Möglichkeit, das Durchlaufen einer DO-Schleife zu beenden, ist, aus ihr herauszuspringen. Der Wert des Indexes steht dann für weitere Berechnungen außerhalb der Schleife zur Verfügung. Das ist jedoch im allgemeinen nicht der Fall, wenn eine DO-Schleife vollständig abgearbeitet wurde. Der Wert des Indexes ist bei den meisten FORTRAN-Versionen dann nicht definiert.

Hätten wir im obigen Beispiel statt

WRITE(2,11)M,MFAK

die Anweisung

WRITE(2,11)I,MFAK

geschrieben, so würde zwar derselbe Wert für MFAK, nicht aber für I der Wert von M ausgeschrieben.

In eine DO-Schleife darf nicht hineingesprungen werden, es sei denn, es wurde vorher aus ihr herausgesprungen. Durch diesen Sprung dürfen der Index und die

3.1. Die Steuerung des Programmablaufs innerhalb eines Segments

Parameter jedoch nicht verändert werden. Es ist möglich, aus einer DØ-Schleife heraus Unterprogramme und Anweisungsfunktionen (s. Abs. 3.2.) aufzurufen. Innerhalb einer Schleife können Sprünge beliebig ausgeführt werden.
Bei der Anwendung der DØ-Anweisungen sind folgende Regeln zu beachten:

1. Der Schleifenindex i ist eine INTEGER-Variable, die Parameter m_1, m_2 und m_3 sind entweder INTEGER-Konstanten oder INTEGER-Variablen. (Es gibt allerdings FORTRAN-Versionen, in denen sie auch arithmetische Ausdrücke vom Typ INTEGER sein können.) Der Index und die Parameter müssen immer positive Werte haben.
2. Dem Schleifenindex und den Parametern dürfen innerhalb einer DØ-Schleife keine neuen Werte zugewiesen werden. Sie können jedoch in Anweisungen auftreten.
3. Die erste Anweisung hinter der DØ-Anweisung muß ausführbar sein.
4. Die letzte Anweisung einer DØ-Schleife muß ausführbar und darf keine der folgenden Anweisungen sein:

>DØ-Anweisung
>GØTØ-Anweisung in jeder Form
>arithmetisches IF
>PAUSE (s. Abs. 3.1.4.)
>STØP (s. Abs. 3.1.4.)

Am Ende einer DØ-Schleife kann ein logisches IF stehen, es darf dann jedoch keine der vorstehenden Anweisungen enthalten.

5. Die Anweisung RETURN (s. Abs. 3.2.2.3.) darf nicht in einer DØ-Schleife auftreten.

3.1.3.2. Die Anweisung CØNTINUE

Bevor wir anhand eines Beispiels die Schachtelung von Schleifen besprechen, ist es nötig, auf die CØNTINUE-Anweisung einzugehen. Sie besteht aus dem Wort

>CØNTINUE

(continue = "mach weiter") und gehört zu den ausführbaren Anweisungen. Sie verursacht bei der Ausführung des Objektprogramms keine Aktion im Rechenautomaten und wird daher häufig als Sprungziel benutzt, wenn zum eigentlichen Sprungziel nicht gesprungen werden darf. Eine solche Funktion hat die Anweisung CØNTINUE am Ende einer DØ-Schleife, wenn z. B. der Schleifenindex erhöht werden soll, ohne daß die Anweisungen in der Schleife ausgeführt werden müssen.

Beispiel:
```
      DIMENSIØN A(50)
      SUMPØS=0.
      DØ 2 I=1,50
      IF(A(I))2,2,3
    3 SUMPØS=SUMPØS+A(I)
    2 CØNTINUE
```
Diese Befehlsfolge bildet die Summe aller positiven Elemente des Feldes A. Wenn ein Element A(I) negativ oder gleich Null ist, wird die Summation übersprungen, der Schleifenindex jedoch erhöht.

3.1.3.3. Die geschachtelte DØ-Schleife

Die Vorzüge der DØ-Anweisung treten besonders deutlich zutage, wenn man sie zusammen mit Feldern verwendet und schachtelt. Als Beispiel für eine geschachtelte DØ-Schleife betrachten wir die Multiplikation zweier quadratischer Matrizen. Die Rechenregel heißt:

$$z_{ij} = \sum_{k=1}^{n} x_{ik} \cdot y_{kj}$$

Es bedeuten:
- z_{ij} Elemente der Ergebnismatrix
- x_{ik} $\left.\vphantom{\begin{array}{c}a\\b\end{array}}\right\}$ Elemente der zu multiplizierenden
- y_{kj} Matrizen
- n Zahl der Zeilen bzw. Spalten

Für den einfachen Fall $n = 2$ läßt sich die Multiplikation ausführlich darstellen:

$$\begin{vmatrix} x_{11} & x_{12} \\ x_{21} & x_{22} \end{vmatrix} \cdot \begin{vmatrix} y_{11} & y_{12} \\ y_{21} & y_{22} \end{vmatrix} = \begin{vmatrix} z_{11} & z_{12} \\ z_{21} & z_{22} \end{vmatrix} =$$

$$\begin{vmatrix} x_{11} \cdot y_{11} + x_{12} \cdot y_{21} & x_{11} \cdot y_{12} + x_{12} \cdot y_{22} \\ x_{21} \cdot y_{11} + x_{22} \cdot y_{21} & x_{21} \cdot y_{12} + x_{22} \cdot y_{22} \end{vmatrix}$$

In FORTRAN wird dieses Problem durch drei ineinander geschachtelte Schleifen gelöst. Wir wollen voraussetzen, daß die Matrizen aus nicht mehr als 20 mal 20 Elementen bestehen, und programmieren wie folgt:

```
      DIMENSIØN X(20,20),Y(20,20),Z(20,20)
C N DARF DEN WERT 20 NICHT UEBERSCHREITEN.
      DØ 10 I=1,N
      DØ 20 J=1,N
      Z(I,J)=0.
      DØ 30 K=1,N
   30 Z(I,J)=Z(I,J)+X(I,K)*Y(K,J)
   20 CØNTINUE
   10 CØNTINUE
```

3.1. Die Steuerung des Programmablaufs innerhalb eines Segments

Für N=2 erläutern wir die Wirkung obiger Anweisungsfolge schrittweise:

a) I wird der Wert 1 zugewiesen (äußere Schleife).
b) J wird der Wert 1 zugewiesen (mittlere Schleife).
c) Z (1,1) wird gleich Null gesetzt.
d) K wird der Wert 1 zugewiesen (innere Schleife).
e) Z (1,1) wird der Wert 0.+X(1,1)*Y(1,1) zugewiesen.
f) K wird um 1 erhöht, und es wird geprüft, ob K größer ist als N. K ist gleich 2, N ist gleich 2, die Schleife wird noch einmal durchlaufen.
g) Z (1,1) wird um den Wert X(1,2)*Y(2,1) erhöht.
h) K wird um 1 erhöht, es ist jetzt größer als N, die innere Schleife ist abgearbeitet.
i) J wird um 1 erhöht, und es wird geprüft, ob J größer als N ist, J=2, N=2, die Schleife wird durchlaufen.
j) Z (1,2) wird gleich Null gesetzt.
k) K wird gleich 1 gesetzt (innere Schleife).
l) Z (1,2) wird um den Wert X(1,1)*Y(1,2) erhöht.
m) entspricht f).
n) Z (1,2) wird um den Wert X(1,2)*Y(2,2) erhöht.
o) entspricht h).
p) J wird um 1 erhöht, es ist jetzt größer als N, die mittlere Schleife ist abgearbeitet.
q) I wird um 1 erhöht, und es wird geprüft, ob I größer als N ist: I=2, N=2, die Schleife wird durchlaufen.
r) J wird gleich 1 gesetzt.
s) Z (2,1) wird gleich Null gesetzt.
.
. im gleichen Sinn weiter, bis die äußere Schleife abgearbeitet ist.
.
.

Werden DØ-Schleifen geschachtelt, so muß die innere Schleife immer vollständig in der äußeren liegen. Beide Schleifen können jedoch auf derselben Anweisung enden.

In Abb. 3.1. sind Beispiele möglicher und nichtmöglicher Schachtelungen zusammengestellt.

Erlaubte Schachtelungen   Nicht erlaubte
                            Schachtelung

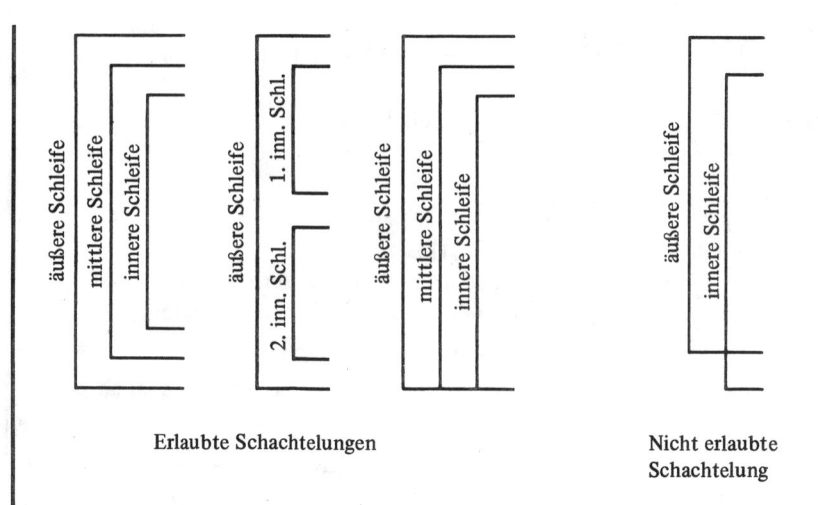

Abb. 3.1. Beispiele möglicher und nicht möglicher Schachtelungen von DØ-Schleifen

Die Regeln für Sprünge innerhalb geschachtelter Schleifen sind die gleichen wie für die einfache Schleife. Da man jedoch beachten muß, daß die innere Schleife Bestandteil der äußeren ist, ergeben sich die in Abb. 3.2. zusammengefaßten Fälle.

Erlaubte Sprünge

Nicht erlaubte Sprünge

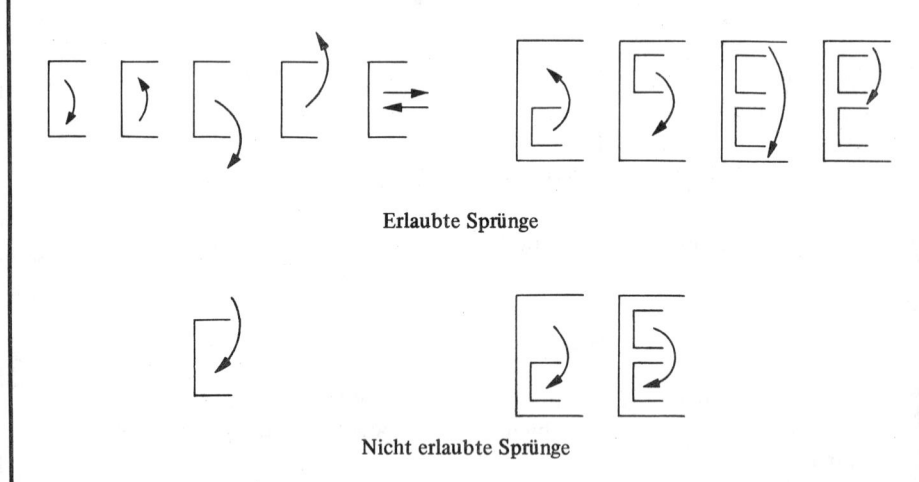

Abb. 3.2. Beispiele erlaubter und nicht erlaubter Sprünge in DØ-Schleifen

Haben geschachtelte Schleifen ihre letzte Anweisung gemeinsam, so ist ein Sprung auf diese Anweisung nur aus der innersten Schleife heraus gestattet.

3.1. Die Steuerung des Programmablaufs innerhalb eines Segments   89

3.1.4. Die Anweisungen PAUSE und STØP

Die Anweisung PAUSE ermöglicht es, die Ausführung eines Programms an einer vom Programmierer festgelegten Stelle zu unterbrechen.
Sie kann in zwei Formen benutzt werden
PAUSE   oder   PAUSE n
Durch <i>n</i> lassen sich verschiedene PAUSE-Anweisungen im Programm unterscheiden. Das <i>n</i> steht für eine Oktalzahl mit den möglichen Ziffern 0, 1, 2, 3, 4, 5, 6 und 7, die maximal fünf Stellen haben darf, z. B. PAUSE 11111.
Wird während des Programmablaufs eine PAUSE-Anweisung erreicht, so wird der Rechenablauf an dieser Stelle unterbrochen und kann bei Bedarf mit der auf PAUSE folgenden Anweisung oder am Programmanfang fortgesetzt werden. Die Unterbrechung des Programms wird auf der Konsole durch eine entsprechende Meldung angezeigt.
Ist ein Programm in der Testphase, so ist diese Anweisung von großem Nutzen, da man auf diese Weise Stationen festlegen kann, die das Programm bei einwandfreiem Lauf erreichen muß oder nicht erreichen darf (sogenannte Fehlerausgänge). PAUSE ist eine ausführbare Anweisung.
Bei der Verwendung der Anwendung PAUSE sollte man sich jedoch im mit der Programmausführung beauftragten Rechenzentrum erkundigen, ob die Anweisung PAUSE dort den Rechenbetrieb nicht in unzulässiger Weise beeinträchtigt.
Die Anweisung STØP wird wie die Anweisung PAUSE in den beiden Formen
STØP   oder   STØP n
benutzt. Wird sie erreicht, wird das Programm abgebrochen und kann nicht mehr gestartet werden. Es wird im Arbeitsspeicher gelöscht, wobei auf der Konsole eine entsprechende Mitteilung erscheint.
Die Anweisung STØP ist häufig die letzte ausführbare Anweisung in einem Programm.

3.1.5. Beispiele und Übungen

A) Beispiele

1. Welche Anweisungen und Folgen von Anweisungen sind falsch und warum?
a) DIMENSIØN A(30)
   SUM = 0.
   DØ 1 I = 1,30
   SUM = SUM +A(I)
   1 IF(SUM .GT. 100.) WRITE(2,10) I,SUM
   10 FØRMAT (1H_,I3,F10.5)
   STØP 10   richtig
b) STØP 77   richtig
   PAUSE 88   falsch, 88 ist keine Oktalzahl
c) I = 15   falsch, dem assigned GØTØ kann nur durch eine ASSIGN-
   GØTØ I, (15,18,21,2)   Anweisung eine Anweisungsnummer zugewiesen werden.

2. Man schreibe eine Folge von Anweisungen, die es erlauben, auf Grund einer eingelesenen INTEGER-Zahl wahlweise ein, zwei oder drei eindimensionale Felder einzulesen und dann mit der Abarbeitung des Programms zu beginnen.

Lösung:
```
         DIMENSIØN A(100), B(50), C(100)
      2  READ (1,101) MARKE
         GØTØ (10,20,30,1), MARKE
     10  READ (1,100) A
         GØTØ 2
     20  READ (1,100) B
         GØTØ 2
     30  READ (1,100) C
         GØTØ 2
    100  FØRMAT (5 F16.0)
    101  FØRMAT (I1)
      1  .
         .
```

Die Zahl in der ersten Spalte der ersten Karte wird als INTEGER-Zahl der Variablen MARKE zugeordnet. Ist MARKE = 1, so wird auf die Anweisung 10 gesprungen und die nächsten 20 Karten mit je 5 REAL-Zahlen gelesen und dem Feld A zugewiesen. Darauf wird auf die Anweisung 2 gesprungen und MARKE ein neuer Wert zugeordnet. Ist dieser gleich 4, wird das Programm bei Anweisung 1 fortgesetzt. Für die Felder B und C werden keine Werte eingelesen. Ist hingegen MARKE z. B. gleich 3, so wird auf Anweisung 30 gesprungen und das Feld C gelesen, usf. In jedem Fall muß in der letzten eingelesenen Karte eine 4 in der ersten Spalte gelocht sein, damit mit der Berechnung begonnen wird.

3. Drehung eines kartesischen Koordinatensystems.

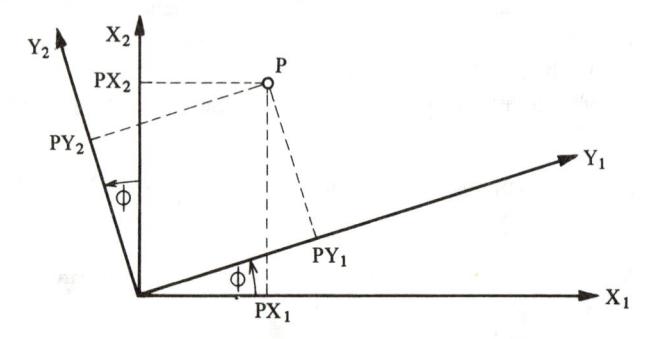

Die Koordinaten eines Punktes im X_1-X_2-System sind durch PX_1 und PX_2 gegeben. Durch Drehung um den Winkel ϕ entsteht ein neues, das Y_1-Y_2 System. Man schreibe eine Befehlsfolge, die die neuen Koordinaten PY_1 und PY_2 berechnet. Die neuen Koordinaten ergeben sich aus den alten durch die Transformationsgleichungen

$$PY_1 = PX_1 \cdot \cos\phi + PX_2 \cdot \sin\phi$$
$$PY_2 = PX_1 \cdot (-\sin\phi) + PX_2 \cdot \cos\phi$$

Lösung:

Um dieses Beispiel zu programmieren, benutzen wir die Transformationsmatrix T, multiplizieren sie mit dem Spaltenvektor PX und erhalten den Spaltenvektor PY.

3.1. Die Steuerung des Programmablaufs innerhalb eines Segments

Wir können dann schreiben:
$$T = \begin{vmatrix} t_{11} & t_{12} \\ t_{21} & t_{22} \end{vmatrix} = \begin{vmatrix} \cos\phi & \sin\phi \\ -\sin\phi & \cos\phi \end{vmatrix}$$

$$\begin{vmatrix} t_{11} & t_{12} \\ t_{21} & t_{22} \end{vmatrix} \cdot \begin{vmatrix} PX_1 \\ PX_2 \end{vmatrix} = \begin{vmatrix} PY_1 \\ PY_2 \end{vmatrix}$$

Die Rechenregel für die Elemente des Spaltenvektors lautet:

$$PY_i = \sum_{j=1}^{n} t_{ij} \cdot PX_j$$

Anweisungsfolge:
```
      DIMENSIØN PX(2),PY(2),T(2,2)
      READ(1,11)PX,T
      DØ 5 I=1,2
      PY(I) =0.
      DØ 4 J=1,2
    4 PY(I) =PY(I)+T(I,J)*PX(J)
    5 WRITE(2,12)PY(I)
   11 FØRMAT(6F12.0)
   12 FØRMAT(1H_,F16.5)
```

4. Man schreibe eine Anweisungsfolge, die die in Abs. 1.5., Beispiel 2 besprochene Interpolation in einer zweidimensionalen Tabelle ausführt.

```
C LINEARE INTERPØLATIØN IN EINER ZWEIDIMENSIØNALEN TABELLE
      DIMENSIØN A(50),B(100),C(50,100)
C EINLESEN DER TABELLE UND DER PARAMETER
      READ(1,1)A,B,C,ZA,ZB
      READ(1,2)II,JJ
C BEREICH 1 DES FLUSSDIAGRAMMS
      DØ 10 I=2,II
      IF(ZA.LE.A(J))GØTØ 11
   10 CØNTINUE
      I2=II
      GØTØ 12
   11 I2=I
   12 I1=I2-1
C BEREICH 2 DES FLUSSDIAGRAMMS
      DØ 13 J=2,JJ
      IF(ZB.LE.B(J))GØTØ 14
   13 CØNTINUE
      J2=JJ
      GØTØ 15
   14 J2=J
   15 J1=J2-1
C BEREICH 3 DES FLUSSDIAGRAMMS
      ZC1=(C(J1,I2)-C(J1,I1))/(A(I2)-A(I1))*(ZA-A(I1))+C(J1,I1)
      ZC2=(C(J2,I2)-C(J2,I1))/(A(I2)-A(I1))*(ZA-A(I1))+C(J2,I1)
      WERT=(ZC2-ZC1)/(B(J2)-B(J1))*(ZB-B(J1))+ZC1
      WRITE(2,3)WERT
C WERT IST DER INTERPØLIERTE ZAHLENWERT
    1 FØRMAT(5F12.0)
    2 FØRMAT(2I3)
    3 FØRMAT(1H_, F20.5)
      STØP
```

Zunächst fällt auf, daß sich eine DØ-Schleife im Flußdiagramm nicht von einer anderen Schleife unterscheidet. Die Abfrage, ob die Schleife abgearbeitet ist, ist in der DØ-Anweisung enthalten.

Anhand der Anweisungsfolge überlege sich der Leser, daß extrapoliert wird, wenn die Werte ZA oder ZB außerhalb der Tabelle liegen.

B) Übungen (Lösungen auf S. 194)

1. Zur Bestimmung eines Wertes X werden n Messungen durchgeführt. Nach der Methode der kleinsten Fehlerquadrate ist für eine hinreichend große Zahl n der arithmetische Mittelwert der Messungen der wahrscheinlichste Wert von X.

   Man schreibe eine Anweisungsfolge (mit Ein- und Ausgabe) zur Berechnung

   des arithmetischen Mittelwertes
   $$X_m = \frac{1}{n} \sum_{i=1}^{n} X_i ,$$

   des mittleren quadratischen Fehlers der Einzelmessung (= Streuung oder Standardabweichung)
   $$s = \sqrt{\frac{1}{n-1} \cdot \sum_{i=1}^{n} (X_m - X_i)^2}$$

   und des mittleren quadratischen Fehlers des Mittelwertes
   $$\sigma = \frac{s}{\sqrt{n}}$$

   nach der vereinfachten Fehlertheorie für n = 100. Zuvor zeichne man ein Flußdiagramm.

2. Man schreibe eine Anweisungsfolge, die für ein vorgegebenes Kalenderdatum das Julianische Datum berechnet.

   Anmerkung: Beim Julianischen Datum werden die Tage seit dem Mittag des 1.1.4713 v. Chr. gezählt. JD=1,0 entspricht dem 1.1.4713 v. Chr. 12 Uhr, JD=2436933,5 dem 1.1.1960, 0 Uhr. Das Programm soll für Kalenderdaten, die zwischen dem 1.1.1960 und dem 31.12.1999 liegen, geeignet sein. Der Unterschied des Tagesanfangs werde nicht berücksichtigt.

3. Man schreibe eine Anweisungsfolge, die eine quadratische Matrix transponiert. Es soll nur ein Speicherplatz zum Zwischenspeichern verwendet werden.

   Anmerkung: Unter Transponieren versteht man das Vertauschen von Zeilen und Spalten. Aus einem Element a_{ik} wird ein Element a_{ki}.

4. Man schreibe eine Anweisungsfolge zur Berechnung der n Unbekannten eines linearen Gleichungssystems nach der Gaußschen Eliminationsmethode. Mit der Anweisungsfolge sollen Gleichungssysteme mit bis zu 20 Unbekannten berechnet werden können.

Anleitung:
Zur Lösung eines linearen Gleichungssystems nach dem Eliminationsverfahren von Gauß schreibt man das Gleichungssystem zunächst in der Form

3.1. Die Steuerung des Programmablaufs innerhalb eines Segments

x_1	x_2	x_3 .... x_k .... x_n	
a_{11}	a_{12}	a_{13} .... a_{1k} .... a_{1n}	c_1
a_{21}	a_{22}	a_{23} .... a_{2k} .... a_{2n}	c_2
.	.	.	.
.	.	.	.
a_{i1}	a_{i2}	a_{i3} .... a_{ik} .... a_{in}	c_i
.	.	.	.
.	.	.	.
a_{n1}	a_{n2}	a_{n3} .... a_{nk} .... a_{nn}	c_n

wobei z. B. die erste Zeile als

$$a_{11}x_1 + a_{12}x_2 + a_{13}x_3 + \ldots + a_{1n}x_n = c_1$$

zu interpretieren ist. Das Eliminationsverfahren besteht darin, durch entsprechende Divisionen und anschließende Subtraktionen in der obigen Matrix die Unbekannten nacheinander zu eliminieren, bis nur eine Gleichung mit einer Unbekannten übrig bleibt. So wird z. B. x_1 eliminiert, indem man die erste Zeile der Matrix (erste Gleichung) durch a_{11} dividiert. Die zweite Zeile der neuen Matrix erhält man, indem man die erste Zeile der Ausgangsmatrix, multipliziert mit dem Quotienten $\frac{a_{21}}{a_{11}}$, von der alten zweiten subtrahiert. Die dritte und alle weiteren Zeilen ergeben sich analog durch Subtraktion der mit $\frac{a_{i1}}{a_{11}}$ multiplizierten ersten Zeile. Die so entstandene 2. bis zur n-ten Zeile der Matrix repräsentieren ein neues Gleichungssystem mit n-1 Unbekannten, in denen die Unbekannte x_1 nicht mehr vorkommt. Wiederholt man den Eliminationsvorgang (n-1)mal, so bleibt nur eine Zeile (Gleichung) mit der Unbekannten x_n übrig.

Zahlenbeispiel:

	x_1	x_2	x_3	
	4	-3	-5	24
Ausgangsmatrix	2	1	5	12
	1	2	2	1

Elimination von x_1:

x_1	x_2	x_3	
1	-3/4	-5/4	6
0	10/4	30/4	0
0	11/4	13/4	-5

Elimination von x_2:

x_1	x_2	x_3	
1	-3/4	-5/4	6
0	1	3	0
0	0	-20/4	-5

$x_3 = 1$, $x_2 = -3$, $x_1 = 5$

Das Programm zur Lösung des Gleichungssystems muß zunächst die Ausgangsmatrix in eine Dreiecksmatrix nach dem beschriebenen Eliminationsverfahren reduzieren und anschließend die gefundenen Lösungen jeweils in die nächsthöhere Zeile einsetzen (Substitution).

3.2. Programmstruktur

In diesem Kapitel wollen wir Methoden besprechen, wie FORTRAN-Programme in Programmsegmente unterteilt werden können. Am Beispiel der Quadratwurzel haben wir in Abs. 1.1. bereits den Zweck der Segmentierung kurz erläutert. Das dort besprochene Segment SQRT gehört zu den Unterprogrammen, die dem Programmierer vom Hersteller der Rechenanlage zur Verfügung gestellt werden.

Der Programmierer kann auch selbst Segmente schreiben, damit sein Programm einerseits an Übersichtlichkeit gewinnt und andererseits unnötige Wiederholungen von Anweisungen vermieden werden.

Beispiel: Näherungsweise Berechnung des Gaußschen Fehlerintegrals mit Hilfe der Trapezregel, bei der der Flächeninhalt unter der Kurve durch die Summe der Trapeze der Breite Δx ersetzt wird.

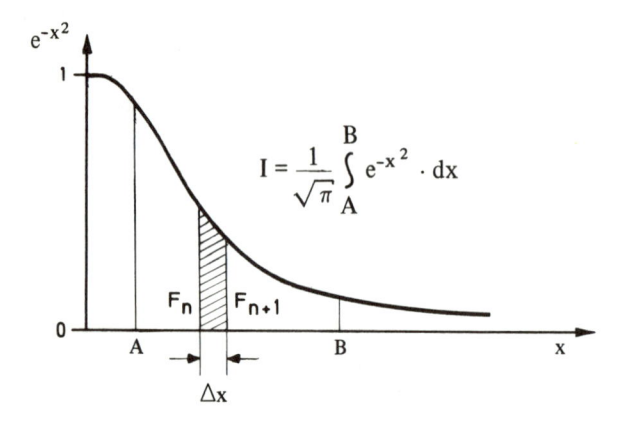

$$I = \frac{1}{\sqrt{\pi}} \int_A^B e^{-x^2} \cdot dx$$

Wir teilen das Intervall A,B in 200 Teilintervalle und erhalten die Näherungsformel

$$I \approx \Delta x \cdot \left(\frac{F_A + F_1}{2} + \frac{F_1 + F_2}{2} + \ldots + \frac{F_{199} + F_B}{2}\right) \cdot \frac{1}{\sqrt{\pi}}$$

$$= \Delta x \cdot \left(F_1 + F_2 + \ldots + F_n \ldots + F_{199} + \frac{F_A + F_B}{2}\right) \cdot \frac{1}{\sqrt{\pi}}$$

$$F_n = e^{-x_n^2} \qquad \Delta x = \frac{B-A}{200} \qquad x_n = A + \Delta x \cdot n$$

3.2. Programmstruktur

Der notwendige Rechenablauf ist im folgenden Flußdiagramm dargestellt (E und R sind Übergangsstellen).

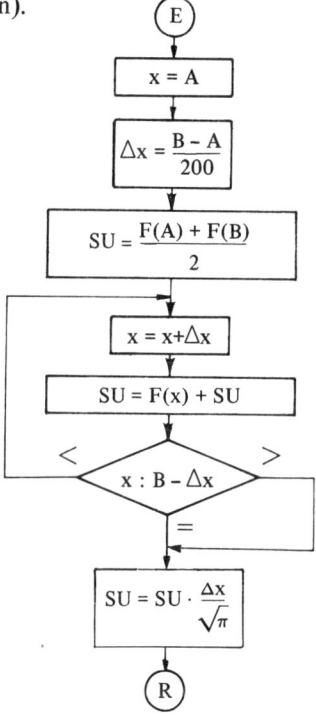

```
         (E)
          ↓
       ┌──────┐
       │ x = A│
       └──────┘
          ↓
     ┌─────────┐
     │Δx = B-A │
     │    ───  │
     │    200  │
     └─────────┘
          ↓
    ┌────────────┐
    │SU = F(A)+F(B)│
    │     ─────── │
    │        2    │
    └────────────┘
          ↓
     ┌──────────┐
     │ x = x+Δx │
     └──────────┘
          ↓
    ┌────────────┐
    │SU = F(x)+SU│
    └────────────┘
          ↓
       < x:B-Δx >
          =
          ↓
      ┌─────────┐
      │SU = SU· Δx/√π │
      └─────────┘
          ↓
         (R)
```

Die Funktion F_n muß an drei verschiedenen Stellen (F(A), F(B), F(x) mit den Argumenten A, B und X) im Programm bestimmt werden. Hierzu müßte entweder die notwendige Anweisungsfolge dreimal wiederholt werden, oder es müßten weitere Sprunganweisungen eingeführt werden, die das Programm unübersichtlich und seinen Speicherbedarf unnötig groß machen würden.

FORTRAN bietet Möglichkeiten, die Berechnung des Funktionswertes als **Unterprogramm** zu gestalten, das nur einmal programmiert werden muß und an beliebigen Stellen im Programm mit dem jeweiligen aktuellen Argument ausgeführt werden kann.

Nehmen wir an, das Gaußsche Fehlerintegral würde zweimal in einem Programm zur Auswertung von statistischen Daten benötigt, so würde man ein Unterprogramm (FELINT) schreiben, das die Auswertung des Fehlerintegrals beinhaltet und seinerseits ein weiteres Unterprogramm (EFUN) zur Berechnung der Funktionswerte aufruft.

Eine wichtige Eigenschaft von Unterprogrammen ist, daß sie andere Unterprogramme aufrufen können. Abb. 3.3. veranschaulicht den Rechenablauf unseres Beispielprogramms, das aus einem Hauptprogramm und zwei Unterprogrammen besteht. Die Anweisungsfolge des Unterprogramms FELINT wird zweimal und die von EFUN insgesamt sechsmal durchlaufen.

Es ist dem Programmierer überlassen, wie stark er ein Problem in Unterprogramme gliedert, eine FORTRAN-Vorschrift gibt es hierzu nicht.

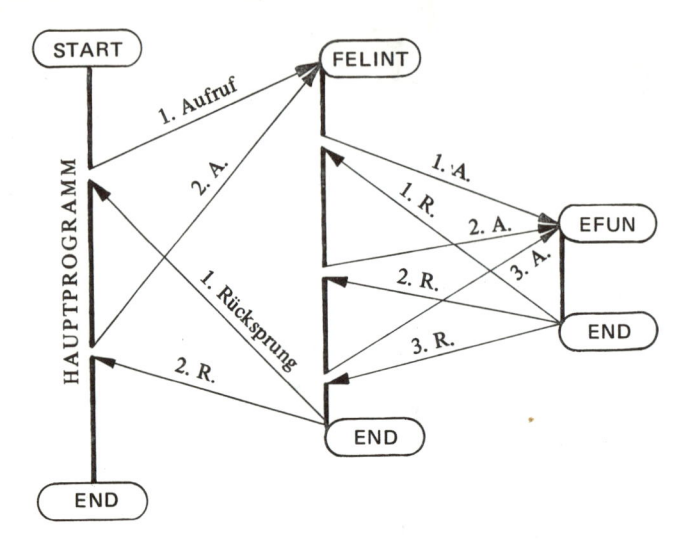

Abb. 3.3. Programmablauf bei Verwendung von Unterprogrammen

In FORTRAN unterscheidet man verschiedene Arten von Programmsegmenten, das **Hauptprogramm, FUNCTIØN-Unterprogramme** und **SUBRØUTINE-Unterprogramme.**

Sie haben folgende Eigenschaften gemeinsam:

a) Jedes Segment hat einen Namen.
b) Symbolische Namen bezeichnen nur **innerhalb eines Segments** einen bestimmten Speicherplatz. Das bedeutet, man kann in verschiedenen Segmenten denselben Namen verwenden, ohne daß derselbe Speicherplatz gemeint ist.
c) Die erste Anweisung eines Segments ist eine nichtausführbare Anweisung. Sie enthält einen Namen und informiert den Compiler darüber, daß die folgenden Anweisungen zu dem durch den Namen bezeichneten Segment gehören.
d) Jedes Programmsegment muß in FORTRAN mit der Anweisung

END

abgeschlossen werden. Sie ist ebenfalls nichtausführbar und zeigt dem Übersetzerprogramm, daß keine weiteren Anweisungen zum betreffenden Segment vorliegen. Daraus ergibt sich, daß jedes Segment nur **einmal** die Anweisung END enthalten darf.

3.2. Programmstruktur

3.2.1. Das Hauptprogramm

Jedes FORTRAN-Programm muß genau ein Hauptprogramm haben. Es ist allen anderen Programmsegmenten, sofern solche vorhanden sind, übergeordnet und steht am Anfang des Programms. Kleine Programme bestehen manchmal nur aus dem Hauptprogramm, das dann den gesamten Rechenablauf enthält.

Die erste Anweisung eines Hauptprogramms identifiziert es als solches. Die Vorschriften für diese Anweisung sind bei den existierenden FORTRAN-Compilern unterschiedlich. Bei einigen Compilern enthält die erste Zeile des Hauptprogramms für die Übersetzung des Quellenprogramms notwendige Informationen (das sind vor allem Zuordnungen der peripheren Geräte). Andere Compiler kennzeichnen das Hauptprogramm nur durch eine besondere Anweisung (MASTER, PRØGRAM, TITLE, etc.) und entnehmen die Informationen für die Zuordnung der peripheren Geräte einem dem Quellenprogramm vorgeschalteten Programmbeschreibungssegment. Über die Vorschriften zur Gestaltung von Hauptprogramm und Programmbeschreibungsanweisungen muß sich der Programmierer in der Anleitung für den benutzten Compiler informieren (vgl. Abs. 5.1.). Bei den Beispielen in den folgenden Kapiteln werden wir die Programmbeschreibungsanweisungen und die erste Zeile des Hauptprogramms weglassen, da es hierüber keine Vorschriften im Standard-FORTRAN gibt.

Ein Hauptprogramm kann alle gültigen FORTRAN-Anweisungen außer FUNCTIØN (s. Abs. 3.2.2.), SUBRØUTINE (s. Abs. 3.2.3.) und BLØCK DATA (s. Abs. 3.3.3.) enthalten.

In FORTRAN werden die einzelnen Programmsegmente hintereinander geordnet und nicht ineinander verschachtelt. Die 1. Lochkarte eines neuen Segments folgt auf das END des vorhergehenden (s. z. B. das Programm auf S. 118).

3.2.2. Funktionen

3.2.2.1. Standardfunktionen

Es gibt eine Reihe mathematischer Funktionen, die nahezu in jedem wissenschaftlichen Rechenprogramm vorkommen. Das sind vor allem die trigonometrischen (sin x, cos x, tan x, cot x) und die Exponentialfunktionen (lg x, ln x, e^x). Alle FORTRAN-Compiler enthalten für die Berechnung dieser Funktionen fertige Programmsegmente, die Standardfunktionen, die während des Übersetzungsvorgangs in das Objektprogramm eingebaut werden.

Jede Standardfunktion hat einen Namen und eine vorgeschriebene Anzahl von Argumenten.

Beispiele:

$\sin x$ = SIN(X)
$\ln y$ = ALØG(Y)
$\sqrt{z}$ = SQRT(Z)
$\cos t$ = CØS(T)

Der Programmierer baut eine Standardfunktion in sein Programm, indem er überall dort, wo die entsprechende Funktion benötigt wird, den Namen der Standardfunktion und die aktuellen Argumente in die dazugehörige FORTRAN-Anweisung einsetzt, genau so, wie er es in einer mathematischen Formel tun würde.
Bei der Ausführung des Objektprogramms wird zunächst der Funktionswert aus den Argumenten berechnet und anschließend dieser Wert entsprechend der Anweisung, in der der Funktionsname vorkommt, weiterverarbeitet.

Beispiel:
Zur Berechnung der Amplitude eines schwingenden Körpers mit Hilfe der Beziehung

$$y = A \cdot \cos(\sqrt{\tfrac{c}{m}} \cdot t) + B \cdot \sin(\sqrt{\tfrac{c}{m}} \cdot t)$$

könnte man folgende FORTRAN-Anweisung schreiben:

    Y = A * CØS(SQRT(C/EM) * T) + B * SIN(SQRT(C/EM) * T)

Es gibt zwei Arten von Standardfunktionen:

1. eingebaute Funktionen (intrinsic functions)
2. geschlossene Funktionen (external functions)

Die eingebauten Funktionen bestehen aus nur wenigen Anweisungen, die in andere Segmente eingebaut werden. Sie sind im Objektprogramm keine selbständigen Segmente.

Beispiele für eingebaute Standardfunktionen:

absoluter Betrag:	$\lvert a \rvert$	= ABS(A)
Umwandlung von INTEGER in REAL:		= FLØAT(I)
Bestimmung des kleinsten Wertes einer Zahlenkette:	$\mathrm{Min}(a_1, a_2, \ldots)$	= AMIN1(A1, A2, ...)

Eine Tabelle der im Standard-FORTRAN vorhandenen eingebauten Funktionen befindet sich im Anhang A (Tabelle A-1).

Geschlossene Funktionen unterscheiden sich von den eingebauten Funktionen dadurch, daß sie im Objektprogramm nur einmal auftreten und selbständige Unterprogramme sind. Die geschlossenen Funktionen werden oft auch als Bibliotheksfunktionen bezeichnet, da sie meist nicht im Compilerprogramm enthalten sind, sondern in einem peripheren Speicher aufbewahrt, durch den Compiler abgerufen und in das Objektprogramm eingebaut werden. Tabelle A-2 im Anhang A enthält die im Standard-FORTRAN vorgesehenen geschlossenen Funktionen. In der Tabelle sind die Vorschriften für die Argumente der Funktionen betreffend Typ und Zahl und der Typ des berechneten Funktionswertes angegeben. **Ein Argument kann ein beliebiger Ausdruck des angegebenen Typs sein.**
Da es sich bei den Standardfunktionen um fertige Programmteile handelt, hat der Programmierer keinen Einfluß auf den Typ des Funktionswertes.

3.2.2.2. Anweisungsfunktionen

Die einfachste Art der vom Programmierer zu schreibenden Funktionen ist die Anweisungsfunktion (engl. statement function).

Arithmetische oder boolesche Ausdrücke, die innerhalb eines Segments wiederholt auftreten, können als Anweisungsfunktionen geschrieben werden. Eine Anweisungsfunktion besteht aus **einer** Anweisung und hat nur Gültigkeit innerhalb des Segments, in dem sie definiert ist. Sie muß vor der ersten ausführbaren Anweisung im Segment stehen.

Die Anweisung

$$\text{QUAGLE(P,Q)} = -\text{P}/2. + \text{SQRT(P} \ast \ast 2/4. - \text{Q})$$

ist eine Anweisungsfunktion zur Lösung von quadratischen Gleichungen nach der Beziehung

$$x = -\frac{p}{2} + \sqrt{\frac{p^2}{4} - q} \quad \text{(für die Gleichung } x^2 + px + q = 0\text{)}$$

Auf der linken Seite des Zeichens = steht der Name der Anweisungsfunktion (hier QUAGLE), der nach denselben Regeln gebildet sein muß wie ein Variablenname. Da eine Anweisungsfunktion eine Wertzuweisung beinhaltet, gelten hier die gleichen Regeln für den Typ des entstehenden Ausdrucks wie bei Wertzuweisungen. Die obige Anweisungsfunktion ist auf Grund des Namens vom Typ REAL. Explizite Typdeklarationen sind für Anweisungsfunktionen ebenfalls zulässig.

Die in den Klammern hinter dem Funktionsnamen stehenden Variablennamen sind die **formalen Parameter** (engl. dummy variables), die manchmal auch Pseudovariable genannt werden. Zur Erläuterung der formalen Parameter wollen wir uns noch einmal an die Standardfunktionen erinnern. Sie haben immer ein oder mehrere Argumente, für die man die Werte der unabhängigen Variablen, für die der Funktionswert bestimmt werden soll, einsetzt, z. B. einen Winkel für die trigonometrischen oder einen Wert x für die Exponentialfunktionen. Die formalen Parameter in vom Programmierer definierten Funktionen entsprechen den Argumenten der Standardfunktionen in den Tabellen im Anhang A. Anstelle der formalen Parameter werden die **aktuellen Parameter** eingesetzt, wenn die Funktion in einem Programmteil verwendet wird.

Beispiel: Es sollen die in einem Programm auftretenden quadratischen Gleichungen

$$x^2 + 7x + 5 = 0 \qquad (p = 7, q = 5)$$
$$x^2 - ax + b = 0 \qquad (p = -a, q = b)$$
$$x^2 + zx - 5 = 0 \qquad (p = z, q = -5)$$

unter Vernachlässigung des negativen Vorzeichens der Wurzel gelöst und die Werte für x ausgeschrieben werden. Die zugehörigen FORTRAN-Anweisungen sind

```
QUAGLE(P,Q)=-P/2.+SQRT(P**2/4.-Q)
 :
 :
X1=QUAGLE(7.,5.)
X2=QUAGLE(-A,B)
X3=QUAGLE(Z,-5.)
WRITE(2,10)X1,X2,X3
```

Der Programmierer muß sicherstellen, daß die Wurzel nicht imaginär wird.
Eine Anweisungsfunktion wird aufgerufen (verwendet), indem man ihren Namen in eine ausführbare Anweisung schreibt und für die formalen Parameter, das sind in unserem Beispiel P und Q, die aktuellen Parameter, das sind in unserem Beispiel 7 und 5, -A und B bzw. Z und -5, einsetzt. Die formalen und die aktuellen Parameter müssen in Typ, Zahl und Reihenfolge übereinstimmen.

Bei den meisten Compilern können bis zu 15 formale Parameter in einer Anweisungsfunktion aufgeführt werden. Formale Parameter dürfen in Anweisungsfunktionen nur Variable ohne Index sein. Da sie beim Aufruf der Anweisungsfunktion durch andere Variablen oder andere arithmetische bzw. boolesche Ausdrücke ersetzt werden, identifiziert der Compiler die aktuellen Parameter nur durch ihre Stellung innerhalb der Parameterliste und nicht durch ihren Namen. Der Programmierer muß daher sorgfältig auf die Reihenfolge der Parameter achten.

Wie schon erwähnt, können die aktuellen Parameter arithmetische Ausdrücke sein. Wenn eine quadratische Gleichung z. B. nicht in Normalform vorliegt, sondern die Form

$$ax^2 + bx + c - a \cdot d = r \qquad (p = \frac{b}{a}; \; q = \frac{c-r}{a} - d)$$

hat, so kann x mit der oben definierten Anweisungsfunktion wie folgt bestimmt werden:

```
X = QUAGLE(B/A,(C-R)/A-D)
```

Der symbolische Name von Anweisungsfunktionen bezeichnet nicht wie ein Variablenname einen bestimmten Speicherplatz. Der durch den Funktionsaufruf berechnete Funktionswert wird daher nicht gespeichert. Wird er im weiteren Programmablauf noch einmal benötigt, so muß er einer Variablen in einer Wertzuweisung zugewiesen werden.

Bei der Definition einer Anweisungsfunktion können in dem rechts des Zeichens = stehenden Ausdruck auch Variablen stehen, die nicht zu den formalen Parametern gehören. Auch diese Variablen dürfen im Standard-FORTRAN nicht indiziert sein. Der Ausdruck darf Aufrufe von Standardfunktionen und von vorher im gleichen Segment definierten Anweisungsfunktionen enthalten. Ein Aufruf

3.2. Programmstruktur

der Anweisungsfunktion selbst darf jedoch nicht in dem Ausdruck enthalten sein (rekursiver Aufruf). Die beiden folgenden Anweisungen sind in FORTRAN in der angegebenen Reihenfolge zulässig.

$$S1(A,B) = A - B * SIN(C)$$
$$S2(E,F) = S1(E,F) * C\emptyset S(C)/2.$$

3.2.2.3. FUNCTI∅N-Unterprogramme

Anweisungsfunktionen sind in den meisten Fällen nicht ausreichend, um bestimmte Programmteile aufzunehmen, da sie nur aus einer Anweisung bestehen und nur in einem Segment aufgerufen werden können. FUNCTI∅N-Unterprogramme haben diese Nachteile nicht.

Ein FUNCTI∅N-Unterprogramm ist ein selbständiges Programmsegment. Es beginnt mit der Anweisung

t FUNCTI∅N name $(p_1, p_2, \ldots, p_n)$

Hier repräsentieren: t – eine Angabe über den Typ der Funktion (REAL, INTEGER, etc.), die bei impliziter Vereinbarung weggelassen werden kann,

FUNCTI∅N – die für den Compiler notwendige Information, daß die bis zur nächsten END-Anweisung folgenden Anweisungen zu dem FUNCTI∅N-Unterprogramm mit dem an Stelle von *name* stehenden Funktionsnamen gehören,

name – symbolischer Name, mit dem das Unterprogramm aufgerufen wird,

$p_1, p_2, \ldots, p_n$ – die formalen Parameter.

Die folgenden Anweisungen sind alle als erste Anweisung für FUNCTI∅N-Unterprogramme zulässig

    FUNCTI∅N REGULA (A, B, C, D)
    REAL FUNCTI∅N INTP∅L (J, M, N, X, Z)
    D∅UBLE PRECISI∅N FUNCTI∅N EPSIL∅ (I, J, X, Y)

Der Name eines FUNCTI∅N-Unterprogramms wird nach den gleichen Regeln gebildet wie ein Variablenname. Wird der Typ explizit festgelegt, so muß die Typenvereinbarung außer in der FUNCTI∅N-Anweisung auch in **jedem** Segment stehen, wo das betreffende Funktionssegment aufgerufen wird. Der Typ des Segments INTP∅L würde in anderen Programmsegmenten mit der Anweisung

    REAL INTP∅L

festgelegt.

Auf die erste Anweisung mit dem Namen des FUNCTIØN-Unterprogramms folgen bei Bedarf nichtausführbare Anweisungen für Typdeklarationen, Dimensionierung von Feldern etc.. Ihnen schließen sich die ausführbaren Anweisungen für die eigentliche Rechnung an, die im Segment durchgeführt werden soll. Sind alle Rechenanweisungen im FUNCTIØN-Segment ausgeführt, so soll die Rechnung im übergeordneten Segment fortgesetzt werden, d. h. es muß in dieses Segment zurückgesprungen werden. Ein Rücksprung in das übergeordnete Segment veranlaßt die Anweisung

RETURN

(to return=zurückkehren). Diese ausführbare Anweisung muß mindestens einmal in einem Unterprogramm enthalten sein. Steht sie mehrmals in einem Segment, so erfolgt der Rücksprung bei dem RETURN, das im Laufe der Rechnung als erstes erreicht wird. Die evtl. auf das RETURN folgenden Anweisungen werden dann nicht mehr ausgeführt. Hierfür ein **Beispiel**:

In einem Funktionssegment soll der Funktionswert von y nach folgender Vorschrift bestimmt werden:

für $m = 1$ ist $y = ax^2$,
für $m = 2$ ist $y = a$
und für $m = 3$ ist $y = \frac{a}{x}$

Das zugehörige FUNCTIØN-Unterprogramm ist:

```
      FUNCTIØN  Y(A,X,M)
      GØTØ  (10, 11, 12), M
   10 Y = A*X*X
      RETURN
   11 Y = A
      RETURN
   12 Y = A/X
      RETURN
      END
```

In jedem FUNCTIØN-Unterprogramm muß der Name des Funktionssegments, der ja den Wert der Funktion repräsentiert, wenigstens einmal auf der linken Seite einer Wertzuweisung als nichtindizierter Variablenname erscheinen. Steht der Funktionsname in mehreren Wertzuweisungen, so hat die Funktion den Wert, der ihr zuletzt vor dem Rücksprung zugewiesen wurde.

Ein FUNCTIØN-Unterprogramm wird in gleicher Weise aufgerufen wie eine Anweisungsfunktion, indem der Funktionsname in eine Wertzuweisung, versehen mit den aktuellen Parametern, eingesetzt wird. Das FUNCTIØN-Segment aus dem obigen Beispiel könnte durch folgende Anweisung aufgerufen werden

Z=(Y(A1,X1,M1)− B) ** (3./2.)

3.2. Programmstruktur

In diesem Aufruf sind A1, X1 und M1 die aktuellen Parameter, die für die formalen Parameter A, X und M des FUNCTIØN-Unterprogramms eingesetzt werden.

Genau wie Anweisungsfunktionen dürfen FUNCTIØN-Unterprogramme sich nicht selbst aufrufen. Ihr Name darf jedoch ohne die Klammer mit den formalen Parametern auf der rechten Seite einer Wertzuweisung erscheinen, da er in dieser Form wie ein Variablenname behandelt wird.

Eine wichtige Eigenschaft von FORTRAN ist, daß symbolische Namen nur innerhalb eines Segments einen bestimmten Speicherplatz symbolisieren. Tritt der gleiche symbolische Name in zwei verschiedenen Segmenten auf, so repräsentiert er auch zwei verschiedene Speicherplätze. Um nun Zahlenwerte eines Programmsegments in einem anderen verwenden zu können, benötigt man eine Verbindung zwischen den einzelnen Segmenten. Diese Verbindung wird über die Liste der Parameter hergestellt, wie das folgende Beispiel zeigt. Das Gaußsche Fehlerintegral ist als FUNCTIØN-Unterprogramm gestaltet, und im übergeordneten Hauptprogramm werden die Integrationsintervalle eingelesen.

Beispiel: (vgl. Flußdiagramm auf S. 95)

```
C HAUPTPRØGRAMM
C AUSWERTUNG DES GAUSSSCHEN FEHLERINTEGRALS
C K IST EINE KØNTRØLLGRØESSE FUER DEN EINLESEVØRGANG
      9 READ(1,10) Ø, U, K
        A=GAUSS(U,Ø)
        WRITE(2,11) Ø, U, A
        IF (K.GT.0) GØTØ 9
        STØP
     10 FØRMAT (2F10.0, I1)
     11 FØRMAT (1H_,2F11.4,F14.9)
        END

        FUNCTIØN GAUSS (A, B)
        EFUN(X) = EXP(- X*X)
        X=A
        DX=(B-A)/200.
C IN SU WERDEN DIE FUNKTIØNSWERTE SUMMIERT
        SU=(EFUN(A) + EFUN(B))*0.5
      1 X=X + DX
        SU=SU + EFUN(X)
        IF(X .LT. B - DX) GØTØ 1
        GAUSS = SU*DX/SQRT(3.14159)
        RETURN
        END
```

Im Hauptprogramm werden Zahlenwerte für die obere Intervallgrenze (Ø) und die untere Intervallgrenze (U) eingelesen, die beim Aufruf des FUNCTIØN-Unterprogramms in die für die formalen Parameter A und B des Unterprogramms reservierten Speicherplätze gespeichert werden. Zu Beginn der dem Aufruf folgenden Ausführung des Funktionssegments haben A und B die Zahlenwerte von U und Ø. Wenn der Wert der formalen Parameter während der Ausführung des FUNCTIØN-Unterprogramms verändert wird, so ändern auch die aktuellen Parameter im übergeordneten Programm ihren Wert. Aktuelle Parameter müssen in diesem Fall Variablen, Felder oder Feldelemente sein.[6]

Beispiel: Lösung der transzendenten Gleichung $x = a \cdot e^{c \cdot x}$ auf 5 Stellen genau für den Fall $a \cdot c < 0$.

```
C LØESUNG DER TRANSZENDENTEN GLEICHUNG X=A*EXP(C*X)
C HAUPTPRØGRAMM
      READ(1,10) XA,A,C
      X=TRGLEI(XA,A,C)
      WRITE(2,11) A,C,X
   10 FØRMAT(3F10.0)
   11 FØRMAT(1H_,2F10.3,F15.4)
      STØP
      END
      FUNCTIØN TRGLEI(X,A,C)
      IF(A*C.GE.0.0)PAUSE 20
   10 X1=A*EXP(C*X)
      DX=ABS((X1-X)/X1)
      IF(DX.LT.1.E-6)GØTØ 11
      X=X1
      GØTØ 10
   11 TRGLEI=X1
      RETURN
      END
```

In diesem Programm wird der aktuelle Parameter XA durch das FUNCTIØN-Unterprogramm verändert. Nach dem Durchlaufen von TRGLEI hat XA den Zahlenwert, den X im Funktionssegment beim letzten Lösungsschritt hatte.
Ein formaler Parameter in einem Unterprogramm kann entweder ein Variablenname, ein Feldname oder der Name eines Unterprogramms (s. Abs. 3.2.4.) sein. Die aktuellen Parameter können sein: ein arithmetischer oder boolescher Ausdruck oder der Name eines in einer EXTERNAL-Anweisung (s. Abs. 3.2.4.) aufgeführten Unterprogramms. Man beachte, daß ein aktuelles Feld nur an die Stelle eines formalen Feldes und ein aktuelles Feldelement nur an die Stelle einer formalen Variablen treten kann. Bei allen Funktionen repräsentiert ihr Name beim Aufruf den Funktionswert und nicht, wie Variablennamen, einen Speicherplatz.

---

[6] Man beachte jedoch, daß in Basis-FORTRAN eine Veränderung der Parameter im FUNCTIØN-Unterprogramm nicht zulässig ist.

3.2. Programmstruktur

Hieraus ergeben sich Konsequenzen für den Programmierer. Wird z. B. derselbe Funktionswert in einer Anweisung mehrmals benötigt, so weise man ihm, bevor er gebraucht wird, einen Variablennamen zu. Hierdurch spart man Rechenzeit, da dann das Funktonssegment nur einmal durchlaufen werden muß.

Beispiel: Es sei:
$$z = \frac{w(x,y) - 1}{w(x,y)^2 + 1}$$

Die Anweisung

$$Z = (W(X,Y) - 1.) / (W(X,Y)**2+1.)$$

ist ungeschickt, da die Funktion W(X,Y) mehrmals durchlaufen werden muß.
Besser ist
$$Z = W(X,Y)$$
$$Z = (Z - 1.) / (Z**2+1)$$

Zusammenstellung der für FUNCTIØN-Unterprogramme notwendigen Anweisungen:

A) Definition der Funktion
   1. *typ* FUNCTIØN *name* (ein oder mehrere formale Parameter)
   2. im Bedarfsfall eine oder mehrere nichtausführbare Anweisungen außer BLØCKDATA (s. Abs. 3.3.3.), SUBRØUTINE (s. Abs. 3.2.3.) und FUNCTIØN
   3. eine oder mehrere ausführbare Anweisungen, von denen mindestens eine die Wertzuweisung für den Funktionsnamen enthält
   4. eine oder mehrere Anweisungen RETURN
   5. die Anweisung END (als letzte Anweisung im Segment)

B) Aufruf der Funktion
   Verwendung des Funktionsnamen in einer ausführbaren Anweisung mit Angabe der aktuellen Parameter.

3.2.2.4. Halbdynamische Felder

Von dynamischen Feldern spricht man, wenn der Benutzer eines compilierten Programms die in dem Programm auftretenden Felder in ihren Dimensionen nach Bedarf ändern kann. Dynamische Felder sind in FORTRAN nicht zulässig. Felder müssen in FORTRAN wenigstens im Hauptprogramm feste Dimensionen haben, z. B.
$$\text{FELD1 (10,15)}$$
und nicht
$$\text{FELD1 (M,N)}$$

Wir haben schon festgestellt, daß ein großer Vorteil von Unterprogrammen darin liegt, daß sie in verschiedene Programme eingebaut werden können. Dieser Vorteil würde wesentlich eingeschränkt, wenn Felder auch in Unterprogrammen feste Dimensionen haben müßten, da ein Unterprogramm dann jedem neuen

Hauptprogramm durch Veränderung der Dimensionen angepaßt werden müßte. Die halbdynamischen Felder gestatten es, FORTRAN-Unterprogramme ohne Änderung der DIMENSIØN-Anweisung an Hauptprogramme mit fester Feldgröße zu koppeln. Im folgenden Beispiel wird gezeigt, wie ein FUNCTIØN-Unterprogramm mit halbdynamischen Feldern in zwei verschiedenen Hauptprogrammen verwendet wird.

Beispiel für die Verwendung halbdynamischer Felder:
FUNCTIØN-Unterprogramm:

```
C DIESES SEGMENT MULTIPLIZIERT DIE ELEMENTE ZWEIER
C EINDIMENSIØNALER FELDER UND BILDET DIE SUMME DER
C PRØDUKTE
      FUNCTIØN SUM(A,B,N)
      DIMENSIØN A(N), B(N)
      SUM = 0.
      DØ 10 M = 1, N
   10 SUM = SUM + A(M)*B(M)
      RETURN
      END
```

1. Hauptprogramm:

```
C PRØGRAMM ZUR KØSTENBERECHNUNG[7]
      REAL MASSE
      DIMENSIØN SPEZKØ(10), MASSE(10)
      .
      READ (1,10) SPEZKØ, MASSE
   10 FØRMAT (10F8.0)
      .
      N = 10
      GESAKØ = SUM (SPEZKØ, MASSE, N)
      .
      END
```

2. Hauptprogramm:

```
C PRØGRAMM ZUR MASSENBERECHNUNG[8]
      DIMENSIØN VØLUM(60), DICHTE(60)
      REAL MASSE
      .
      READ (1,10) VØLUM, DICHTE
```

[7] Die Gesamtkosten sind gleich $\sum_{i=1}^{n}$ spez. Kosten$_i$ · Masse$_i$

[8] Die Gesamtmasse ist gleich $\sum_{i=1}^{n}$ Volumen$_i$ · Dichte$_i$

3.2. Programmstruktur

```
      10 FØRMAT (10F8.0)
         :
         :
         N = 60
         GESAMA = SUM (VØLUM, DICHTE, N)
         :
         END
```

Die folgenden Regeln sind bei der Benutzung halbdynamischer Felder zu beachten: Halbdynamische Felder dürfen nicht in Hauptprogrammen benutzt werden und dürfen nur als formale Parameter und nicht in CØMMØN-Blöcken (s. Abs. 3.3.1.) auftreten. Beim Aufruf eines Unterprogramms, das halbdynamische Felder enthält, müssen die Dimensionen dieser Felder als aktuelle Parameter übergeben werden, deren Wert vor Aufruf des Unterprogramms festliegen muß und während der Ausführung des Unterprogramms nicht verändert werden darf. Im obigen Beispiel wurde daher N = 10, bzw. N = 60 gesetzt und in SUM wurde nicht N, sondern M als Schleifenindex benutzt. Die Dimension eines halbdynamischen Feldes sollte gleich der Dimension des entsprechenden Feldes im übergeordneten Segment sein, da bei unterschiedlicher Dimensionierung auf Grund der Anordnung der Feldelemente im Arbeitsspeicher unerwünschte Zuordnungen auftreten können. Halbdynamische Felder können außer in der DIMENSIØN-Anweisung auch in einer expliziten Typdeklaration dimensioniert werden.

Die Regeln für halbdynamische Felder gelten sowohl bei FUNCTIØN-Unterprogrammen als auch bei den im folgenden Abschnitt besprochenen SUBRØUTINE-Unterprogrammen.

3.2.3. SUBRØUTINE-Unterprogramme

Folgende Merkmale unterscheiden SUBRØUTINE- von FUNCTIØN-Unterprogrammen:

1. Der Aufruf eines SUBRØUTINE-Unterprogramms erfolgt durch die Anweisung

   CALL *name* $(p_1, \ldots, p_n)$

   wobei *name* für den Namen der SUBRØUTINE steht und p_1 bis p_n die aktuellen Parameter repräsentieren.

2. Mit dem Namen eines SUBRØUTINE-Unterprogramms wird kein Zahlenwert an das übergeordnete Programm übertragen.

3. Die Übertragung von Daten geschieht nur mittels der Parameterliste oder der CØMMØN-Anweisung (s. Abs. 3.3.1.).

Der Name eines SUBRØUTINE-Unterprogramms unterliegt den gleichen Regeln wie ein Variablenname. Da mit dem Namen kein Zahlenwert übertragen wird, ist mit ihm auch kein Typ verbunden.

Ein SUBRØUTINE-Unterprogramm wird wie folgt definiert: Die erste Anweisung ist:

SUBRØUTINE name

oder   SUBRØUTINE <i>name</i> $(p_1, \ldots, p_n)$

Die formalen Parameter unterliegen hierbei den gleichen Regeln wie die von FUNCTIØN-Unterprogrammen (s. Abs. 3.2.2.3.). Die Anweisung

SUBRØUTINE DAGMAR (A,B,C,D)

ist die erste Anweisung eines Unterprogramms mit Namen DAGMAR, das wie folgt aufgerufen werden könnte:

CALL DAGMAR (WARUM, WANN, WØ, WØMIT)

Dabei tritt WARUM an die Stelle von A, WANN an die von B, usw. Wie bei FUNCTIØN-Unterprogrammen geschieht die Zuordnung nur über die Stellung der Variablen innerhalb der Parameterliste.

Zu einem SUBRØUTINE-Unterprogramm gehören weiterhin eine oder mehrere Anweisungen

RETURN

die je nach Bedarf in das Segment eingesetzt werden können und den Rücksprung in das übergeordnete Segment bewirken. Im übergeordneten Segment wird die Berechnung mit der auf die CALL-Anweisung folgenden ausführbaren Anweisung fortgesetzt. Die letzte Anweisung ist

END

die dem Übersetzerprogramm anzeigt, daß das durch SUBRØUTINE <i>name</i> $(p_1, \ldots, p_n)$ begonnene Segment beendet ist.

Die zwischen SUBRØUTINE <i>name</i> $(p_1, \ldots, p_n)$ und END stehenden Anweisungen dürfen außer SUBRØUTINE, FUNCTIØN und BLØCKDATA alle zulässigen FØRTRAN-Anweisungen sein.

3.2.4. Unterprogrammnamen als Argumente und die Anweisung EXTERNAL

Der Name eines Unterprogramms kann als Parameter eines anderen Unterprogramms auftreten.

Hierbei sind zwei Fälle zu unterscheiden: Im ersten Fall ist der aktuelle Parameter eines Unterprogrammes ein **Funktionsaufruf**.

Beispiel: Das Unterprogramm

SUBRØUTINE SUB1(P,Z,Q,C)

wird mit folgender Anweisung aufgerufen:

CALL SUB1(A, FUN(X,Y),B,C)

3.2. Programmstruktur

Hierin ist der zweite aktuelle Parameter der Zahlenwert, der sich aus der Ausführung des FUNCTIØN-Unterprogramms FUN ergibt. Dieser Zahlenwert wird dem zweiten formalen Parameter des SUBRØUTINE-Unterprogramms SUB1, der nur ein Variablenname sein darf (hier Z), zugewiesen. Die Ausführung von FUN(X,Y) geschieht im aufrufenden Programm. Ein SUBRØUTINE-Unterprogramm kann in der beschriebenen Weise nicht aufgerufen werden, da mit seinem Namen kein Zahlenwert verbunden ist.

Im zweiten Fall ist der aktuelle Parameter eines Unterprogramms der **Name eines geschlossenen** (externen) **Unterprogramms** (Standardfunktion, FUNCTIØN- oder SUBRØUTINE-Unterprogramm). Dies scheint sich zunächst nicht vom ersten Fall zu unterscheiden, hat jedoch eine völlig andere Wirkung und Anwendung.

Wir haben bereits mehrere Programmbeispiele besprochen, bei denen in einem Unterprogramm ein weiteres Unterprogramm aufgerufen wurde. Es gibt Fälle, wo der Programmierer es offenlassen will, welches Unterprogramm vom übergeordneten Segment aufgerufen werden soll. Er will z.B. abhängig von bestimmten Bedingungen, die sich im übergeordneten Programmsegment erst während der Rechnung ergeben, an einer Stelle im Unterprogramm einmal den Kosinus, das andere Mal den Sinus in eine Berechnungsformel einsetzen. Hierzu muß einmal der Funktionsname CØS, zum anderen SIN als aktueller Parameter im Aufruf im übergeordneten Programmsegment erscheinen.

Beispiel: Im Hauptprogramm stehen folgende Aufrufe des Unterprogramms SUB2:

```
        :
        :
        EXTERNAL  SIN,CØS,FUNK
        :
        CALL  SUB2(A,B,CØS,C,D)
        :
        CALL  SUB2(A1,B1,SIN,C,D)
        :
        CALL  SUB2(ALØG(X),B1,FUNK,C1,D1)
        END
Unterprogramm:
        SUBRØUTINE  SUB2(P1,P2,F1,P3,P4)
        :
        :
        P3 = P1 + F1(P2/P1–P4)
        :
        :
        RETURN
        END
```

Der dritte formale Parameter des Unterprogramms SUB2 ist der Name eines Funktionssegments. F1 ist jedoch nur der Name einer Pseudofunktion, für den beim ersten Aufruf von SUB2 die Standardfunktion CØS, beim zweiten Aufruf die Standardfunktion SIN und beim dritten Aufruf das vom Programmierer geschriebene FUNCTIØN-Unterprogramm FUNK eingesetzt wird, so daß überall dort, wo im Unterprogramm SUB2 der Name F1 auftritt, das aktuelle Funktionssegment aufgerufen wird.

Die aktuellen Parameter CØS, SIN und FUNK unterscheiden sich formal nicht von den anderen Parametern. Wie kann das Übersetzerprogramm dann feststellen, daß es sich bei diesen Namen um die von Unterprogrammen handelt? Die Anweisung

EXTERNAL $name_1, name_2, \ldots, name_n$

liefert dem Übersetzerprogramm die notwendige Information, indem für $name_1$ bis $name_n$ die symbolischen Namen der Unterprogramme eingesetzt werden. Sie muß in jedem Segment stehen, in dem Namen von Unterprogrammen als aktuelle Parameter in Aufrufen von anderen Unterprogrammen auftreten, und muß die Namen dieser Unterprogramme enthalten. Im obigen Beispiel heißt die entsprechende Anweisung daher

EXTERNAL SIN, CØS, FUNK

Man beachte, daß in unserem Beispiel die Standardfunktion ALØG nicht in der EXTERNAL-Anweisung aufgeführt ist, da der aktuelle Parameter ALØG(X), wie weiter oben besprochen, der Funktions**wert** ist und nicht das Funktionsunterprogramm.

Ein in einer EXTERNAL-Anweisung aufgeführter Name darf ebenfalls in einer expliziten Typdeklaration auftreten.

In Abs. 3.2.6. zeigt das Beispiel 3 eine praktische Anwendung der Anweisung EXTERNAL und der Übergabe von Unterprogrammnamen als aktuelle Parameter.

3.2.5. Berechnete Ein- und Rücksprünge

Die im folgenden besprochenen Programmiermöglichkeiten sind nicht in Standard-FORTRAN enthalten, sollen hier jedoch kurz erläutert werden, da sie auf einigen der modernen Rechenautomaten verwendet werden können. Bei Rechenautomaten, die die berechneten Ein- und Rücksprünge nicht zulassen, können sie durch Standard-Anweisungen simuliert werden.

In einem Unterprogramm beginnt die Rechnung mit seiner ersten ausführbaren Anweisung. Es gibt jedoch Fälle, wo der Programmierer ein Überspringen einiger Anweisungen des Unterprogramms abhängig von den Rechenergebnissen des übergeordneten Segments wünscht. Im folgenden Beispiel werden die ersten An-

3.2. Programmstruktur

weisungen des Unterprogramms SIMUL übersprungen, wenn MARKE den Zahlenwert 2 hat.

Übergeordnetes Segment:
```
     .
     .
     CALL SIMUL(A,B,C,WERT,MARKE)
     .
     .
```

Unterprogramm:
```
     SUBRØUTINE SIMUL(X,Y,Z,WERT,K)
     GØTØ(10,20),K
  10 WERT=X*Y
     .
     .
  20 Z=X+Y/2.
     .
     .
     RETURN
     END
```

Mittels der Anweisung ENTRY erzielt man die gleiche Wirkung wie im obigen Beispiel mit dem bedingten GØTØ. ENTRY kennzeichnet dabei den Punkt, an dem die Berechnung im aufgerufenen Unterprogramm begonnen werden soll.

Um mehrere ENTRY-Punkte zu unterscheiden, hat jeder dieser Punkte einen Namen, so wie jedes Unterprogramm seinen eigenen Namen hat. Im obigen Beispiel könnte die Anweisung 20 ein ENTRY-Punkt sein, und das SUBRØUTINE-Unterprogramm SIMUL würde dann wie folgt geschrieben:

```
     SUBRØUTINE SIMUL(X,Y,Z,WERT)
     WERT=X*Y
     .
     .
  20 ENTRY EIN1(X,Y,Z)
     Z=X+Y/2.
     .
     .
     RETURN
     END
```

Im übergeordneten Programm kann das SUBRØUTINE-Unterprogramm dann auf zwei Arten aufgerufen werden: erstens durch die Anweisung

```
     CALL SIMUL(X,Y,Z,WERT)
```

die die Berechnungen in SIMUL mit der Anweisung WERT=X*Y beginnen läßt, und zweitens durch die Anweisung

```
     CALL EIN1(X,Y,Z)
```

die ebenfalls einen Aufruf des Segments SIMUL bewirkt, wobei jedoch die Ausführung mit der Anweisung Z=X+Y/2. beginnt. CALL EIN1(X,Y,Z) hat also die gleiche Wirkung wie der Aufruf CALL SIMUL(X,Y,Z,WERT,2) in dem vorherigen Programm, das das bedingte GØTØ verwendet.

Wegen der notwendigen Eindeutigkeit eines Programms muß sich der Name eines ENTRY-Punktes von allen anderen verwendeten Namen weiterer ENTRY-Punkte und denen von SUBRØUTINE- und FUNCTIØN-Unterprogrammen unterscheiden. Im übrigen wird er nach den gleichen Regeln gebildet wie ein Variablenname.

ENTRY-Punkte können ebenfalls in FUNCTIØN-Unterprogrammen definiert werden. Bei ihren Namen muß darauf geachtet werden, daß diese im Typ mit dem Namen des FUNCTIØN-Unterprogramms, in dem die ENTRY-Punkte stehen, übereinstimmen. Ein FUNCTIØN-Unterprogramm wird über einen ENTRY-Punkt aufgerufen, indem man den Namen des ENTRY-Punktes in einer Wertzuweisung aufführt, genau so, wie man es mit dem Funktionsnamen selbst machen würde. Im FUNCTIØN-Unterprogramm darf der Name des ENTRY-Punktes nicht auf der linken Seite einer Wertzuweisung stehen. Hier steht auch in Anweisungen, die auf den ENTRY-Punkt folgen, immer der Name des FUNCTIØN-Unterprogramms.

Die allgemeine Form einer ENTRY-Anweisung ist

$$\text{ENTRY } name \ (p_1, p_2, \ldots, p_n)$$

worin die $p_1, p_2, \ldots, p_n$ formale Parameter repräsentieren, die beim Aufruf des ENTRY-Punktes durch aktuelle Parameter ersetzt werden. Die Parameter in einer ENTRY-Anweisung brauchen nicht mit denen in der zugehörigen FUNCTIØN- bzw. SUBRØUTINE-Anweisung übereinzustimmen.

Wird bei der Ausführung eines Unterprogramms eine ENTRY-Anweisung erreicht, dies kann z. B. bei normalem Aufruf eines Unterprogramms mit ENTRY-Punkten vorkommen, so ist diese ohne Wirkung auf den Programmablauf. ENTRY-Anweisungen dürfen nicht als Sprungziele verwendet werden, da sie zu den nichtausführbaren Anweisungen gehören.

Nach Ablauf eines SUBRØUTINE-Unterprogramms wird die Anweisung ausgeführt, die im übergeordneten Segment hinter der CALL-Anweisung steht. Bei einigen Rechenautomaten ist es jedoch möglich, zu anderen Stellen im übergeordneten Segment zurückzuspringen, wobei im untergeordneten Segment entschieden wird, zu welcher Anweisungsnummer des übergeordneten Segments der Rücksprung vorgenommen werden soll.

Dieser „berechnete Rücksprung" wird durch die Anweisung

$$\text{RETURN } i$$

3.2. Programmstruktur

erreicht, wobei i eine positive Variable oder Konstante vom Typ INTEGER ist. Sollen von einem Unterprogramm aus ein oder mehrere berechnete Rücksprünge ermöglicht werden, so müssen in dessen Aufruf bereits **alle** eventuellen Rücksprungziele durch Anweisungsnummern aufgeführt werden. Aus dem SUBRØUTINE-Unterprogramm SIMULA kann zu den ausführbaren Anweisungen mit der Nummer 20, 30, 40 oder 50 im übergeordneten Programm gesprungen werden, wenn die CALL-Anweisung von SIMULA wie folgt lautet:

CALL SIMULA (&20,X,Y,&40,&30,Z,&50)[9]

Ein Rücksprung zu Anweisungsnummern, die nicht im Unterprogrammaufruf enthalten sind, ist nicht möglich.

Die hinter der RETURN-Anweisung stehende INTEGER-Größe gibt an, zu welcher Anweisungsnummer der Rücksprung erfolgen soll. Steht im Unterprogramm SIMULA RETURN 1, so erfolgt der Rücksprung zu Anweisung 20. RETURN 2 bewirkt den Rücksprung zu Anweisung 40, RETURN 3 zu Anweisung 30, usw. Die Anweisung RETURN MARKE bewirkt einen Rücksprung zu Anweisung 50 im übergeordneten Segment, wenn MARKE den Wert 4 hat.

Wir haben bereits gesagt, daß formale und aktuelle Parameter in Anzahl und Typ übereinstimmen müssen. Daraus folgt, daß in der Liste der formalen Parameter Stellen für die Anweisungsnummern von berechneten Rücksprüngen freigehalten werden müssen. Dies geschieht durch das Zeichen *, wie es im folgenden Beispiel gezeigt ist.

SUBRØUTINE SIMULA (*,X,Y,*,*,Z,*)[10]

Berechnete Rücksprünge sind **nur** bei SUBRØUTINE-Unterprogrammen zulässig. Da ein FUNCTIØN-Unterprogramm immer innerhalb einer Wertzuweisung aufgerufen wird und der mit dessen Namen verbundene Wert in der Wertzuweisung benötigt wird, muß der Rücksprung aus einem FUNCTIØN-Unterprogramm immer in die aufrufende Wertzuweisung erfolgen. Berechnete Rücksprünge sind daher hierbei unzulässig.

3.2.6. Beispiele — Übungen

A) Beispiele

1. Was ist in den folgenden Anweisungen falsch?
   a) FUNCTIØN SUM
       DØ 10 I=1,M
    10 SUM=SUM+A(I)
       RETURN
       END

---

[9] Statt &20,&40, etc. muß bei manchen Maschinen $20,$40, etc. geschrieben werden
[10] Statt * muß bei manchen Maschinen $ geschrieben werden

```
        b)       SUBROUTINE SUB1(A(10),B(M))
                 DIMENSION A(20),B(40)
                   .
                   .
                   .
                 CALL SUB1(A,B)
        c)       FUNCTION SIN(ALPHA,BETA)
        d)       SUBROUTINE ALPHA(A,B)
                 M=10
                 DIMENSION A(M),B(M,M)
```

Lösung:

a) 1. Es fehlen die formalen Parameter. Ein FUNCTION-Unterprogramm muß mindestens einen formalen Parameter haben.
   2. A(I) ist nicht als Feld erklärt.

b) 1. Formale Parameter dürfen keinen Index haben.
   2. Das Unterprogramm SUB1 wird rekursiv aufgerufen.
      Die Anweisungen müssen lauten:
```
            SUBROUTINE SUB1(A,B)
            DIMENSION A(20),B(40)
```
      (SUB1 darf in SUB1 nicht aufgerufen werden)

c) Der Name eines vom Programmierer geschriebenen Segments muß sich von den Namen der Standardfunktionen unterscheiden. Eine richtige Anweisung wäre z. B. FUNCTION SINUS(ALPHA,BETA)

d) 1. A und B dürfen nur halbdynamisch dimensioniert werden, wenn M formaler Parameter ist.
   2. Vor DIMENSION darf keine ausführbare Anweisung stehen.
      Es muß heißen: SUBROUTINE ALPHA(A,B,M)
                        DIMENSION A(M),B(M,M)

2. Man schreibe ein FUNCTION-Unterprogramm, das die Berechnung des Polynoms

$$P_n(x) = \sum_{m=0}^{n} a_m \cdot x^m$$

gestattet. Diese Vorschrift entspricht im Fall n = 10 der Gleichung:

$$P_{10}(x) = a_0 + a_1 x + a_2 x^2 + \ldots + a_{10} x^{10}$$

Der Grad des Polynoms n, die Variable x und die Koeffizienten a_0 bis a_n werden als aktuelle Parameter übergeben.

Zur Prüfung des FUNCTION-Unterprogramms schreibe man ein Hauptprogramm für den Fall n = 10, in dem die a_0 bis a_{10}, n und x eingelesen werden. X und der Wert des Polynoms sollen ausgeschrieben werden.

Lösung: Die Berechnung erfolgt nach dem Hornerschen Schema. Danach gilt:

$$P_m = P_{m-1} \cdot x + a_{n-m} \text{ mit } P_0 = a_n; \ m = 1, 2, \ldots n$$

Diese Auflösung wird in gleicher Weise vorgenommen, wie es in Beispiel 2.c) in Abs. 2.2.4. gezeigt ist.

3.2. Programmstruktur

Der Leser zeichne ein Flußdiagramm, um die Richtigkeit des folgenden Quellenprogramms zu überprüfen.

```
C     HAUPTPROGRAMM
      DIMENSION A(11)                FUNCTION P(X,N,A)
      READ(1,10) X,A                 DIMENSION A(N)
   10 FORMAT(8F10.0)                 P=A(N)
      READ(1,11)N                    N1=N-1
   11 FORMAT(I2)                     DO 10 M=1,N1
      POLYNO=P(X,N+1,A)              P=P*X+A(N-M)
      WRITE(2,12)X, POLYNO        10 CONTINUE
   12 FORMAT(1H_,2F20.4)             RETURN
      STOP                           END
      END
```

3. Man schreibe ein SUBROUTINE-Unterprogramm, das gewöhnliche Differentialgleichungen nach dem Verfahren von Runge-Kutta approximiert. Die Differentialgleichung habe die Form

$$\frac{dy}{dx} = f(x,y) \qquad (\text{z. B.} \quad \frac{dy}{dx} = x^2 + 7xy)$$

Die Integration beginne mit dem Wertepaar x_0, y_0, die Schrittweite sei h, und die Integration werde bis x_e durchgeführt.

Die gesuchten Wertepaare x_i, y_i werden nach den Beziehungen

$$x_i = x_{i-1} + h$$
$$y_i = y_{i-1} + k$$
$$i=1,2,\ldots$$

bestimmt. Dabei wird k wie folgt berechnet.

mit
$$k = \frac{1}{6}(k_I + 2\cdot(k_{II} + k_{III}) + k_{IV})$$

$$k_I = h\cdot f(x_{i-1}, y_{i-1})$$
$$k_{II} = h\cdot f(x_{i-1} + \frac{1}{2}h, y_{i-1} + \frac{1}{2}k_I)$$
$$k_{III} = h\cdot f(x_{i-1} + \frac{1}{2}h, y_{i-1} + \frac{1}{2}k_{II})$$
$$k_{IV} = h\cdot f(x_{i-1} + h, y_{i-1} + k_{III})$$

Lösung: Das Programm soll allgemein verwendbar sein. Dazu wird die Funktion f(x,y) als externes FUNCTION-Unterprogramm gestaltet und als aktueller Parameter in das SUBROUTINE-Unterprogramm eingeführt. Im aufrufenden Hauptprogramm werden X0, Y0, H und XE eingelesen.

```
C     HAUPTPROGRAMM
      EXTERNAL FUNKT
      READ(1,10)X0,Y0,XE,H
   10 FORMAT(3F10.0,F6.0)
      CALL RUNKUT(X0,Y0,XE,H,FUNKT)
      PAUSE
      END
```

```
          SUBROUTINE RUNKUT(X,Y,XE,H,FUNKT)
          REAL K1,K2,K3,K4
        1 WRITE(2,20)X,Y
       20 FORMAT(1H_,2F15.4)
          K1=H*FUNKT(X,Y)
          K2=H*FUNKT(X+0.5*H,Y+0.5*K1)
          K3=H*FUNKT(X+0.5*H,Y+0.5*K2)
          K4=H*FUNKT(X+H,Y+K3)
          X=X+H
          Y=Y+(K1+2.0*(K2+K3)+K4)/6.0
          IF(X.LE.XE) GOTO 1
          RETURN
          END

          FUNCTION FUNKT (X,Y)
    C  IN DIESEM SEGMENT MUSS DIE VORGEGEBENE FUNKTION
    C  DEFINIERT WERDEN
       10 FUNKT= .....
          RETURN
          END
```

Für $\dfrac{dy}{dx} = x^2 + 7xy$ heißt Anweisung 10:

```
       10 FUNKT = X*X+7.0*X*Y
```

Der Leser überlege sich, welche überflüssigen Rechenschritte nach obigem Programm vor dem Rücksprung ins Hauptprogramm ausgeführt werden.

4. Ein Gebläse vorgegebener Leistung N drückt Luft durch eine Rohrleitung mit dem Durchmesser D und der Länge L. Gesucht ist die Austrittsgeschwindigkeit W der Luft aus dem Rohr und der Mengendurchsatz.

Austrittsgeschwindigkeit $W = 2 \cdot \sqrt[3]{\dfrac{\eta_G \cdot N}{\pi \cdot D \cdot \lambda \cdot L \cdot \rho}}$

Gebläsewirkungsgrad $\quad \eta_G$: ETAG

Reibungswert $\quad \lambda$: LAMBDA = $\begin{cases} \dfrac{64}{\text{Re}} & \text{für } \text{Re} \leqslant 2320 \\ f(\text{Re}) & \text{für } 2320 < \text{Re} \leqslant 6000 \\ \dfrac{0{,}3164}{\sqrt[4]{\text{Re}}} & \text{für } \text{Re} > 6000 \end{cases}$

Reynoldszahl $\quad$ Re : RE = $\dfrac{W \cdot D}{\nu}$

Dichte $\quad \rho$: RHO

kinemat. Zähigkeit $\quad \nu$: NUE

sekundlicher Durchsatz $\quad \dot{m}$: DUSA = $\rho \cdot W \cdot \pi \cdot \dfrac{D^2}{4}$

Für die Reynoldszahl Re sind drei verschiedene Funktionen gegeben, wovon die zweite eine Tabelle ist, aus der der Wert für λ interpoliert werden muß.

3.2. Programmstruktur

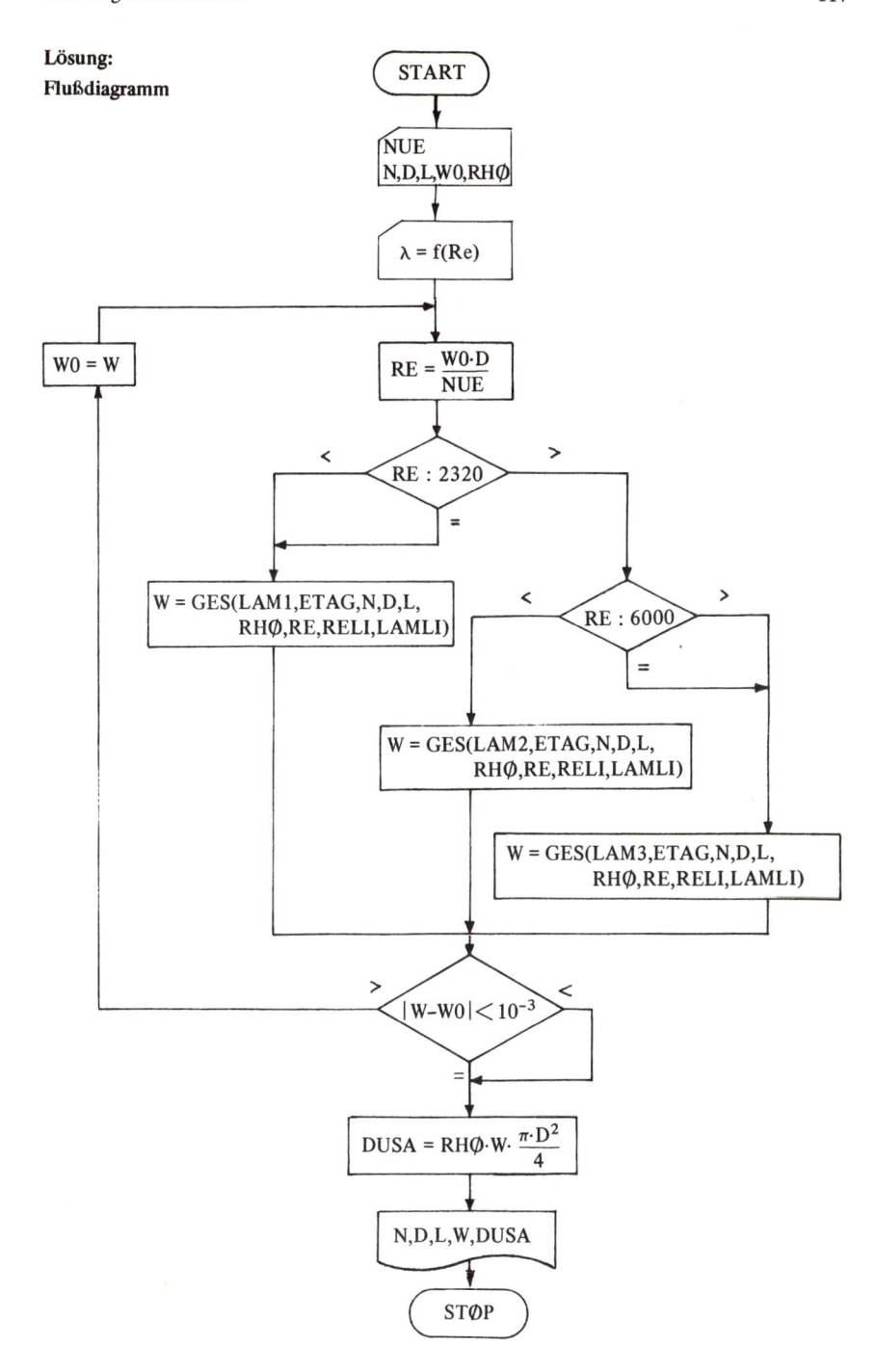

Lösung:
Flußdiagramm

```
                    ┌─────────┐
                    │  START  │
                    └────┬────┘
                         ▼
                   ╱─────────────╲
                   │ NUE         │
                   │ N,D,L,W0,RHØ│
                   ╲─────────────╱
                         ▼
                   ┌─────────────┐
                   │ λ = f(Re)   │
                   └──────┬──────┘
                          ▼
  ┌────────┐      ┌──────────────┐
  │ W0 = W │      │ RE = W0·D    │
  └────────┘      │      ────    │
                  │       NUE    │
                  └──────┬───────┘
                         ▼
                  ◇ RE : 2320 ◇
                   <    =    >
                   │         │
        ┌──────────┘         ▼
        ▼                ◇ RE : 6000 ◇
  ┌──────────────────┐    <    =    >
  │ W = GES(LAM1,    │    │         │
  │ ETAG,N,D,L,      │    │         │
  │ RHØ,RE,RELI,     │    ▼         │
  │ LAMLI)           │ ┌──────────────────┐
  └────────┬─────────┘ │ W = GES(LAM2,    │
           │           │ ETAG,N,D,L,      │
           │           │ RHØ,RE,RELI,     │
           │           │ LAMLI)           │
           │           └────────┬─────────┘
           │                    │    ┌──────────────────┐
           │                    │    │ W = GES(LAM3,    │
           │                    │    │ ETAG,N,D,L,      │
           │                    │    │ RHØ,RE,RELI,     │
           │                    │    │ LAMLI)           │
           │                    │    └────────┬─────────┘
           ▼                    ▼             ▼
                  ◇ |W-W0| < 10⁻³ ◇
                   >      =     <
                          ▼
                 ┌──────────────────┐
                 │ DUSA = RHØ·W·π·D²│
                 │            ────  │
                 │             4    │
                 └────────┬─────────┘
                          ▼
                   ╱─────────────╲
                   │ N,D,L,W,DUSA│
                   ╲─────────────╱
                          ▼
                    ┌─────────┐
                    │  STØP   │
                    └─────────┘
```

$\text{RE} = \dfrac{W0 \cdot D}{\text{NUE}}$

$|W - W0| < 10^{-3}$

$\text{DUSA} = \text{RHØ} \cdot W \cdot \dfrac{\pi \cdot D^2}{4}$

```
C HAUPTPROGRAMM
      REAL NUE,N,L, LAMLI(10), LAM1, LAM2, LAM3
      DIMENSION RELI(10)
      EXTERNAL LAM1, LAM2, LAM3
      READ (1,10) NUE, N,D,L,W0,RHO
      READ (1,11) RELI, LAMLI
   99 RE = W0*D/NUE
      IF(RE-2320.) 100, 100, 102
  100 W = GES(LAM1, ETAG,N,D,L,RHO,RE,RELI,LAMLI)
      GOTO 105
  102 IF(RE-6000.) 103,104,104
  103 W = GES(LAM2,ETAG,N,D,L,RHO,RE,RELI,LAMLI)
      GOTO 105
  104 W = GES(LAM3,ETAG,N,D,L,RHO,RE,RELI,LAMLI)
  105 IF(ABS(W-W0) - 1.E-3) 107,107,106
  106 W0=W
      GOTO 99
  107 DUSA = RHO*W*3.14159*D*D/4.
      WRITE (2,12) N,D,L,W,DUSA
   10 FORMAT (6F12.0)
   11 FORMAT (10F8.0)
   12 FORMAT (1H_,3F20.4/1H_,2F20.4)
      STOP
      END


      FUNCTION GES(F1,ETA,N,D,L,RHO,RE,RELI,LAMLI)
C FUNCTION-UNTERPROGRAMM ZUR BESTIMMUNG DER GESCHWINDIGKEIT
      REAL N,L,LAMLI(10)
      DIMENSION RELI(10)
      GES = 2.*(ETA*N/(3.14159*D*F1(RE,RELI,LAMLI)*L*RHO))**(1./3.)
      RETURN
      END


      REAL FUNCTION LAM1(RE,RELI,LAMLI)
      REAL LAMLI(10)
      DIMENSION RELI(10)
      LAM1 = 64./RE
      RETURN
      END


      REAL FUNCTION LAM2(RE,RELI,LAMLI)
C IN DIESEM SEGMENT WIRD LAMBDA AUS EINER TABELLE LAMLI=
C FUNKTION VON RELI INTERPOLIERT
      REAL LAMLI(10)
      DIMENSION RELI(10)
      DO 10 I = 2, 10
   10 IF(RELI(I).GT. RE)LAM2 = LAMLI(I-1)+(LAMLI(I)-LAMLI(I-1))
     1/(RELI(I)-RELI(I-1))*(RE-RELI(I-1))
      RETURN
      END
```

3.2. Programmstruktur

```
      REAL FUNCTIØN LAM3(RE,RELI,LAMLI)
      REAL LAMLI(10)
      DIMENSIØN RELI(10)
      LAM3 = 0.3164/SQRT(SQRT(RE))
      RETURN
      END
```

Man beachte, daß **LAM1** und **LAM3** nur einen Parameter (**RE**) benötigen, jedoch genau wie **LAM2** die Felder **RELI** und **LAMLI** in der Parameterliste führen, damit sie in dergleichen Anweisung wie **LAM2** aufgerufen werden können.

B) Übungen (Lösungen auf S. 200)

1. a) Man zähle die in Abs. 3.2. besprochenen Arten von Programmsegmenten auf.
   b) Mit welcher Anweisung muß jedes vom Programmierer geschriebene Programmsegment abschließen?

2. Zur Bestimmung der Nullstelle (F(x) = 0) einer in einem Intervall monoton steigenden oder fallenden Funktion F(x) schreibe man ein SUBRØUTINE-Unterprogramm, das eine vorgegebene Funktion

$$F(x) = \ldots\ldots\ldots \quad (z.\,B.\ F(x) = x^3 - 3{,}5x^2 - 8{,}5x + 5)$$

als Anweisungsfunktion enthält. Die Nullstelle soll mit Hilfe der Intervallschachtelung auf eine vorgegebene Genauigkeit bestimmt werden. Die Intervallgrenzen x_l und x_r, die Genauigkeit δ und die Nullstelle x_0 sollen in der Parameterliste stehen.

Anleitung:

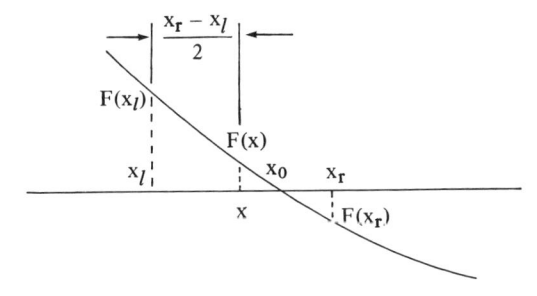

Zunächst muß festgestellt werden, ob eine Nullstelle im Intervall vorliegt, d. h. ob die Funktionswerte an den Intervallgrenzen unterschiedliche Vorzeichen haben. Ist das der Fall, so wird das Intervall halbiert und an der Stelle x der Funktionswert erneut berechnet. Ist der absolute Funktionswert kleiner als die vorgegebene Genauigkeit, so ist x das gesuchte Resultat. Ist er größer als δ, so wird das Verfahren mit der Halbierung desjenigen Intervalls fortgesetzt, in dem die Funktion ihr Vorzeichen wechselt. Bei der im obigen Bild dargestellten Funktion wird x_l durch x ersetzt.

3. Ein dreidimensionales Feld **CØMP** vom Typ **CØMPLEX** wird in der Parameterliste in halbdynamischer Form an ein SUBRØUTINE-Unterprogramm SUB1, das außerdem die Parameter A,B,C und D hat, übergeben. Man schreibe die erste Anweisung des SUBRØUTINE-Unterprogramms und die dazugehörigen nichtausführbaren Anweisungen, sowie den Aufruf des Unterprogramms und die für diesen Aufruf notwendigen nichtausführbaren Anweisungen im übergeordneten Programm.

4. Man schreibe ein FUNCTIØN-Unterprogramm, das die Lösung von Gleichungen mit Hilfe der Regula Falsi für eine vorgegebene Genauigkeit gestattet. Als Beispiel soll die Gleichung

$$\frac{A_e}{A_t} = \frac{\sqrt{\frac{K-1}{2} \cdot \left(\frac{2}{K+1}\right)^{\frac{K+1}{K-1}}}}{\sqrt{\left(\frac{p_e}{p_c}\right)^{\frac{2}{K}} \left[1 - \left(\frac{p_e}{p_c}\right)^{\frac{K-1}{K}}\right]}}$$

aus der Raketentechnik gelöst werden. Gesucht ist $\frac{p_e}{p_c} = f\left(\frac{A_e}{A_t}\right)$

Anleitung: Die Regula Falsi (Verbesserung durch Interpolation) gestattet es, mit Hilfe einer gefundenen Näherungslösung x eine bessere Lösung x_2 nach der Beziehung

$$x_2 = x_1 - f(x) \cdot \frac{x_1 - x}{f(x_1) - f(x)}$$

zu bestimmen. Darin bezeichnet x_1 eine Näherung, die sich von x wenig unterscheidet.

Man schreibe die obige Gleichung um in

$$\frac{A_e}{A_t} - f\left(\frac{p_e}{p_c}\right) = 0$$

und bestimme zunächst zwei Näherungslösungen x und x_1 dieser umgeschriebenen Gleichung, für die der Funktionswert für die eine größer und die andere kleiner als null ist. Danach wende man die Regula Falsi solange an, bis sich die gefundene Lösung von der vorher gefundenen um weniger als δ unterscheidet. Für die Funktion schreibe man ein gesondertes FUNCTIØN-Unterprogramm.

3.3. Die Abspeicherung von Daten und deren Übertragung

3.3.1. Die Anweisung CØMMØN

Die Übertragung von Zahlenwerten zwischen Programmsegmenten mittels Parameterlisten erweist sich bei langen Programmen als unhandlich, da dann die Datenübertragung einen zu großen Teil der Maschinenbefehle einnimmt. Darüber hinaus werden Parameterlisten unnötig lang, wenn Daten zwischen Segmenten übertragen werden sollen, die keine direkte Verbindung haben. Abb. 3.4. zeigt den Datenfluß zwischen den Segmenten eines Programms. Es enthält ein Hauptprogramm, von dem zwei Unterprogramme aufgerufen werden, die wiederum jeweils ein Unterprogramm aufrufen. Wollte man im dargestellten Fall die Datenübertragung mittels Parameterlisten vornehmen, so müßten beim Aufruf des ersten Unterprogramms A,B,C,S,T,U,G,H,V2,EN,EG als aktuelle Parameter erscheinen, obwohl in diesem Unterprogramm nur A,B,C,S,T,U benötigt

3.3. Die Abspeicherung von Daten und deren Übertragung 121

werden. Entsprechend unhandlich wäre die Parameterliste im Aufruf des zweiten Unterprogramms. Die Übertragung der Größen EN und EG ist besonders umständlich, da sie im 1. Unterprogramm, im Hauptprogramm und im 2. Unterprogramm auftreten müssen, ohne dort benötigt zu werden. Man kann sich leicht vorstellen, wie sehr die Parameterlisten bei stark segmentierten Programmen anwachsen würden.

```
                    ┌─────────────────────┐
                    │ Hauptprogramm       │
                    ├─────────────────────┤
                    │ Benötigte Größen:   │
                    │ A,B,C,D,E,F,V1,V2   │
                    └─────────────────────┘

┌──────────────────────┐   ┌──────────────────┐   ┌──────────────────────┐
│ 1. Unterprogramm     │   │ CØMMØN-Bereich   │   │ 2. Unterprogramm     │
│ SUBRØUTINE SIBYLE    │   ├──────────────────┤   │ SUBRØUTINE GRETE     │
├──────────────────────┤   │ S,T,U,G,H,EN,EG, │   ├──────────────────────┤
│ Benötigte Größen:    │   │ V1,V2            │   │ Benötigte Größen:    │
│ A,B,C,S,T,U          │   │                  │   │ D,E,F,S,T,U,EN,V1    │
└──────────────────────┘   └──────────────────┘   └──────────────────────┘

┌──────────────────────┐                          ┌──────────────────────┐
│ 3. Unterprogramm     │                          │ 4. Unterprogramm     │
│ SUBRØUTINE SUB 1     │                          │ FUNCTIØN FUNK        │
├──────────────────────┤                          ├──────────────────────┤
│ Benötigte Größen:    │                          │ Benötigte Größen:    │
│ A,B,C,T,U,G,H,V2,EN,EG│                         │ E,F,G,H,EN,EG        │
└──────────────────────┘                          └──────────────────────┘
```

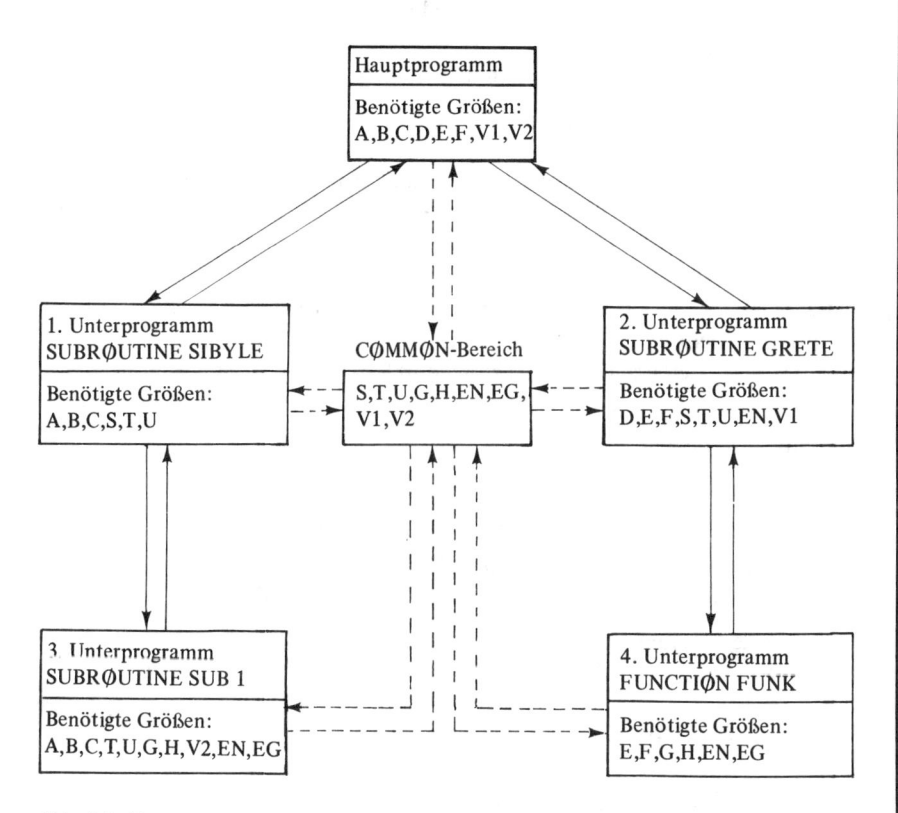

Abb. 3.4. Programmsegmente mit Größen im CØMMØN-Bereich

Der CØMMØN-Bereich beseitigt dieses Problem. Es handelt sich hierbei um einen besonderen Teil des zentralen Arbeitsspeichers, auf dessen einzelne Speicherplätze in jedem Segment, das die Anweisung CØMMØN enthält, Bezug genommen werden kann. Für das Programm in Abb. 3.4. lautet diese Anweisung

CØMMØN S,T,U,G,H,EN,EG,V1,V2

In jedem Segment, in dem diese Anweisung steht, hat der erste Speicherplatz im CØMMØN-Bereich den symbolischen Namen S, der zweite den symbolischen Namen T, usw.

Daraus folgt, daß der symbolische Name S in verschiedenen Segmenten den gleichen Speicherplatz bezeichnet. Ohne die Anweisung CØMMØN ist das ja nicht der Fall, denn, wie in Abs. 3.2.2.3. besprochen wurde, symbolisiert ein Variablen- oder Feldname, der in verschiedenen Segmenten vorkommt, auch verschiedene Speicherplätze. Mit der Anweisung CØMMØN (oder auch über eine Parameterliste) wird die Datenverbindung zwischen den Segmenten sichergestellt.

Der Unterschied zwischen der Datenübergabe mittels Parameter und CØMMØN-Anweisung liegt darin, daß mit der Parameterliste Daten zwischen Segmenten übergeben werden, die miteinander durch einen Aufruf verbunden sind, während mit der CØMMØN-Anweisung auch von Segmenten, die nicht durch einen Aufruf verbunden sind, Zugriff zu gleichen Speicherplätzen genommen werden kann. Im Beispiel der Abb. 3.4. trifft das beispielsweise für die SUBRØUTINE SUB1 und die FUNCTIØN FUNK zu. Beide Unterprogramme benötigen die Variable EG und sind nicht durch einen Aufruf miteinander verbunden. EG ist daher in der Anweisung CØMMØN aufgeführt, wodurch der Zahlenwert des durch EG symbolisierten Speicherplatzes beiden Unterprogrammen zur Verfügung steht.

Die einfachste Form der nichtausführbaren Anweisung CØMMØN ist in allgemeiner Schreibweise

$$\text{CØMMØN } v_1, v_2, v_3, \ldots, v_n$$

wobei v_1 bis v_n Variablennamen oder Namen von Feldern repräsentieren.

Das folgende Programm, das im Ablauf der Darstellung in Abb. 3.4. entspricht, soll die Benutzung des CØMMØN-Bereichs erläutern.

```
C HAUPTPRØGRAMM
      DIMENSIØN A(10),D(10)
      CØMMØN S,T,U,G,H,EN,EG,V1,V2
      READ(1,10)A,D,B,C,E,F
      WRITE(2,11)A,B,C,D,E,F
      CALL SIBYLE(A,B,C)
      CALL GRETE(D,E,F)
      WRITE(2,12) V1,V2
   10 FØRMAT(10F8.0)
   11 FØRMAT(1H_,10F12.3/1H_,2F20.4/1H_,10F12.3/1H_,2F20.4)
   12 FØRMAT(1H_,2F20.4)
      STØP
      END
```

3.3. Die Abspeicherung von Daten und deren Übertragung

```
      SUBROUTINE SIBYLE(A,B,C)
      DIMENSION A(10)
      COMMON S,T,U,G,H,EN,EG,V1,V2
      S=0.
      DO 10 I=1,10
   10 S=S+A(I)
      T=7.5*S/B
      V=B/C
      CALL SUB1(B,C)
      U=EN+SQRT(V-G)
      RETURN
      END

      SUBROUTINE SUB1(B,C)
      COMMON S,T,U,G,H,EN,EG,V1,V2
      IF(B.GT.C)GOTO 10
      EN=0.
      H=B
      RETURN
   10 G=B**C-T*U
      H=(B-G/2.)*S
      EG=H+SQRT(G-5.0)
      EN=EG/5.0-T
      V2=EG*(1.0-(U/EN)**2)
      RETURN
      END

      SUBROUTINE GRETE(D,E,F)
      DIMENSION D(10)
      COMMON S,T,U,G,H,EN,EG,V1,V2
      .
      EN=FUNK(E,F)
      V1=(H+EN)*T
      .
      RETURN
      END

      FUNCTION FUNK(E,F)
      COMMON S,T,U,G,H,EN,EG,V1,V2
      .
      RETURN
      END
```

Alle Größen, die zwischen Segmenten ohne direkte Verbindung übertragen werden sollen, stehen in diesem Beispiel im CØMMØN-Bereich. Man hätte auch zusätzlich noch die Größen, die in den Parameterlisten übergeben werden, in der CØMMØN-Anweisung aufführen können, so daß die SUBRØUTINE-Unterprogramme dann keine formalen Parameter hätten. Die FUNCTIØN-Unterprogramme müssen jedoch immer wenigstens einen formalen Parameter haben. Die Entscheidung darüber, welche Größen im CØMMØN-Bereich und welche Größen als Parameter übergeben werden, liegt beim Programmierer, FORTRAN schreibt hierzu keine Regeln vor.

Um die Eindeutigkeit eines Programms zu wahren, darf ein Name, der in einer CØMMØN-Anweisung steht, nicht im selben Segment auch in der Parameterliste auftreten. Darüber hinaus darf ein Name nur **einmal** innerhalb eines Segmentes in einer CØMMØN-Anweisung auftreten, da sonst wiederum gegen die Forderung der Eindeutigkeit verstoßen würde. Die Anweisung

    CØMMØN A,B,C,D,A

ist deshalb unzulässig.

Im obigen Beispiel hatten die im CØMMØN-Bereich stehenden Größen in allen Segmenten den gleichen symbolischen Namen. Dies ist jedoch nicht unbedingt erforderlich. Hätten wir im Unterprogramm GRETE

    CØMMØN S1,T1,U1,G1,H1,EN1,EG1,V11,V21

geschrieben, so wäre die Wirkung die gleiche, wenn überall im Segment GRETE S1 statt S, T1 statt T, usw. geschrieben würde. Hieraus folgt, daß genau so wie bei Parameterlisten nicht der Name die Übertragung von Zahlenwerten bewirkt, sondern die Stellung innerhalb der CØMMØN-Anweisung.

Beispiel: Jede der folgenden vier Anweisungen stehe in einem anderen Programmsegment.

    CØMMØN A,B,C,D,E,F
    CØMMØN A1,B1,C1,D1,E1,F1
    CØMMØN F,E,D,C,B,A
    CØMMØN ANTØN,BERTA,CAESAR,DØRA,EMIL,FRITZ

Dann bezeichnen A,A1,F und ANTØN alle den ersten Speicherplatz im CØMMØN-Bereich, B,B1,E und BERTA den zweiten, usw., wie in der folgenden Übersicht dargestellt ist.

Speicherplatz	1	2	3	4	5	6
CØMMØN	A	B	C	D	E	F
CØMMØN	A1	B1	C1	D1	E1	F1
CØMMØN	F	E	D	C	B	A
CØMMØN	ANTØN	BERTA	CAESAR	DØRA	EMIL	FRITZ
	\multicolumn{6}{Symbolische Namen}					

3.3. Die Abspeicherung von Daten und deren Übertragung

Tritt der Name eines Feldes in einer CØMMØN-Anweisung auf, so steht das betreffende Feld als Ganzes im CØMMØN-Bereich. Es kann dann auf drei verschiedene Weisen dimensioniert werden:

1. mit Hilfe einer DIMENSIØN-Anweisung:
   DIMENSIØN A(10),E(20,3,7)
   CØMMØN A,B,C,D,E,F
2. in einer expliziten Typdeklaration
   REAL A(10),E(20,3,7)
   CØMMØN A,B,C,D,E,F
3. in der CØMMØN-Anweisung
   CØMMØN A(10),B,C,D,E(20,3,7),F

Man beachte, daß z. B. A(10) in den obigen Anweisungen nicht das 10. Element des Feldes A symbolisiert, sondern angibt, daß das Feld A 10 Elemente hat, die alle im CØMMØN-Bereich stehen. Ein einzelnes Feldelement oder Teile eines Feldes können nicht im CØMMØN-Bereich stehen, ohne daß auch die restlichen Elemente des Feldes darin stehen.

Einen Fehler, der bei Anfängern häufig auftritt, zeigt folgendes Beispiel. Nehmen wir an, in einem Unterprogramm stehe die Anweisung

CØMMØN A(10),B,C,D,E(20,3,7),F

und in einem anderen

CØMMØN R(10),U,V,T(20,3,7),Z,F

so würde eine unerwünschte Zuordnung auftreten. Der Speicherplatz des ersten Elementes des Feldes T wäre mit dem Speicherplatz D identisch, und Z würde den letzten Speicherplatz des Feldes E symbolisieren. Wie bei Parameterlisten muß auch bei der CØMMØN-Anweisung genau auf die Reihenfolge und die Zahl der aufgeführten Variablen geachtet werden.

Die in Abs. 3.2.2.4. besprochenen halbdynamischen Felder dürfen nicht in einer CØMMØN-Anweisung vorkommen.

Variable in CØMMØN-Anweisungen, die den gleichen Speicherplatz im CØMMØN-Bereich bezeichnen, sollten vom gleichen Typ sein. Ist das nicht der Fall, können wegen der unterschiedlichen Größe des zugeordneten Speicherplatzes der verschiedenen Variablentypen falsche Zuordnungen auftreten.

Beispiel:
1. Unterprogramm: DØUBLE PRECISIØN A
                      CØMPLEX CØMP
                      CØMMØN A,B,CØMP,D
2. Unterprogramm: CØMPLEX CØMP
                      CØMMØN A,B,CØMP,D

Speicherplatz	1	2	3	4	5	6
1. Unterprogramm	←— A —→		B	←— COMP —→		D
2. Unterprogramm	A	B	←— COMP —→		D	

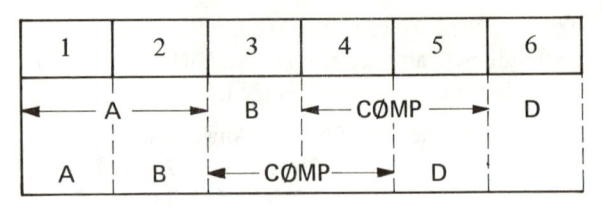

Diese Darstellung zeigt eine unerwünschte Übergabe von Zahlenwerten zwischen dem 1. und dem 2. Unterprogramm.

Der COMMON-Bereich kann in verschiedene Blöcke unterteilt werden, wenn man lange COMMON-Listen hat und in jedem Unterprogramm nur einen Teil der Liste benötigt. Gewöhnlich werden solche Größen in einem Block zusammengefaßt, die in den gleichen Segmenten auftreten oder die aufgrund der Aufgabenstellung inhaltlich in Zusammenhang stehen. Da jeder COMMON-Block einen Namen hat, kann der inhaltliche oder programmtechnische Zusammenhang der einzelnen Größen im Block durch seinen Namen verdeutlicht werden, was zur besseren Übersichtlichkeit des Programms beiträgt.

In dem Programm auf S. 122 treten die Größen A,B und C im Hauptprogramm und in den Unterprogrammen SIBYLE und SUB1 auf. Wir fassen diese Größen daher in einem COMMON-Block zusammen und geben ihm einen Namen, der sich aus den Namen der beteiligten Unterprogramme zusammensetzt:

COMMON/SIBSUB/A(10),B,C

Wird diese Anweisung in das Programm auf S. 123 eingesetzt, so entfallen die Größen A,B und C als Parameter in den Unterprogrammen SIBYLE und SUB1.

Das Programm hätte dann einen **benannten COMMON-Block**

COMMON/SIBSUB/A(10),B,C

und einen **unbenannten COMMON-Block**

COMMON S,T,U,G,H,EN,EG,V1,V2

Die COMMON-Anweisung hat die allgemeine Form

COMMON/$name_1$/$v_1,v_2,\ldots,v_n$/$name_2$/$u_1,u_2,\ldots,u_m$/$\ldots$/$name_i$/$\ldots$

wobei $name_1$, $name_2$ bis $name_i$ die Namen der COMMON-Blöcke und v_1 bis v_n, u_1 bis u_m, etc. die Namen von Variablen und Feldern repräsentieren. Ein Programm kann nur **einen** unbenannten COMMON-Block enthalten, der entweder durch

COMMON $v_1, v_2,\ldots,v_n$

oder

COMMON//$v_1,v_2,\ldots,v_n$

erklärt werden kann. Hinsichtlich der Zahl benannter COMMON-Blöcke gibt es keine Vorschrift in FORTRAN.

3.3. Die Abspeicherung von Daten und deren Übertragung

Der gleiche Blockname kann mehrfach in einer CØMMØN-Anweisung vorkommen.

Beispiel: CØMMØN A,B,C/X1/AN,AS/X2/UA,UB/ /A1,
1A2,A3/X1/EN,ES

Diese Anweisung bewirkt, daß die Variablen A,B,C,A1,A2 und A3 den ersten bis sechsten Speicherplatz im unbenannten CØMMØN-Block bezeichnen, die Variablen AN,AS,EN und ES den ersten bis vierten Speicherplatz im benannten CØMMØN-Block X1 bezeichnen, usw.

Blocknamen gelten im Gegensatz zu Variablennamen in allen Segmenten und müssen sich daher von allen im Programm benutzten symbolischen Namen unterscheiden. Der Name eines CØMMØN-Blocks wird nach den gleichen Regeln gebildet wie der einer Variablen.

3.3.2. Die Anweisung EQUIVALENCE

Die CØMMØN-Anweisung ermöglicht es, daß zwei oder mehr Variablennamen aus **verschiedenen** Programmsegmenten denselben Speicherplatz symbolisieren. Die nichtausführbare Anweisung

$$EQUIVALENCE\ (v_1, v_2, \ldots, v_n)$$

bewirkt, daß verschiedene Variablennamen oder Feldelemente — repräsentiert durch $v_1, v_2, \ldots, v_n$ — **desselben** Programmsegments denselben Speicherplatz symbolisieren. In einem Segment, das die Anweisung

EQUIVALENCE (WEG,GESCHW,BESCHL)

enthält, haben die Variablen WEG,GESCHW und BESCHL zu jedem Zeitpunkt der Programmausführung den gleichen Zahlenwert. Man mag sich nun fragen, wozu erst verschiedene Variablennamen einführen, wenn sie doch den gleichen Speicherplatz bezeichnen. Die Antwort darauf ist, daß Speicherplatz gespart werden und das Programm dennoch übersichtlich sein soll. Wird die Variable WEG nur am Anfang eines Segments, z. B. für die Eingabe, die Variable GESCHW nur in der Mitte und die Variable BESCHL nur am Ende eines Segments benötigt, so können sie alle drei denselben Speicherplatz belegen, und das Programm bleibt dennoch übersichtlich, da die Symbolik der Variablennamen erhalten bleibt.

Eine weitere Anwendung findet die Anweisung EQUIVALENCE, wenn in einem fertig kodierten Programm einer Größe versehentlich zwei verschiedene Namen, z. B. X1 und X, gegeben wurden. Der Fehler kann mit Hilfe der Anweisung

EQUIVALENCE (X1,X)

leicht behoben werden, ohne daß alle Anweisungen, in denen X1 bzw. X vorkommt, geändert werden müssen.

Die erweiterte Form der EQUIVALENCE-Anweisung ist:

EQUIVALENCE $(v_1, v_2, \ldots, v_n), (u_1, u_2, \ldots, u_m), \ldots$

wobei jeweils alle in einer Klammer stehenden Variablennamen und Feldelemente dem gleichen Speicherplatz zugeordnet werden. Die Anweisung

EQUIVALENCE (A,B,C),(X,X1),(Y,W,Z,R)

bewirkt, daß die Größen A,B und C einen Speicherplatz symbolisieren, X und X1 einen zweiten und die Größen Y,W,Z und R einen dritten.

Die EQUIVALENCE-Anweisung bringt bei einfachen Variablen nur eine geringfügige Einsparung von Speicherplatz. Wirksamer ist die Anweisung in dieser Hinsicht bei Feldern. Durch die Anweisung

EQUIVALENCE (A(1,1), B(1,1)),(X,X1)

werden den Feldelementen A(1,1) und B(1,1) einerseits und den Variablen X und X1 andererseits jeweils die gleichen Speicherplätze zugewiesen. Da die einzelnen Elemente eines Feldes in der in Abs. 2.4.2. beschriebenen Weise hintereinander und ohne Zwischenraum im Arbeitsspeicher stehen, hat die obige EQUIVALENCE-Anweisung zur Folge, daß auch die Feldelemente A(2,1) und B(2,1), A(3,1) und B(3,1), usw. jeweils die gleichen Speicherplätze symbolisieren.

Haben die beiden Felder A und B unterschiedliche Dimensionen, so ist bei der Benutzung der EQUIVALENCE-Anweisung Vorsicht geboten. Die Anweisungen

DIMENSIØN A(10,10), B(2,20)
EQUIVALENCE (A(4,5), B(1,1))

bewirken, daß folgende Elemente jeweils den gleichen Speicherplatz bezeichnen:

A(4,5) und B(1,1)
A(5,5) und B(2,1)
A(6,5) und B(1,2)
.
.
.
A(4,9) und B(2,20)

Die Feldelemente A(1,1) bis A(3,5) und A(5,9) bis A(10,10) sind mit keinem Element des Feldes B „äquivalent" gesetzt. Arbeitet man mit Feldern, die in einer EQUIVALENCE-Anweisung stehen, so ist es notwendig zu wissen, welche relative Stellung ein Feldelement zum ersten Element desselben Feldes hat. Hierüber geben die in der folgenden Tabelle angegebenen Beziehungen Aufschluß.

Felddimension	Kantenlänge des Feldes	Indizierung	relative Stellung zum ersten Element
1	(A)	(a)	a
2	(A,B)	(a,b)	$a + A \cdot (b-1)$
3	(A,B,C)	(a,b,c)	$a + A \cdot (b-1) + A \cdot B \cdot (c-1)$

3.3. Die Abspeicherung von Daten und deren Übertragung

Beispiel: Bei dem dreidimensionalen Feld X, dessen maximale Kantenlängen mit der Anweisung

$$\text{DIMENSIØN } X(10,5,8)$$

festgelegt sind, steht das Element X(7,4,5) an der Stelle

$$7 + 10(4-1) + 10 \cdot 5(5-1) = 237$$

relativ zum ersten Element.

Namen, die in einer EQUIVALENCE-Anweisung stehen, dürfen ebenfalls in einer CØMMØN-Anweisung vorkommen. Wir wollen den Anfänger im Programmieren jedoch vor der Benutzung dieser Kombination warnen. Das folgende Beispiel zeigt die Fehlerquellen, die dabei auftreten können.

In einem Programmsegment stehen die Anweisungen:

```
DIMENSIØN FELD1(5,12),FELD2(20,5)
CØMMØN/ALPHA/FELD1,A,B,C
EQUIVALENCE(FELD1(1,1),FELD2(1,1))
```

Ihre Wirkung ist in der folgenden Abbildung veranschaulicht.

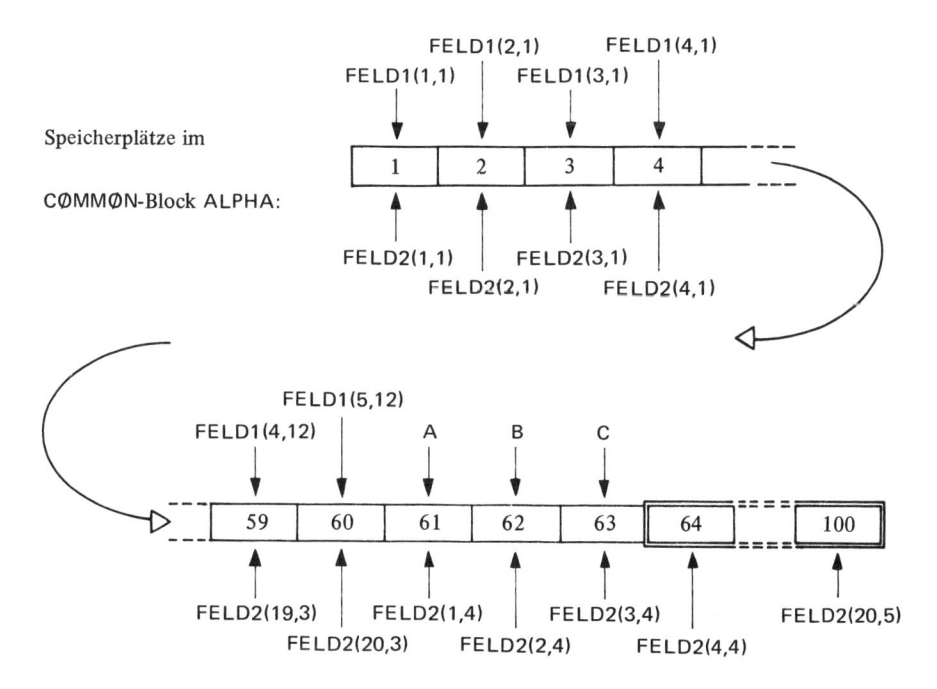

Abb. 3.5. Darstellung eines CØMMØN-Blocks, dessen Größen in einer EQUIVALENCE-Anweisung vorkommen

Obwohl in der CØMMØN-Anweisung nur FELD1,A,B und C aufgeführt sind, zeigt Abb. 3.5., daß auch FELD2 im CØMMØN-Block ALPHA steht. Dies ist nicht anders zu erwarten, wenn man berücksichtigt, daß die Anweisung EQUIVALENCE die Zuordnung von FELD1(1,1) und FELD2(1,1) zum gleichen Speicherplatz bewirkt. Da aber FELD1(1,1) im CØMMØN-Bereich steht, muß auch der Speicherplatz von FELD2(1,1) im CØMMØN-Bereich liegen.

Die Größen FELD1,A,B und C benötigen 63 Speicherplätze im CØMMØN-Bereich, FELD2 benötigt jedoch 100 Speicherplätze. Da außerdem ein Feld mit allen seinen Elementen im CØMMØN-Bereich stehen muß und nicht ein Teil der Elemente außerhalb und der andere Teil innerhalb des CØMMØN-Bereichs stehen darf, muß im obigen Beispiel der Block ALPHA um 37 Speicherplätze erweitert werden. Die 37 Speicherplätze sind in Abb. 3.5. eingerahmt. Die Erweiterung von CØMMØN-Blöcken wird vom Übersetzerprogramm im Bedarfsfall automatisch vorgenommen.

Eine Erweiterung von CØMMØN-Blöcken ist in FORTRAN nur über ihr Ende hinaus möglich. Das folgende Beispiel zeigt eine unzulässige Kombination der CØMMØN- und EQUIVALENCE-Anweisung, da durch sie eine Erweiterung des CØMMØN-Blocks über seinen Anfang hinaus erforderlich wäre.

```
DIMENSIØN FELD1(5,12),FELD2(20,5)
CØMMØN/BLØCK1/FELD1,A,B,C
EQUIVALENCE(FELD1(1,1),FELD2(2,2))
```

Da CØMMØN-Blöcke in allen Segmenten, in denen sie aufgeführt sind, die gleiche Länge haben müssen, ist es notwendig, eine EQUIVALENCE-Anweisung, die die Verlängerung eines CØMMØN-Blocks verursacht, in allen Segmenten aufzuführen, wo der betreffende CØMMØN-Block vorkommt.

Zwei oder mehr Größen, die im CØMMØN-Bereich stehen (dabei ist es gleichgültig, ob sie im gleichen oder in zwei verschiedenen Blöcken stehen), dürfen nicht mittels einer EQUIVALENCE-Anweisung dem gleichen Speicherplatz zugewiesen werden. Folgende Anweisungen dürfen daher nicht in einem Programmsegment zusammen vorkommen:

```
CØMMØN WEG,GESCHW,BESCHL
EQUIVALENCE (WEG,BESCHL)
```

3.3.3. Die Zuweisung von Anfangswerten mittels der Anweisung DATA

Normalerweise werden bestimmten Variablen eines Programms Anfangswerte mittels der READ-Anweisung zugewiesen, die es gestattet, bei jeder Ausführung des Programms unterschiedliche Zahlenwerte zuzuweisen. Handelt es sich bei den Eingabewerten um Konstanten (z. B. Tabellen physikalischer Werte), die bei

3.3. Die Abspeicherung von Daten und deren Übertragung

allen Durchrechnungen des Programms gleich sind, kann statt der READ-Anweisung die DATA-Anweisung verwendet werden.

In einem Programmsegment, in dem häufig die Zahlen $\pi=3{,}14159265$ und $e=2{,}71828183$ vorkommen, könnte den Variablen PI und E mittels der Anweisung

    DATA PI,E/3.14159265,2.71828183/

der entsprechende Zahlenwert zugewiesen werden. Da die Namen PI und E nur innerhalb eines Segments einen bestimmten Speicherplatz symbolisieren, hat die obige DATA-Anweisung ebenfalls nur innerhalb des Segments Wirkung, in dem sie aufgeführt ist. Stehen PI und E jedoch als aktuelle Parameter im Aufruf eines Unterprogramms, so wird der ihnen durch die DATA-Anweisung zugewiesene Wert natürlich an das Unterprogramm übergeben.

Die allgemeine Form der DATA-Anweisung ist

    DATA $v_1,v_2,\ldots,v_n/a_1,a_2,\ldots,a_n/,u_1,u_2,\ldots,u_m/b_1,b_2,\ldots,b_m/,\ldots$

wobei v_1 bis v_n Variablennamen oder Feldelemente repräsentieren, denen die Konstanten a_1 bis a_n zugewiesen werden. Die a_1 bis a_n, b_1 bis b_m, usw. können im Standard-FORTRAN numerische, boolesche oder Textkonstanten sein.

Die DATA-Anweisung ähnelt in ihrer Wirkung der Wertzuweisung einer Konstanten. Hat man z. B. in einem Segment die Anweisung

    DATA A,B(3),C,D/4.5,0.0,1.0,0.0/,A1,B(2)/0.0,1.0/

so erreicht man damit folgendes:

    A=4.5
    B(3)=0.0
    C=1.0
    D=0.0
    A1=0.0
    B(2)=1.0

Dabei ist jedoch zu beachten, daß die DATA-Anweisung zu den nichtausführbaren Anweisungen gehört. Das bedeutet, daß die Zuweisung der Anfangswerte an die Variablen während der Übersetzung vorgenommen wird. Diese Anfangswerte behalten die entsprechenden Variablen während der Ausführung des Programms bis zu dem Zeitpunkt, an dem ihnen durch eine Wertzuweisung ein neuer Zahlenwert zugewiesen wird. Die DATA-Anweisung hat dann keine Wirkung mehr auf das Programm. Enthält z.B. ein Unterprogramm eine DATA-Anweisung und werden die Zahlenwerte der darin enthaltenen Variablen in dem Unterprogramm verändert, so stehen die Zahlenwerte aus der DATA-Anweisung nur beim ersten Aufruf des Unterprogramms zur Verfügung, in allen weiteren Aufrufen jedoch nicht.

Die in einer DATA-Anweisung auftretenden Konstanten müssen in Typ, Anzahl und Reihenfolge mit den aufgeführten Variablen übereinstimmen, d. h. für jede Variable bzw. jedes Feldelement muß eine Konstante des gleichen Typs aufgeführt sein. Die Variablen in einer DATA-Anweisung dürfen keine formalen Parameter von FUNCTIØN- oder SUBRØUTINE-Unterprogrammen sein.

Einige FORTRAN-Compiler bieten die Möglichkeit, bei der Zuweisung von Zahlenwerten für Felder in der DATA-Anweisung eine verkürzte Schreibweise zu verwenden. Im Standard-FORTRAN ist diese Möglichkeit jedoch nicht gegeben. Sollen z. B. den zehn ersten Elementen eines Feldes A(I) Zahlenwerte zugewiesen werden, so schreibt man

> DATA (A(I),I=1,10)/5.0,3.7,6*1.0,0.0,0.0/

Es ist nicht nötig, alle Elemente A(1),A(2),..., A(10) einzeln aufzuführen. Diese verkürzte Schreibweise nennt man die **DØ-implizite Liste,** die in ähnlicher Weise wie die DØ-Anweisung (s. Abs. 3.1.3.) abgearbeitet wird, so daß mit dieser DATA-Anweisung A(1)=5.0,A(2)=3.7,A(3) bis A(8)=1.0,A(9)=0.0 und A(10)=0.0 gesetzt wird. Die Liste der Konstanten zeigt in der obigen Anweisung ebenfalls eine mögliche Abkürzung in der Schreibweise. Soll die Konstante a i-mal hintereinander zugewiesen werden, so kann in der DATA-Anweisung i*a geschrieben werden, und die Konstante a braucht nicht i-mal aufgeführt zu werden.[11]

Mehrdimensionalen Feldern können ebenfalls in verkürzter Form Zahlenwerte zugewiesen werden. Die folgende Anweisung ist hierfür ein Beispiel:

> DATA(((A(I,J,K),I=1,2),J=1,2),K=1,5)/20*1.0/

Die Indices von A ändern sich hierbei in gleicher Weise wie bei einer dreifach geschachtelten DØ-Schleife, so daß den Feldelementen in folgender Reihenfolge Anfangswerte zugewiesen werden: A(1,1,1),A(2,1,1),A(1,2,1),A(2,2,1),A(1,1,2), A(2,1,2),A(1,2,2),A(2,2,2),A(1,1,3),A(2,1,3), usw.

Namen, die in einer DATA-Anweisung vorkommen, dürfen nicht in einer CØMMØN-Anweisung stehen. Oft will man jedoch gerade Variablen, die im CØMMØN-Bereich stehen, Anfangswerte zuweisen, um z. B. den Zahlenwert von π oder e im gesamten Programm zur Verfügung zu haben. Dies ermöglicht das BLØCK DATA-Segment, das durch die Anweisung

> BLØCK DATA

begonnen und mit der Anweisung END abgeschlossen wird. Es wird von keinem Segment aufgerufen und dient nur der Zuweisung von Anfangswerten an Variablen, Felder oder Feldelemente, die in einem benannten CØMMØN-Block stehen.

---

[11] Der Wiederholungsfaktor bei Konstanten in einer DATA-Anweisung ist auch im Standard-FORTRAN vorgesehen.

3.3. Die Abspeicherung von Daten und deren Übertragung

Größen, die im unbenannten CØMMØN-Bereich stehen, können in FORTRAN keine Anfangswerte zugewiesen werden, also weder durch eine DATA-Anweisung noch durch ein BLØCK DATA-Segment.

Zur Erläuterung des BLØCK DATA-Segments sollen einigen der in der Anweisung
    CØMMØN A,B,C/KØNSTA/PI,E,GRAVIT/FELDER/MATRIX,
    1VEKTØR,FELD1
stehenden Größen Anfangswerte zugewiesen werden. Da A,B und C im unbenannten CØMMØN-Bereich stehen, können diesen Variablen Anfangswerte nur mittels einer Wertzuweisung in einem Programmsegment zugewiesen werden. Die Variablen PI,E,GRAVIT, die Diagonalelemente des Feldes MATRIX und alle Elemente des Feldes VEKTØR sollen Anfangswerte erhalten.

```
      BLØCK DATA
      REAL MATRIX
      DIMENSIØN MATRIX(10,10),VEKTØR(2,3),FELD1(4,4)
      CØMMØN/KØNSTA/PI,E,GRAVIT
      CØMMØN/FELDER/MATRIX,VEKTØR,FELD1
      DATA PI,E,GRAVIT/3.14159265,2.71828183,9.80665/,
     1(MATRIX(I,I),I=1,10),((VEKTØR(I,J),J=1,3),I=1,2)/10*0.0,1.0,
     21.0,1.0,5.5,4.3,7.2/
      END
```

In diesem Beispiel werden mittels der DATA-Anweisung die Diagonalelemente der quadratischen Matrix null gesetzt, und dem Feld VEKTØR werden die Komponenten zweier räumlicher Vektoren zugewiesen.

In den in einem BLØCK DATA-Segment aufgeführten benannten CØMMØN-Blöcken müssen **alle** zu den betreffenden Blöcken gehörenden Variablen und Felder (diese in ihrer ganzen Länge) aufgeführt werden, auch wenn nicht allen dieser Größen in einer DATA-Anweisung Zahlenwerte zugewiesen werden. FELD 1 des obigen BLØCK DATA-Segments ist hierfür ein Beispiel.

Ein BLØCK DATA-Segment darf nur die folgenden nichtausführbaren Anweisungen enthalten:
    BLØCK DATA
    Explizite Typenvereinbarungen
    DIMENSIØN
    CØMMØN
    EQUIVALENCE
    DATA
    END

Die aufgeführte Reihenfolge entspricht der, wie sie in einem FORTRAN-Programm erforderlich ist.

3.3.4. Reihenfolge der Anweisungen in einem Programmsegment

In diesem Abschnitt geben wir eine Zusammenfassung der Regeln über die notwendige Reihenfolge der Anweisungen in einem Programmsegment. Obwohl die Vorschriften hierüber bei den verschiedenen FORTRAN-Compilern variieren, wird die folgende Reihenfolge von allen existierenden Compilern „akzeptiert".

KOPF
- 1. Kennzeichnung des Segments (SUBROUTINE, FUNCTION, etc.)
- 2. Explizite Typenvereinbarungen (REAL, COMPLEX, etc.)
- 3. DIMENSION
- 4. COMMON
- 5. EQUIVALENCE
- 6. DATA
- 7. Anweisungsfunktionen
- (8. EXTERNAL)
- (9. FORMAT)

RUMPF
- 10. Alle ausführbaren Anweisungen
- 11. END

Wir empfehlen, diese Reihenfolge bei allen Programmsegmenten einzuhalten. Die einzelnen nichtausführbaren Anweisungen im Kopf eines Programmsegments sind natürlich Optionen und brauchen nur bei Bedarf aufgeführt zu werden.

Die Anweisungen EXTERNAL und FORMAT sind in der obigen Aufstellung in Klammern gesetzt, da sie auch im Rumpf des Programmsegments auftreten dürfen. Bei der Anweisung EXTERNAL ist jedoch darauf zu achten, daß sie vor dem Unterprogrammaufruf steht, in dem ein anderes Unterprogramm als aktueller Parameter auftritt.

3.3.5. Beispiele – Übungen

A) Beispiele

1. Man schreibe ein FUNCTION-Unterprogramm, das die Bilanz einer Firma ermittelt. In einem eindimensionalen Feld GELD stehen die Einnahmen (positive Zahlen) und die Ausgaben (negative Zahlen), die für 1000 verschiedene Posten bei der Firma im Laufe eines Jahres angelaufen sind. In einem weiteren Feld ZAHL steht für jeden Posten eine Zahlenangabe, wie häufig im Laufe des Jahres eine Einnahme oder Ausgabe entstanden ist. Die Geldsumme, die z.B. für Posten 1 im ganzen Jahr entstanden ist, ist dann das Produkt GELD(1)*ZAHL(1).

   Im FUNCTION-Unterprogramm BILANZ soll die Summe der Einnahmen, die Summe der Ausgaben und die Bilanz über alle Posten bestimmt werden. Die Datenübergabe von BILANZ zum übergeordneten Segment soll mittels COMMON-Bereich geschehen.

3.3. Die Abspeicherung von Daten und deren Übertragung

Lösung:

```
      FUNCTIØN BILANZ (EINNA, AUSGAB)
      CØMMØN GELD(1000), ZAHL(1000)
      EINNA=0.
      AUSGAB=0.
      DØ10 I=1, 1000
      ZW=GELD(I)*ZAHL(I)
      IF(ZW)8,10,9
    8 AUSGAB=AUSGAB+ZW
      GØTØ 10
    9 EINNA=EINNA+ZW
   10 CØNTINUE
      BILANZ=EINNA+AUSGAB
      RETURN
      END
```

Anmerkung: Die Ergebnisse BILANZ, EINNA und AUSGAB werden nicht im CØMMØN-Bereich übertragen, da ein FUNCTIØN-Unterprogramm mindestens einen formalen Parameter haben muß.

2. Man schreibe das 3. Beispiel aus Abs. 3.2.6. so um, daß die Übergabe der Zahlenwerte zwischen Hauptprogramm und Unterprogramm RUNKUT nicht mittels der Parameterliste, sondern mit der CØMMØN-Anweisung geschieht.

Lösung: Das Hauptprogramm und die ersten Anweisungen des Unterprogramms sind zum Vergleich im folgenden für beide Fälle der Datenübergabe angegeben:

Übergabe mittels CØMMØN

```
    C HAUPTPRØGRAMM
      CØMMØN X0,Y0,XE,H
      EXTERNAL FUNKT
      READ(1,10)X0,Y0,XE,H
   10 FØRMAT(3F10.0,F6.0)
      CALL RUNKUT(FUNKT)
      PAUSE
      END

      SUBRØUTINE RUNKUT(FUNKT)
      REAL K1,K2,K3,K4
      CØMMØN X,Y,XE,H
    1 WRITE(2,20)X,Y
      .
      .
      END
```

Übergabe mittels Parameterliste

```
    C HAUPTPRØGRAMM
      EXTERNAL FUNKT
      READ(1,10)X0,Y0,XE,H
   10 FØRMAT(3F10.0,F6.0)
      CALL RUNKUT(X0,Y0,XE,H,FUNKT)
      PAUSE
      END
```

```
      SUBROUTINE RUNKUT(X,Y,XE,H,FUNKT)
      REAL K1,K2,K3,K4
    1 WRITE(2,20)X,Y
      .
      .
      .
      END
```

Man beachte, daß bei Benutzung der COMMON-Anweisung der Funktionsname FUNKT als Parameter beibehalten werden muß. Eine Übertragung von Programmsegmenten mittels der COMMON-Anweisung ist nicht möglich.

3. Man schreibe die notwendigen COMMON-, DIMENSION- und EQUIVALENCE-Anweisungen für ein Hauptprogramm und zwei SUBROUTINE-Unterprogramme, die folgende Wirkung haben sollen:

   a) Hauptprogramm: A,B,C und das lineare Feld D mit 30 Elementen stehen im unbenannten COMMON-Bereich. Das Feld E mit 80 Elementen (20×4) steht im benannten COMMON-BLOCK1. Seine letzten 20 Elemente belegen die gleichen Speicherplätze wie ein eindimensionales Feld X mit 20 Elementen.

   b) Unterprogramm SUB1: Die Variablen ALPHA,BETA und GAMA sollen dieselben Speicherplätze wie A,B, und C vom Hauptprogramm einnehmen. Ein zweidimensionales Feld Y mit 12 Elementen (6×2) belegt die letzten 12 Speicherplätze im unbenannten COMMON-Block und ein dreidimensionales Feld MATRIX vom Typ REAL mit 80 Elementen (5×4×4) steht im COMMON-BLOCK1.

   c) Unterprogramm SUB2: ALPHA,BETA und GAMA stehen auf Speicherplatz 1 bis 3 im unbenannten COMMON-Bereich, das zweidimensionale Feld DATEN (6×2) in den letzten 12 Speicherplätzen des unbenannten COMMON-Bereichs und das zweidimensionale Feld E mit 80 Elementen (20×4) im COMMON-BLOCK1, dessen letzte 40 Elemente außerdem vom dreidimensionalen Feld ENERGI (10×2×2) besetzt sind. Ferner befinde sich ein eindimensionales Feld X mit 20 Elementen auf den letzten 20 Speicherplätzen des unbenannten COMMON-Bereiches.

Lösung:

```
C HAUPTPROGRAMM
      DIMENSION D(30),E(20,4),X(20)
      COMMON A,B,C,D
      COMMON/BLOCK1/E
      EQUIVALENCE(E(1,4),X(1))
      .
      .
      CALL SUB1
      .
      .
      CALL SUB2
      .
      .
      END
      SUBROUTINE SUB1
      REAL MATRIX
      DIMENSION Y(6,2),DUMMY(18),MATRIX(5,4,4)
      COMMON/BLOCK1/MATRIX//ALPHA,BETA,GAMA,DUMMY,Y
      .
      .
      END
```

3.3. Die Abspeicherung von Daten und deren Übertragung

```
SUBRØUTINE SUB2
DIMENSIØN DATEN(6,2),E(20,4),X(20),DUMMY(18),ENERGI(10,2,2)
CØMMØN ALPHA,BETA,GAMA,DUMMY,DATEN/BLØCK1/E
EQUIVALENCE(E(1,3),ENERGI(1,1,1))
.
.
.
END
```

Anmerkung: Das Feld DUMMY in den Unterprogrammen stellt sicher, daß das Feld Y bzw. DATEN auch wirklich die letzten 12 Speicherplätze im unbenannten CØMMØN-Bereich belegen.

B) Übungen (Lösungen auf S. 205)

1. Mache die notwendigen Änderungen im Programm zur Lösung der transzendenten Gleichung auf S. 104, um die Zahlenwerte zwischen den Segmenten nicht mittels der Parameterliste, sondern mittels einer CØMMØN-Anweisung zu übergeben.

2. a) Welche Wirkung hat die DATA-Anweisung?
   b) Wie können Größen, die im CØMMØN-Bereich stehen, mittels einer DATA-Anweisung Werte zugewiesen werden?
   c) Wodurch unterscheidet sich die Wirkung der EQUIVALENCE-Anweisung von der der CØMMØN-Anweisung?

3. Für das Beispiel 3 des vorangehenden Abschnitts A) stelle man den unbenannten CØMMØN-Bereich und den benannten CØMMØN-BLØCK1 bildlich dar und bestimme die relative Speicherplatzstellung der ersten Elemente aller vorkommenden Felder.

4. Man suche die Fehler im folgenden Programmsegment:

```
      REAL FUNCTIØN ALPHA(A,B,C,D)
      CØMMØN A(M),D(M)
      DIMENSIØN B(10),
      DATA(A(I),I=1,M)/5.0*0.0/
      S=0.
      DØ 10 I=1,M
      A(I)=B(I)*D(I)/C
      EQUIVALENCE (A(5),B(10))
   10 S=S+A(I)
      RETURN
      END
```

4. Die Ein- und Ausgabe von Daten

In diesem Kapitel geben wir eine ausführliche Darstellung der Möglichkeiten, die FORTRAN für die Ein- und Ausgabe bietet. Die in Abs. 2.5. angegebenen Programmiertechniken werden nun durch weitere Feldspezifikationen und effektivere Ein- bzw. Ausgabeanweisungen erweitert und verallgemeinert.

4.1. Datensatz und Datenfeld

Unter Ein- und Ausgabe von Daten versteht man die Übertragung dieser Daten von einem peripheren Gerät in den zentralen Arbeitsspeicher (Eingabe) und umgekehrt (Ausgabe).

Die kleinste Datenmenge, die übertragen werden kann, ist ein **Datensatz** (engl. record). Die Menge von Daten, die ein Datensatz enthalten kann, hängt u. a. von dem an der Übertragung beteiligten peripheren Gerät ab. Bei der Lochkarte z. B. ist die Gesamtheit der auf einer Karte abgelochten Daten ein Datensatz, da der Kartenleser immer eine Karte als Ganzes liest (d. h. es wird beim Lesevorgang immer eine Karte ganz und nicht teilweise unter dem Lesekopf vorbeigeführt). Beim Zeilendrucker entspricht eine Zeile auf dem Papier einem Datensatz, wobei sich seine Länge nach der zur Verfügung stehenden Papierbreite richtet. Übliche Längen sind 80, 120, 132 oder 160 Druckpositionen. Bei peripheren Geräten, bei denen die Daten in einer Reihe hintereinander stehen (Lochstreifen, Magnetband), wird ein Datensatz durch besondere Markierungszeichen begrenzt.

Ein Datensatz muß nicht unbedingt Daten enthalten. Es können z. B. auf dem Zeilendrucker Leerzeilen ausgegeben werden. Man spricht dann von leeren Datensätzen.

In der Regel setzt sich jedoch ein Datensatz aus einem oder mehreren **Datenfeldern** zusammen.

Das Datenfeld enthält jeweils ein Datum[12], das ist z. B. eine Zahl, eine Buchstabenfolge oder auch Leerstellen. Es ist einem Variablennamen in einer Ein- bzw. Ausgabeliste zugeordnet und wird durch eine Feldspezifikation beschrieben, die Auskunft über die externe Form des Datums (Stellenzahl, Typ und Schreibweise) gibt.

Beispiel:

WRITE(2,15)X1,X2,Y1,Y2,Z
15 FØRMAT(1H_,5F10.3)

---

[12] Unter Datum verstehen wir hier die Einzahl von Daten

4.1. Datensatz und Datenfeld

Symbolisiert die 2 den Zeilendrucker, so wird ein Datensatz, das ist alles, was in einer Zeile auf dem Druckpapier stehen soll, ausgegeben. Dieser Datensatz ist in fünf Datenfelder mit der Feldbreite 10 unterteilt.

Die Feldspezifikation ist in diesem Fall F10.3. Sie weist den im Arbeitsspeicher als Bitmuster vorliegenden Werten von X1,X2,Y1,Y2 und Z jeweils ein äußeres Datenfeld mit einer Feldbreite von 10 Stellen zu. F ist der **Konversionskode**, der folgende Funktion hat:

1. er kennzeichnet den Typ der zugehörigen Variablen
2. er gibt an, in welche äußere Form das Bitmuster umgewandelt werden soll (Ausgabe) bzw. welche äußere Form die Zahlenwerte haben, die in ein Bitmuster umgewandelt werden sollen (Eingabe).

Die Feldspezifikation kann für Variable vom Typ REAL, DØUBLE PRECISIØN und CØMPLEX eine weitere Information enthalten. Und zwar kann angegeben werden, ob der zugehörige Zahlenwert bei der Übertragung mit einer Potenz von 10 multipliziert werden soll. Die Feldspezifikation enthält dann einen **Maßstabsfaktor**.

Von dieser Möglichkeit wird vor allem Gebrauch gemacht, wenn die externen Zahlen andere Maßeinheiten haben sollen als die internen. Der Maßstabsfaktor nP veranlaßt die Multiplikation der externen Zahl mit der $n$ten Potenz von 10. Hierbei kann n eine positive oder negative INTEGER-Konstante sein.

Beispiel: Den internen Zahlenwerten eines Programms möge die Einheit m (Meter) zugrunde liegen. Sollen die externen Zahlen die Einheit km (Kilometer) haben, so müßten die internen Zahlen bei der Ausgabe mit 10^{-3} multipliziert werden. Das erreicht man, wenn die zugehörige F-Spezifikation mit -3P beginnt, z. B. -3P3Γ20.6

Die Wirkung des Maßstabsfaktors ist bei der Eingabe und bei der Ausgabe verschieden. Bei der **Eingabe** werden die **externen** Zahlen durch 10^n **dividiert**, und bei der **Ausgabe** werden die **internen** Zahlen mit 10^n **multipliziert**.

Beispiel:

Feldspezifikation	externe Darstellung Eingabe	interner Wert	externe Darstellung Ausgabe
3PF10.4	_36.8472__	0.0368472	___36.8472
-2PF8.4	12.63___	1263.0	_12.6300

Bei der Verwendung des Maßstabsfaktors ist Vorsicht geboten, da er bei den Konversionskodes E, D und G (s. Tab. 4.1. und Abs. 4.2.1.) zum Teil eine andere Wirkung hat als oben erläutert wurde.

Wird der Maßstabsfaktor in einer FØRMAT-Anweisung einmal angewendet, d. h. ist in einer Feldspezifikation $n \neq 0$, so wird er auch auf alle folgenden Feldspezifikationen angewendet (in denen er auftreten kann), so lange kein neues n auftritt. Der Normalzustand kann durch 0P wiederhergestellt werden.

Beispiel: READ(1,10) ALPHA,BETA,GAMMA,DELTA
10 FØRMAT(3PF10.0,2F8.0,0PF5.2)

Stehen auf einer Lochkarte die Zahlenwerte

```
     10.303  2115.8   0.33    10.0
```

so wird: ALPHA = 0.010303
BETA = 2.1158
GAMMA = 0.00033
DELTA = 10.0

4.2. Feldspezifikationen für Datenfelder

Die im Standard-FORTRAN zur Verfügung stehenden Feldspezifikationen sind in Tab. 4.1. zusammengestellt. Der Anfänger möge diese Tabelle zunächst überschlagen und sich auf den folgenden Seiten mit der Anwendung der Feldspezifikationen im einzelnen vertraut machen.

4.2.1. Feldspezifikationen für Zahlen

4.2.1.1. INTEGER-*Zahlen*

Die Feldspezifikation für INTEGER-Zahlen kennen wir bereits aus Abs. 2.5. Sie wird mit dem I-Konversionskode in der Form

Iw oder rIw r = Wiederholungsfaktor
                   w = Feldbreite, Stellenzahl

benutzt.

4.2. Feldspezifikationen für Datenfelder

Eingabe

Bei der Eingabe werden *w* Zeichen gelesen (z. B. von einer Lochkarte), als INTEGER-Zahl interpretiert und der entsprechenden Variablen in der READ-Anweisung zugewiesen. Leerstellen werden als Nullen interpretiert, d. h. INTEGER-Zahlen müssen rechtsbündig gelocht werden, damit sie nicht durch folgende Leerstellen verändert werden.

Ist die Stellenzahl der externen Zahl größer als die Feldbreite der zugehörigen Feldspezifikation, so werden nur diejenigen Ziffern zur Kenntnis genommen, die innerhalb des Feldes stehen (vgl. dritte Zeile in den folgenden Beispielen).

Beispiele für die Eingabe von INTEGER-Zahlen

Feldspezifikation	Externe Darstellung	Interner Zahlenwert
I3	_ _ 3	3
I3	5 _ _	500
I3	_ - 10	-1
I3	_ _ _	0
I3	_ + 3	3
2I3	3 _ 5 _ 0 3	305, 3

Ausgabe

INTEGER-Zahlen werden rechtsbündig ausgegeben, wobei linksbündig Leerstellen erscheinen, wenn die Anzahl der Ziffern (und ein auszugebendes Vorzeichen) kleiner ist als die Feldbreite. Positive Zahlen werden ohne, negative mit Vorzeichen ausgegeben. Ist die interne Stellenzahl größer als die Feldbreite der zugehörigen Feldspezifikation, so wird vom Rechenautomaten ein Fehler gemeldet.

Beispiele für die Ausgabe von INTEGER-Zahlen

Feldspezifikation	Interner Zahlenwert	Externe Darstellung
I5	342	_ _ 342
I5	-6410	- 6410
I5	183056	Fehlermeldung

4.2.1.2. REAL-Zahlen

REAL-Zahlen können in verschiedenen Formen geschrieben und übertragen werden. Für die unterschiedlichen Schreibweisen (vgl. Abs. 2.1.) stehen in FORTRAN drei Konversionskodes zur Verfügung. Es sind dies der E-, der F- und der G-Konversionskode, so daß man folgende Feldspezifikationen hat

E$w.d$ F$w.d$ G$w.d$
rE$w.d$ rF$w.d$ rG$w.d$
nPrE$w.d$ nPrF$w.d$ nPrG$w.d$
nPE$w.d$ nPF$w.d$ nPG$w.d$

nP = Maßstabsfaktor
r = Wiederholungsfaktor
w = Feldbreite
d = Anzahl der Stellen hinter dem Komma
    (beim G-Konversionskode gibt d die Zahl der signifikanten Stellen an)

Eingabe

Bei der Eingabe wirken alle drei Konversionskodes gleich. Bei allen werden lediglich die innerhalb der Feldbreite stehenden Ziffern zur Kenntnis genommen.

Enthält die externe Zahl einen Dezimalpunkt, so ist er für den internen Zahlenwert maßgebend. Nur wenn die externe Zahl keinen Dezimalpunkt enthält, wird er an der Stelle vorausgesetzt, die in der Feldspezifikation angegeben ist (vgl. 3. und 4. Zeile der folgenden Beispiele).

Der Exponent kann in mehreren Formen geschrieben werden, wobei sowohl das D wie das E zur Kennzeichnung benutzt werden können, diese können auch fehlen (vgl. 6. Zeile der folgenden Beispiele). Er darf inklusive Vorzeichen und E bzw. D höchstens aus vier signifikanten Zeichen bestehen, wobei Leerstellen zu vermeiden sind, da sie von verschiedenen Rechenanlagen unterschiedlich interpretiert werden. So kann z.B. die Schreibweise E + 3_ auf der einen Anlage als 10^3 und auf einer anderen als 10^{30} gedeutet werden. Endet der Exponent am Ende eines Datenfeldes, so ist die Interpretation eindeutig.

Der Maßstabsfaktor ist unwirksam, wenn ein Exponent geschrieben wird (vgl. 13. bis 15. Zeile der folgenden Beispiele).

Der Leser möge die nachfolgenden Beispiele sorgfältig studieren, um sich über die verschiedenen Eingabemöglichkeiten von REAL-Zahlen Klarheit zu verschaffen.

4.2. Feldspezifikationen für Datenfelder

Beispiele für die Eingabe von REAL-Zahlen

Feldspezifikation	externe Darstellung	interner Zahlenwert
F 7.2 E 7.2 G 7.2 D 7.2	__125.3 125.3__ __1_22_ _-22E02 -22.E02 __182-3 1234567 -77D+04 _____ __122E02 _54126833	125.3 125.3 102.2 -22.0 -2200.0 0.00182 12345.67 -7700.0 0.0 1.22 5412.68
3PE 7.2	1234567 __-22+3 __182-3 22.3E-1	12.34567 -220.0 0.00182 2.23
-2PF 7.2	__12___ __2.511 1234567	12000.0 251.1 1234567.0

Ausgabe

Der **E-Konversionskode** wird bei der Ausgabe angewendet, wenn alle Zahlen unabhängig von ihrer Größe mit der gleichen Stellenzahl ausgegeben werden sollen.

Die Zahlen werden halblogarithmisch mit normalisierter Mantisse und Exponent ausgegeben. Ein Vorzeichen erscheint nur vor negativen Zahlen. Die Mantisse wird auf die in der Feldspezifikation angegebene Stellenzahl **gerundet**.

Die Feldbreite w wird linksbündig mit Leerstellen aufgefüllt, wenn sie größer als die benötigte Zahl der Zeichen ist, die sich zusammensetzt aus den d gewünschten Stellen hinter dem Dezimalpunkt und sieben weiteren Zeichen (vier für den Exponenten, zwei für den Dezimalpunkt und die vorangestellte Null und eventuell eins für das Vorzeichen).

Der Maßstabsfaktor verändert beim E-Konversionskode den Wert der REAL-Zahl nicht. Er multipliziert die Mantisse mit 10^n und subtrahiert n vom Exponenten.

Beispiele für die Ausgabe von REAL-Zahlen im E-Kode

Feldspezifikation	interner Zahlenwert	externe Darstellung
E14.5	+13245768.0	___0.13246E_08
E14.5	-0.006	__-0.60000E-02
2PE14.5	+13245768.0	___13.2458E_06[13]

Der **F-Konversionskode** wird bei der Ausgabe angewendet, wenn die externe Zahl keinen Exponenten haben soll, d. h. der Dezimalpunkt an der „richtigen" Stelle stehen soll. Ein typisches Anwendungsbeispiel wäre eine vom Rechenautomaten erstellte Firmenbilanz, in der die einzelnen Posten in DM-Beträgen erscheinen sollen. Die Ausgabe im F-Konversionskode ist sehr übersichtlich, da sich die Größe einer Zahl in der Anzahl der Stellen vor dem Dezimalpunkt ausdrückt.

Beispiele für die Ausgabe von REAL-Zahlen im F-Kode

Feldspezifikation	interner Zahlenwert	externe Darstellung
F7.2	125.3	_125.30
F7.2	-0.004	__-0.00
F12.3	5412.6835	____5412.684
F7.2	63921.390	Fehlermeldung
3PF12.3	5412.6835	_5412683.500

Der **G-Konversionskode** wird bei der Ausgabe angewendet, wenn man Zahlen im F-Konversionskode ausgeben möchte, jedoch vermeiden will, daß bei internen Zahlen, die zu groß sind, Fehlermeldungen und bei solchen, die zu klein sind, Nullen ausgegeben werden. Er kombiniert die Vorteile des F- und E-Kodes. Bei seiner Anwendung ist jedoch Vorsicht geboten, wie sich anhand der folgenden Beispiele zeigt. Im Unterschied zum F-Kode bezeichnet in der Feldspezifikation das *d* nicht die Stellenzahl hinter dem Dezimalpunkt, sondern die Zahl der signifikanten Stellen.

---

[13] Bei der E-Spezifikation erscheint bei positivem Maßstabsfaktor eine zusätzliche signifikante Stelle

4.2. Feldspezifikationen für Datenfelder

Beispiele für die Ausgabe von REAL-Zahlen im G-Kode

Feld-spezifikation	interner Zahlenwert	äquivalente Feldspezifikation	externe Darstellung
G12.5	0.58742	F8.5,4X	⎵0.58742⎵⎵⎵⎵
G12.5	8.67546	F8.4,4X	⎵⎵8.6755⎵⎵⎵⎵
G12.5	1997.621	F8.1,4X	⎵⎵1997.6⎵⎵⎵⎵
G12.5	65268.372	F8.0,4X	⎵⎵65268.⎵⎵⎵⎵
G12.5	-268578.6	E12.5	-0.26858E⎵06
G12.5	0.0008264	E12.5	⎵0.82640E-03
2PG12.5	0.58742	F8.5,4X	⎵0.58742⎵⎵⎵⎵
2PG12.5	0.0008264	2PE12.5	⎵82.6400E-05

Die äquivalente Feldspezifikation kann mit den Angaben in Tabelle 4.2. bestimmt werden.

Größe des internen Zahlenwertes Z	äquivalente Feldspezifikation
$10^{-1} \leq Z < 10^0$	F(w-4).(d-0), 4X
$1 \leq Z < 10^1$	F(w-4).(d-1), 4X
$10 \leq Z < 10^2$	F(w-4).(d-2), 4X
⋮	⋮
$10^{d-2} \leq Z < 10^{d-1}$	F(w-4).1 , 4X
$10^{d-1} \leq Z < 10^d$	F(w-4).0 , 4X
$10^d \leq Z$	E w.d
$0.1 > Z$	E w.d
Ein eventuell vorhandener Maßstabsfaktor hat keine Wirkung falls $0.1 \leq Z < 10^d$	

Tab. 4.2. Äquivalente Feldspezifikationen bei Verwendung des G-Konversionskodes

4.2.1.3. DØUBLE PRECISIØN-Zahlen

Die Übertragung von DØUBLE PRECISIØN-Zahlen erfolgt mit dem D-Konversionskode. Dieser entspricht dem E-Kode. Lediglich der Exponent kann durch D gekennzeichnet werden. Die Ein- und Ausgabe wird in gleicher Weise wie bei REAL-Zahlen ausgeführt.

4.2.1.4. CØMPLEX-Zahlen

Real- und Imaginärteil von CØMPLEX-Zahlen werden wie REAL-Zahlen übertragen. Man beachte jedoch, daß zur Darstellung einer Zahl vom Typ CØMPLEX zwei Datenfelder erforderlich sind.

Beispiele für die Ausgabe von CØMPLEX-Zahlen

Feldspezifikation	interner Zahlenwert	externe Darstellung
2E13.5	(3.501,-28.2268)	__0.35010E_01__-0.28227E_02
3P2E13.5	(3.501,-28.2268)	__350.100E-02__-282.268E-01[14]

4.2.2. Feldspezifikationen für boolesche Daten

Werte von booleschen Ausdrücken werden bei der Ein- und Ausgabe durch die Buchstaben T (für .TRUE.) und F (für .FALSE.) dargestellt. Sie werden durch den L-Konversionskode übertragen. Die Spezifikation hat die Form

$$L w \quad \text{oder} \quad r L w$$

r = Wiederholungsfaktor
w = Feldbreite

Eingabe

Bei der Eingabe werden w Zeichen eingelesen und in die interne Darstellung .TRUE. bzw. .FALSE. umgewandelt. Leerstellen vor dem T bzw. F und darauffolgende Zeichen werden ignoriert.

Beispiele für die Eingabe von booleschen Daten

Feldspezifikation	externe Darstellung	interner Wert
L3	_T_	.TRUE.
L6	FALSCH	.FALSE.
L4	TRUE	.TRUE.
L4	WAHR	Fehlermeldung

Ausgabe

Bei der Ausgabe wird das T oder F rechtsbündig ausgegeben und die Feldbreite mit Leerstellen aufgefüllt.

Beispiel für die Ausgabe von booleschen Daten

Feldspezifikation	interner Wert	externe Darstellung
L5	.FALSE.	____F

---

[14] Bei der E-Spezifikation erscheint bei positivem Maßstabsfaktor eine zusätzliche signifikante Stelle

4.2. Feldspezifikationen für Datenfelder

4.2.3. Feldspezifikationen für Texte

Texte werden in FORTRAN-Programmen vorwiegend bei der Ausgabe von Ergebnissen verwendet. Sie erleichtern die Lesbarkeit und Interpretation von Zahlenergebnissen in Form von Überschriften, Dimensionsangaben, Hinweisen, etc.

Da FORTRAN primär für Probleme aus dem technisch-wissenschaftlichen Bereich entwickelt wurde, eignet es sich nur bedingt zum Vergleichen und Sortieren von Texten.

In einem FORTRAN-Programm können Texte in zwei Formen verarbeitet werden: als **Textkonstanten** und als **Textvariablen**.

4.2.3.1. Textkonstanten

Textkonstanten, die auch Hollerithkonstanten genannt werden, kennen wir bereits aus Abs. 2.5.2.2..Sie werden mit der Feldspezifikation

$$wH \qquad\qquad w = \text{Zahl der Zeichen}$$

übertragen. Dem Buchstaben H folgen w Zeichen (Feldbreite).

In ein Programm können Textkonstanten auf zwei verschiedene Arten eingebaut werden:

a) Innerhalb einer FØRMAT-Anweisung:

Beispiel:
```
      WRITE(2,6)A
   6  FØRMAT(1H_,F9.3,13H_GRAD CELSIUS)
```

Wenn 2 den Zeilendrucker kennzeichnet, würde sich durch diese Anweisungsfolge für A=15.35 folgendes Bild auf dem Zeilendrucker ergeben:

```
    ___15.350_GRAD_CELSIUS
```

Der H-Kode läßt sich auch für die **Eingabe** von Text benutzen.

Beispiel:
```
       READ(1,10)A
    10 FØRMAT(F10.3,13H_ _ _ _ _ _ _ _ _ _ _ _ _)
```

Wenn z. B. auf einer Lochkarte folgende Daten vorhanden sind

```
  __273.15____GRAD_KELVIN_
```

die mittels obiger Anweisungsfolge eingelesen und durch die Anweisung

WRITE(2,10)A

ausgegeben werden, erscheint auf dem Zeilendrucker (2) folgendes Bild:[15])

__273.150_GRAD_KELVIN_

Die READ- und die WRITE-Anweisung müssen hierbei auf dieselbe FØRMAT-Anweisung Bezug nehmen.

Diese Programmiermöglichkeit bietet sich an, wenn man in einem Programm bei verschiedenen Rechenläufen einmal wie hier die Dimension Grad Kelvin und in einem anderen Fall beispielsweise die Dimension Grad Celsius verwenden will. Die Datenkarte für den zweiten Fall wäre

_____0.0_____GRAD_CELSIUS

b) In einer DATA-Anweisung:

Ähnlich wie Zahlen können einer Variablen in einer DATA-Anweisung Texte zugewiesen werden.

Beispiel: DATA Z/4HENDE/

Der durch Z symbolisierte Speicherplatz hat durch diese Anweisung den Inhalt ENDE.

Hierbei ist zu beachten, daß einer Variablen nur eine begrenzte Anzahl von Zeichen zugewiesen werden kann. Um dies zu erläutern, müssen wir noch einmal auf die Ausführungen in Abs. 1.2.2. zurückkommen.

Ein Datenwort besteht aus mehreren Zeichen. Bei den meisten Rechenanlagen bilden 4 Zeichen (oder 4 Bytes) ein Wort. Anders ausgedrückt, in einer Speicherzelle ($\triangleq$ Datenwort) lassen sich 4 Zeichen unterbringen. Benötigt eine Rechenanlage **ein** Datenwort zur Darstellung einer REAL-Zahl, so könnte man einer REAL-Variablen in unserem Fall statt einer Zahl auch 4 Zeichen zuordnen. Benötigt die Rechenanlage dagegen **zwei** Datenworte zur Darstellung einer REAL-Zahl, könnte man einer REAL-Variablen 8 Zeichen zuordnen.

Sollen mehr Zeichen zugewiesen werden als durch eine REAL-Variable dargestellt werden können, so ist es natürlich möglich, auf andere, z. B. DØUBLE PRECISIØN-Variable, auszuweichen oder mehrere REAL-Variable (z. B. ein Feld) zu benutzen.

---

[15] Man beachte, daß das erste Zeichen des Datensatzes eine Leerstelle (der Zahlenwert von A füllt nicht das Feld aus) ist, als Steuerzeichen interpretiert (1 Zeilenvorschub) und nicht ausgedruckt wird.

4.2. Feldspezifikationen für Datenfelder

Beispiel: Für eine Anlage, bei der eine REAL-Variable g Zeichen aufnehmen kann[16], soll dem Feld TEXT mittels einer DATA-Anweisung der folgende Text zugewiesen werden: ALLE MASSEN IN KILØGRAMM (24 Zeichen).
Für den Fall $g = 4$ muß TEXT sechs Feldelemente haben (24 : 4 = 6)
   DIMENSIØN TEXT(6)
   DATA TEXT(1),TEXT(2),TEXT(3),TEXT(4),TEXT(5),TEXT(6)/4HALLE,
   14H_MAS,4HSEN_,4HIN_K,4HILØG,4HRAMM/
Für den Fall $g = 8$ hätte man dagegen zu programmieren:
   DIMENSIØN TEXT(3)
   DATA TEXT(1),TEXT(2),TEXT(3)/8HALLE_MAS,8HSEN_IN_K,8H
   1ILØGRAMM/

Hollerith-Konstanten können auf einigen Rechenautomaten auch in Form von **Literalen** dargestellt werden: Sie haben den Vorteil, daß der Programmierer nicht wie bei der H-Spezifikation die Textzeichen zählen muß. Hierbei genügt es, den Text in die FØRMAT-Anweisung zu schreiben und Anfang und Ende durch ein bestimmtes Sonderzeichen (z. B. Apostroph, Stern) zu markieren.

Beispiel: 215 FØRMAT (1H_,'ERGEBNISSE')
                  DATA Z/'ENDE'/

Diese Anweisungen sind den folgenden Standard-FORTRAN-Anweisungen

        215 FØRMAT (1H_,10HERGEBNISSE)
        DATA Z/4HENDE/

in der Verarbeitung äquivalent. Tritt in einem Literal das Sonderzeichen, das zu seiner Kennzeichnung benutzt wird, auf, so muß es doppelt geschrieben werden.

Beispiel: 12 FØRMAT (1H_,'GIB''S_AUF')
entspricht   12 FØRMAT (1H_,9HGIB'S_AUF)

4.2.3.2. Textvariablen

Einer Variablen kann außer mittels einer DATA-Anweisung ein Text auch in einer READ-Anweisung zugewiesen werden. Hierzu muß der **A-Konversionskode** verwendet werden. Die zugehörige Feldspezifikation hat die Form

       Aw oder rAw r = Wiederholungsfaktor
                                        w = Feldbreite

---

[16] Über die zulässige Zahl von Zeichen (g), die einer Variablen zugewiesen werden können, muß sich der Programmierer im entsprechenden Handbuch des benutzten Rechenautomaten informieren.

Eingabe

Bei der Eingabe werden einer Variablen w Zeichen zugewiesen. Kann diese g Zeichen aufnehmen und ist $w \leqslant g$, so werden die w Zeichen in die links liegenden Stellen eingelesen und der Rest des Wortes durch *(g-w)* Leerzeichen aufgefüllt. Falls $w > g$, so werden nur die am weitesten rechts stehenden g Zeichen gelesen und gespeichert, das bedeutet, daß der Text nicht in seiner vollen Länge abgespeichert wird und die $w-g$ vorderen Zeichen verloren gehen (3. folgendes Beispiel).

Beispiele für die Eingabe von Texten im A-Konversionskode ($g=4$)

Anweisungsfolge	externe Zeichenfolge	interne Zeichenfolge
READ(1,5)A 5 FØRMAT(A4)	GRAD	GRAD
READ(1,6)A,B 6 FØRMAT(2A3)	GRAD__	GRA_D___
READ(1,7)A 7 FØRMAT(A5)	WERT5	ERT5

Ausgabe

Im Fall der Ausgabe bewirkt die Feldspezifikation Aw, daß w Zeichen ausgegeben werden, wobei der durch den Variablennamen symbolisierte Speicherplatz jedoch immer g Zeichen enthält. Falls $w \leqslant g$, so werden die w am weitesten links stehenden Zeichen ausgegeben, falls $w > g$, so werden $w-g$ Leerstellen gefolgt von den g Zeichen ausgegeben.

Beispiele für die Ausgabe von Texten im A-Konversionskode ($g=4$)

Anweisungsfolge	interne Zeichenfolge	externe Zeichenfolge
WRITE(2,5)A 5 FØRMAT(A4)	GRAD	GRAD
WRITE(2,6)A,B 6 FØRMAT(2A3)	GRA_D___	GRAD__
WRITE(2,7)A 7 FØRMAT(A3)	ERT5	ERT
WRITE(2,8)A 8 FØRMAT(A12)	ERT5	_____ERT5

4.2. Feldspezifikationen für Datenfelder

4.2.4. Feldspezifikationen für Leerstellen

Leerstellen können in den meisten Fällen in Verbindung mit anderen Konversionskodes dadurch ausgegeben werden, daß das Feld breiter gewählt wird als der zugehörige Zahlenwert Stellen hat. Will man lediglich Leerstellen übertragen, so benutzt man den **X-Konversionskode**. Die Feldspezifikation

$$wX \qquad w = \text{Zahl der Leerstellen}$$

bewirkt bei der Eingabe, daß w Zeichen überlesen werden. Hierdurch ist es möglich, z.B. Erläuterungen auf Datenkarten zu lochen, die der Rechenautomat nicht zur Kenntnis nehmen soll. Bei der Ausgabe werden w Leerstellen ausgegeben.

Beispiel für die Anwendung des X-Konversionskodes bei Ein- und Ausgabe:

```
   READ(1,1)A,B
 1 FØRMAT(2X,F5.0,2X,F5.0)
   WRITE(2,2)A,B
 2 FØRMAT(1H_,5X,2HA=,F5.1,5X,2HB=,F5.1)
```

Der Datensatz für die Eingabe ist: A=_5.3_B=_3.8_
Die Zeichen A= und B= werden von der Maschine nicht wahrgenommen.

4.2.5. Beispiele — Übungen

A) Beispiele

1. Schreibe die notwendigen FORTRAN-Anweisungen zur Berechnung quadratischer Gleichungen der Form $x^2 + p \cdot x + q = 0$ nach der Formel

$$x_{1,2} = -\frac{p}{2} \pm \sqrt{\frac{p^2}{4} - q}$$

Die Werte p und q können bis zu zehn Zeichen lang sein und sollen von einer Lochkarte eingelesen werden. Das Programm soll die Rechnung für beliebig viele Wertepaare p und q durchführen und soll abgebrochen werden, wenn p = 0 und q = 0 ist. Das Ergebnisprotokoll soll folgende Angaben enthalten:
a) eine Zählangabe der Wertepaare,
b) die Eingabewerte p und q,
c) die Ergebnisse x_1 und x_2.

Lösung:
```
      CØMPLEX CX1, CX2
   C  UEBERSCHRIFT DRUCKEN
      WRITE (2,9)
    9 FØRMAT (1H1,6H___NR_, 18X, 7HEINGABE, 26X, 7HAUSGABE//)
      I=0
   10 I=I+1
      READ(1,11)P,Q
   11 FØRMAT(2F10.0)
```

```
      IF(P.EQ.0.0.AND.Q.EQ.0.0)STØP
C TEST, ØB WURZEL IMAGINAER
      D=P*P/4.-Q
      IF(D.LT.0.0) GØTØ13
      X1=-P/2.+SQRT(D)
      X2=-P-X1
      WRITE(2,12)I,P,Q,X1,X2
   12 FØRMAT(1H_,I6,3X,2F15.5,3X,2F15.5)
      GØTØ 10
C BERECHNUNG DER IMAGINAEREN LØESUNG
   13 D=-D
      ARGRE=-P/2.
      ARGIM=SQRT(D)
C DURCH CMPLX(ARGRE,ARGIM) WERDEN DER REALTEIL UND DER
C IMAGINAERTEIL DER KØMPLEXEN CX1 ZUGEWIESEN
      CX1=CMPLX(ARGRE,ARGIM)
      ARGIM=-ARGIM
      CX2=CMPLX(ARGRE,ARGIM)
      WRITE(2,14)I,P,Q,CX1,CX2
   14 FØRMAT(1H_,I6,3X,2F15.5,3X,2F15.5,3X,2F15.5)
      GØTØ 10
      END
```

2. Man schreibe die notwendigen Anweisungen zum Dateneinlesen von Lochkarten, so daß nach dem Einlesen

   A = 7,0, B = 234000,0, C = 0,00385, TEXT1 = STAHL, TEXT2 = BETON, ANZAHL = 33

   Man gebe an, wie die zugehörige Lochkarte gelocht werden muß.

   Lösung für den Fall g = 4:

```
      DIMENSIØN TEXT1(2), TEXT2(2)
      INTEGER ANZAHL
      READ(1,10)A,B,C,TEXT1,TEXT2,ANZAHL
   10 FØRMAT(F3.0,2E8.3,2(A6,A1),I4)
```

   Die Lochkarte müßte wie folgt gelocht sein

   ```
   7.0____234E6__385E-2__STAHL__BETØN__33_____
   ```

   Etwaige Lochungen hinter Spalte 37 werden nicht übertragen.

3. Die Eingabewerte für ein Programm

   A(1) = 30,25   P(1) = 70,25   L1 = 12,65
   A(2) = 0   P(2) = 35,85   L2 = 7,8934
   A(3) = 200   P(3) = -44,78   L3 = 6,59
   A(4) = 50   P(4) = 0,85   L4 = 10,5389

   TEXT2 = BERECHNUNG DER TRAGFAEHIGKEIT EINER BRUECKE
   TEXT1 = EINGABEWERTE

   sind wie folgt auf Lochkarten abgelocht:

4.2. Feldspezifikationen für Datenfelder

```
4. Karte:    ____126500_____78934_____65900____105389_____
3. Karte:    30.25_0.0___200.0_50.0____7025__3585_-4478____85__
2. Karte:    BERECHNUNG_DER_TRAGFAEHIGKEIT_EINER_BRUECKE_
1. Karte:    EINGABEWERTE_____
```

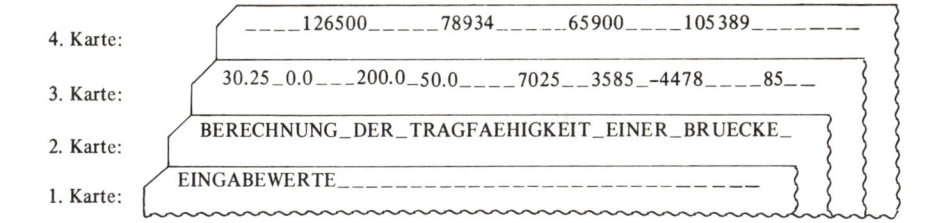

Man schreibe die notwendigen Anweisungen, um diese Daten einzulesen.
Lösung für den Fall g = 6:

```
      DIMENSIØN TEXT1(2), TEXT2(8),A(4),P(4)
      REAL  L1,L2,L3,L4
      READ(1,10) TEXT1, TEXT2
   10 FØRMAT(2A6/8A6)
      READ(1,11)A,P,L1,L2,L3,L4
   11 FØRMAT(4F6.0,4F6.2/2P4F10.2)
```

B) Übungen (Lösungen auf S. 207)

1. Die im folgenden aufgeführten externen Zahlendarstellungen werden unter Kontrolle der angegebenen Feldspezifikationen eingelesen. Man bestimme den jeweiligen internen Zahlenwert

	Externe Darstellung	Feldspezifikation
a)	_342_	I5
b)	__	I2
c)	4_10_	I3,I2
d)	4320	I3
e)	4.5E3	F5.2
f)	789024	E6.3
g)	TAUSEND	L7
h)	473020	G6.4
i)	12.2	-3PF4.2

2. Die im folgenden aufgeführten internen Zahlendarstellungen werden unter Kontrolle der angegebenen Feldspezifikationen ausgeschrieben. Welche externe Darstellung ergibt sich?

	Interner Zahlenwert	Feldspezifikation
a)	-78503	I10
b)	-43850.25	E10.4
c)	-0.025	F10.4
d)	(4.608,-234.2)	2E12.4
e)	4893.428	3PE14.3

3. In den fünf Elementen eines eindimensionalen Feldes DIMENS stehen die Einheiten verschiedener Rechengrößen. Man schreibe eine DATA-Anweisung, die die einzelnen Texte für den Fall g=8 zuweist.

DIMENS(1) = [KG]
DIMENS(2) = [METER]
DIMENS(3) = [GRAD]
DIMENS(4) = [MG]
DIMENS(5) = [DM]

4.3. Ein- und Ausgabeoperationen

4.3.1. Die Anweisungen READ und WRITE

Die allgemeine Form der schon in Abs. 2.5. besprochenen Anweisung für die Eingabe von Daten ist

READ (u,f)*Liste*

und für die Ausgabe

WRITE (u,f)*Liste*

Hierin kennzeichnet u die Geräteeinheit, von der oder auf die Daten übertragen werden sollen, f die Form der Daten und *Liste* eine Folge von Variablen und Feldern, denen Daten zugewiesen werden sollen (Eingabe), bzw. deren Werte ausgegeben werden sollen (Ausgabe).

Für u kann in der Anweisung eine Variable oder Konstante vom Typ INTEGER stehen. Ist u eine Variable, so kann man Daten wahlweise von verschiedenen peripheren Geräten lesen bzw. auf diesen ausgeben. Der Benutzer kann z. B. durch Einlesen eines Zahlenwertes für die Variable J festlegen, auf welcher peripheren Einheit mit der Anweisungsfolge

WRITE(J,10)A,B,C
10 FØRMAT(3E20.7)

die Werte von A,B und C ausgeschrieben werden sollen.

Die Bedeutung von f und *Liste* in den obigen Ein- bzw. Ausgabeanweisungen wird in Abs. 4.3.1.1. bis 4.3.1.3. erläutert.

4.3.1.1. Formatierte Ein- und Ausgabe

Ein- und Ausgabedaten können formatiert, d. h. z. B. unter Beachtung einer FØRMAT-Anweisung oder unformatiert, das ist meist in maschineninterner Form, übertragen werden.

Die FØRMAT-Anweisung besteht aus dem Wort FØRMAT, dem in runden Klammern eine Reihe von Feldspezifikationen folgt, die durch Kommata oder Schrägstriche getrennt werden. Sie muß durch eine Anweisungsnummer gekennzeichnet sein.

4.3. Ein- und Ausgabeoperationen

Beispiel: 105 FØRMAT (1H_,2I4/1H_,8E10.3/1H_,8E10.3)

Das Komma dient zur Trennung von Feldern, der Schrägstrich kennzeichnet darüber hinaus das Ende eines Datensatzes.

Wenn auf Anweisung 105 durch folgende WRITE-Anweisung

        DIMENSIØN X(16)
        WRITE(2,105)I,J,X

Bezug genommen wird, werden drei Datensätze ausgegeben. Kennzeichnet die 2 den Zeilendrucker, so würden drei Zeilen ausgedruckt. In der ersten Zeile stünden zwei INTEGER-Zahlen und in der zweiten und dritten je acht REAL-Zahlen mit Dezimalpunkt und Exponent.

In einer FØRMAT-Anweisung können Gruppen von Feldspezifikationen wiederum in Klammern zusammengefaßt und dann auch mit einem Wiederholungsfaktor versehen werden.

Beispiel: 287 FØRMAT(I4,3(/I3,4F10.2)//2(3F10.2,I5))

Im Standard-FORTRAN darf eine innere bereits in Klammern stehende Gruppe keine weiteren Klammern enthalten. Bei FORTRAN-Versionen vieler Rechenmaschinenhersteller ist jedoch eine Schachtelung von Feldspezifikationen bis zu beliebiger Tiefe erlaubt.

Die Abarbeitung einer FØRMAT-Anweisung geht von links nach rechts vor sich, wobei innerhalb von Klammern nach der gleichen Regel verfahren wird.

Falls eine FØRMAT-Anweisung abgearbeitet ist, jedoch noch Daten übertragen werden sollen, weil die Ein-/Ausgabeliste noch Elemente enthält, so wird die Ausführung mit derjenigen Feldspezifikation fortgesetzt, die an erster Stelle der Klammer steht, die sich am weitesten rechts schließt. Bei der folgenden FØRMAT-Anweisung würde die Ausführung mit der durch ↑ gekennzeichneten Feldspezifikation forgesetzt.

        READ(1,10)A,B,C,K1,A1,K2,A2,L1,X1,L2,X2,L3,X3
      10 FØRMAT(3F10.3,2(I2,F10.3),(I4,F10.3))
                               ↑

Der Zahlenwert für L2 würde mit der Feldspezifikation I4 eingelesen und müßte auf einer neuen Lochkarte stehen, da nach Beendigung einer FØRMAT-Anweisung ein neuer Datensatz begonnen wird, wenn noch nicht alle Elemente der Liste übertragen worden sind.

Enthält die FØRMAT-Anweisung mehr Feldspezifikationen, als zugehörige Daten übertragen werden sollen, so wird sie so weit verarbeitet, wie Elemente in der Ein- bzw. Ausgabeliste vorhanden sind. Folgen auf die dem letzten Listenelement zugeordnete Feldspezifikation noch Spezifikationen wX, wH oder Schrägstriche, so werden diese noch ausgeführt, da diesen Spezifikationen keine Listenelemente zugeordnet sind.

Beispiel: WRITE(2,15)A,B
    15 FØRMAT(1H_,2(2X,E15.7),2X,12HZWISCHENWERT,
    1E19.8,2X,7HENDWERT)   ↑

Die WRITE-Anweisung nutzt die FØRMAT-Anweisung nur bis zu der durch ↑ gekennzeichneten Stelle aus. Es erscheinen 48 Stellen auf dem Zeilendrucker. Durch
    WRITE(2,15)A,B,C

wird die FØRMAT-Anweisung dagegen bis zu ihrem Ende abgearbeitet.

Auf eine FØRMAT-Anweisung können sich mehrere READ- und WRITE-Anweisungen beziehen. Bei der Ausführung jeder READ- bzw. WRITE-Anweisung wird jeweils dem **ersten** Element der entsprechenden Ein- bzw. Ausgabeliste die **erste** Feldspezifikation der zugehörigen FØRMAT-Anweisung zugeordnet.

In der Anweisungsfolge

    READ(1,10)I,J,A,B,C,D,L1,L2
    READ(1,10)KAPPA,LAMBDA,HØEHE,BREITE,TIEFE
  10 FØRMAT(2I5,4E15.4)

werden I,J,L1,L2 und KAPPA und LAMBDA mit der Feldspezifikation I5 und A,B,C,D und HØEHE, BREITE und TIEFE mit der Spezifikation E15.4 eingelesen.

Variable Formate lassen sich herstellen, indem man in eine READ- bzw. WRITE-Anweisung statt der Anweisungsnummer den Namen eines Feldes einsetzt. Die aktuelle FØRMAT-Anweisung ist dann der jeweilige Inhalt des Feldes, der durch eine READ- oder DATA-Anweisung zugewiesen werden kann, wie es im folgenden Beispiel für eine Maschine mit $g = 8$ (s. S. 148) gezeigt ist.

    DIMENSIØN FØRM(2)
    READ(1,1) FØRM
  1 FØRMAT(2A8)
    .
    .
    WRITE(2,FØRM)I,J,X,Y,Z,A,B

4.3. Ein- und Ausgabeoperationen

Auf einer Lochkarte für die READ-Anweisung könnten folgende 16 Zeichen stehen:

(1H_,2I3,5E15.8)

Im Standard-FORTRAN ist in einem so erzeugten Format der H-Konversionskode nicht zugelassen. Auf vielen Maschinen gilt diese Einschränkung jedoch nicht, wenn man darauf achtet, daß sich nicht ungewollt Leerstellen (z.B. dadurch, daß man nicht alle g-Zeichen einer Variablen ausnutzt) in die H-Spezifikation „einschleichen" und damit Fehler verursacht werden.

4.3.1.2. Unformatierte Ein- und Ausgabe

Bei Rechenprogrammen, die viel Platz im Arbeitsspeicher benötigen, können externe Speicher (Magnetbänder, Plattenspeicher, Trommelspeicher) zur Aufnahme von Zwischenergebnissen herangezogen werden. Da den Benutzer die Form dieser Daten nicht interessiert, weil er sie nicht zu lesen braucht, können sie in maschineninterner Form übertragen werden. In diesem Fall fehlt die Angabe eines Formats, wie in der folgenden unformatierten WRITE-Anweisung gezeigt ist:

DIMENSIØN C(200)
WRITE(5)A,B,C

Die Einheit 5 repräsentiere eine Magnetbandstation. In diesem Fall werden 202 Daten auf das Magnetband in maschineninterner Form geschrieben.

Durch die Anweisung

READ(5)A,B,C

können diese Daten wieder eingelesen werden.

Durch eine unformatierte READ- bzw. WRITE-Anweisung wird nur **ein** Datensatz übertragen. Beim Lesen von unformatierten Daten ist zu beachten, daß die Eingabeliste höchstens so viele Elemente enthalten darf, wie der Datensatz, der in maschineninterner Form vorliegt, Datenfelder hat. In unserem Fall wäre die Anweisung

READ(5)A,B

möglich, wobei allerdings nur die Inhalte der beiden ersten Datenfelder gelesen würden. Die Anweisung

READ(5)A,B,C,X

würde dagegen einen Fehler verursachen.

Unformatierte Ein- und Ausgabe bedeutet nicht immer, daß Daten in maschineninterner Form übergeben werden. Auf vielen Rechenautomaten kann man Daten in Verbindung mit der NAMELIST-Anweisung in Klarschrift ohne Angabe eines Formats übertragen. Die entsprechenden Übertragungsanweisungen sind

READ($u, name$)

bzw.

WRITE($u, name$)

Das Übertragungsgerät wird durch u gekennzeichnet, und die Variablen bzw. Felder, deren Werte übertragen werden sollen, müssen in einer NAMELIST-Anweisung, wie im folgenden Beispiel gezeigt ist, aufgeführt werden.

Beispiel: LØGICAL B(5)
DIMENSIØN F(10,2),X(15),A(100)
NAMELIST/LISTE1/A,B,F,J,K,Z/DATEN/X,Z,W,K,B
READ(1,LISTE1)
.
.
READ(1,DATEN)
.
.

Die NAMELIST-Anweisung in diesem Beispiel enthält zwei NAMELIST-Namen LISTE1 und DATEN, denen die Variablen- und Feldnamen A,B,F,J,K,Z bzw. X,Z,W,K,B zugeordnet sind. Durch die Anweisung

READ(1,LISTE1)

können allen oder einem Teil der Variablen, Felder oder Feldelemente, deren Namen hinter LISTE1 in der NAMELIST-Anweisung stehen, Zahlenwerte zugewiesen werden.

Der große Vorteil dieser Übertragungsweise ist, daß die Daten auf der Lochkarte in beliebiger Reihenfolge auftreten können. Die richtige Zuordnung wird sichergestellt, indem auf der Datenkarte außer dem Wert auch der Variablenname erscheint (z. B. J=1).

Bei dieser Art der Datenübertragung sind im einzelnen folgende Regeln zu beachten:

Der erste Datensatz enthält den NAMELIST-Namen, der mit demjenigen in der zugehörigen Übertragungsanweisung übereinstimmen muß. Das erste Zeichen des Datensatzes (die 1. Spalte einer Lochkarte) wird nicht zur Kenntnis genommen. Das zweite Zeichen muß ein Sonderzeichen sein, das von Rechenanlage zu Rechenanlage verschieden sein kann (z. B. & oder $), dem der NAMELIST-Name folgt.

Die folgenden Datensätze enthalten Daten für die Variablen, die zur NAMELIST gehören.

Es werden nur Datensätze zur Kenntnis genommen, die einem NAMELIST-Namen folgen, der mit dem in der READ-Anweisung genannten Namen übereinstimmt. Datensätze hinter anderen Namen werden überlesen.

Variablen und Feldelementen werden die Daten in der Form

Variablenname = Konstante

zugewiesen. Die einzelnen Wertzuweisungen werden durch Kommata getrennt, z. B. K=1, F(3,1)=0.0

4.3. Ein- und Ausgabeoperationen

Felder erhalten ihre Werte durch

$$\text{Feldname} = a_1, a_2, a_3, \ldots$$

wobei $a_1, a_2, a_3, \ldots$ eine Folge von Konstanten ist. Wird die gleiche Konstante mehrmals zugewiesen, so kann wie bei der DATA-Anweisung von der verkürzten Schreibweise $i*a$ Gebrauch gemacht werden (i = INTEGER Konstante ohne Vorzeichen).

Die Konstanten a_i können vom Typ REAL, INTEGER, DØUBLE PRECISIØN, CØMPLEX, LØGICAL oder Textkonstanten sein. Die Daten können in beliebig vielen Datensätzen stehen, wobei jeweils das erste Zeichen eines jeden Satzes nicht berücksichtigt wird.

Die einzulesenden Daten werden abgeschlossen durch einen Datensatz, der die Zeichenfolge: Leerstelle, Sonderzeichen, END enthält.

Das folgende **Beispiel** zeigt die Anwendung dieser Regeln:
Mit Hilfe der Anweisungen

```
LØGICAL B(5)
DIMENSIØN F(10,2),X(15),A(100)
NAMELIST/LISTE1/A,B,F,J,K,Z/DATEN/X,Z,W,K,B
READ(1,LISTE1)
READ(1,DATEN)
```

sollen einzelnen Größen aus LISTE1 und DATEN folgende Werte zugewiesen werden:

A(99) = 5.7E-3	F(1,1) = 0.3
B(1) = .TRUE.	F(2,1) = 0.6
B(2) = .TRUE.	F(3,1) bis F(10,2) = 0.0
B(3) = .FALSE.	Z = 88.0
K = 1	W = 0.01

Die zugehörigen Eingabekarten sind:

1. Karte: _$LISTE1
2. Karte: _A(99)=5.7E-3, B(1)=.TRUE., K=1,
3. Karte: _F=0.3,0.6,18*0.0, B(2)=T, B(3)=F
4. Karte: _$END
5. Karte: _$DATEN
6. Karte: _Z=88.0,W=0.01
7. Karte: _$END

Die NAMELIST-Anweisung ist im Zusammenhang mit einer WRITE-Anweisung nur dann sinnvoll, wenn die ausgegebenen Daten wieder durch eine READ-Anweisung, die sich auf eine NAMELIST-Anweisung bezieht, eingelesen werden sollen.

Die Ausgabe erfolgt so, daß die ausgegebenen Karten wieder gelesen werden können. Die erste Karte enthält den NAMELIST-Namen, die Daten werden in der für ihren Typ charakteristischen Weise ausgegeben, und die letzte Karte enthält die END-Kennzeichnung.

Beim Umgang mit der NAMELIST-Anweisung muß ferner beachtet werden:

a) Die NAMELIST-Anweisung gehört zu den nichtausführbaren Anweisungen.
b) Ein NAMELIST-Name darf in einem Segment nur einmal definiert werden, und zwar bevor er zum ersten Mal benutzt wird.
c) Ein Name einer Variablen oder eines Feldes kann hinter mehreren NAMELIST-Namen vorkommen.

4.3.1.3. Ein- und Ausgabelisten

Ein- und Ausgabelisten können folgende Elemente enthalten:

> Variablennamen,
> Namen von Feldern,
> Namen von Feldelementen,
> DØ-implizite Listen

Beispiel:

```
         DIMENSIØN X(10),Y(5,5,8)
         READ(1,51)X,Z,Y(2,2,4)
      51 FØRMAT(10E8.3)
```

Die READ-Anweisung bewirkt, daß 12 Zahlen gelesen und dem eindimensionalen Feld X, der Variablen Z und dem Feldelement Y(2,2,4) zugewiesen werden.

Die bei der DATA-Anweisung bereits besprochene DØ-implizite Liste (s. Abs. 3.3.3.) kann bei READ- und WRITE-Anweisungen ebenfalls verwendet werden.

Beispiel: Die Anweisungsfolge:

```
   DØ 6 I=2,6,2
   DØ 6 J=1,JMAX
 6 WRITE(2,5)I,A(I,J),J,B(J)
 5 FØRMAT(1H_,I4,E20.6,I4,E20.6)
```

ist der Anweisungsfolge

```
   WRITE(2,5)((I,A(I,J),J,B(J),J=1,JMAX),I=2,6,2)
 5 FØRMAT(1H_,I4,E20.6,I4,E20.6)
```

äquivalent und wird in der gleichen Weise ausgeführt.

Zwischen der Anweisungsfolge, die mit Hilfe von DØ-Schleifen ausschreibt, und der WRITE-Anweisung mit DØ-impliziter Liste besteht jedoch insofern ein Unterschied, als bei der DØ-Schleife die WRITE-Anweisung mehrfach durchlaufen wird und damit jedesmal ein neuer Datensatz begonnen wird. Bei Verwendung der DØ-impliziten Liste wird dagegen nur einmal eine WRITE-Anweisung begonnen und Datensätze entsprechend der Vorschriften in der FØRMAT-Anweisung ausgegeben.

Für den Index und die Parameter in einer DØ-impliziten Liste gelten dieselben Regeln wie in einer DØ-Schleife. Das bedeutet, sie können dieselben Formen haben wie in einer Schleife und dürfen während der Ausführung der Anweisung, in der sie vorkommen, nicht geändert werden.

In einer WRITE-Anweisung darf daher der Index als Element einer DØ-impliziten Liste enthalten sein, da er durch sie nicht geändert wird. In einer READ-Anweisung darf er dagegen nur als Index erscheinen, da ihm sonst ein neuer Wert bei jedem Durchlauf zugewiesen würde.

Wie in einer DØ-Schleife können auch in einer DØ-impliziten Liste nichtindizierte Variablen vorkommen.

Beispiele: DIMENSIØN TEMP(2,20)
        WRITE(2,10) (J,(I,TEMP(I,J),I=1,2),J=1,20)
    10 FØRMAT(1H_,I3,3X,I3,3X,F15.4/1H_,6X,I3,3X,F15.4)

        DIMENSIØN ALPHA(15,15,15),A(30)
        READ(1,13)IMAX,JMAX,KMAX,(((ALPHA(I,J,K),
        1I=1,IMAX),J=1,JMAX),K=1,KMAX),A,Z
    13 FØRMAT(3I3/(5E15.0))

Leere Datensätze werden übertragen, wenn die Angabe einer Liste hinter der Ein- oder Ausgabeanweisung fehlt. So bewirkt z. B. die Anweisungsfolge

        READ(1,3)
    3 FØRMAT(///)

das Überlesen von vier Lochkarten, wenn der Kartenleser durch 1 gekennzeichnet ist.

Das Überlesen von Datensätzen wird z. B. angewendet, um einen einzigen Datenbestand in mehreren Programmen zu verarbeiten, wenn nicht alle Daten für jedes Programm notwendig sind.

4.3.1.4. Ein- und Ausgabe über Standardgeräte

Die in diesem Abschnitt besprochenen Anweisungen sind im Standard-FORTRAN nicht vorgesehen, jedoch auf vielen Anlagen möglich. Standardgeräte sind Ein- bzw. Ausgabegeräte des Systems (der Rechenanlage). Sie dienen u.a. der Steuerung der Rechenanlage (Eingabegerät) und der Ausgabe von Meldungen von der Rechenanlage (Ausgabegerät). Der Operator benutzt sie zur Kommunikation mit dem Rechenautomaten. Ein-/Ausgabegeräte des Systems sind bei herkömmlichen Maschinen z.B. die Steuerschreibmaschine, der Kartenleser, der Zeilendrucker, der Kartenstanzer, der Lochstreifenleser und/oder der Lochstreifenstanzer.

Standardgeräte können vom Benutzer ebenfalls zur Ein- und Ausgabe verwendet werden. Die Eingabe über ein solches Gerät wird veranlaßt durch die Anweisung

READ $f,Liste$

und die Ausgabe durch

PRINT $f,Liste$

oder

PUNCH $f,Liste$

Da es sich um Standardgeräte handelt, enthalten die Anweisungen keine Gerätenummer.

In den Anweisungen kennzeichnet f die Form der Daten, die entweder durch eine FØRMAT-Anweisung (f=Anweisungsnummer) oder durch ein Feld (f=Feldname) festgelegt wird. Die Liste der Ein- oder Ausgabedaten kann alle besprochenen Formen annehmen.

4.3.2. Zusätzliche Ein- und Ausgabeanweisungen für periphere Geräte

Die bisher besprochenen Ein- und Ausgabeanweisungen reichen aus, um folgende periphere Geräte in einem FORTRAN-Programm zu benutzen: Zeilendrucker, Lochkartenleser, Lochkartenstanzer, Lochstreifenleser und Lochstreifenstanzer. Voraussetzung für ihre Benutzung ist nur, daß sie den symbolischen Nummern u durch eine entsprechende Anweisung zugeordnet werden.
Über die Art und Weise dieser Zuordnung wird noch in Kapitel 5 zu sprechen sein.

Für einen wichtigen Teil der peripheren Geräte, nämlich die externen Speicher, sind zusätzliche Anweisungen für die Ein- und Ausgabe notwendig, von denen einige im Standard-FORTRAN enthalten sind. Sie sind auch zum Teil auf die oben aufgezählten Geräte anwendbar.

4.3.2.1. Die Anweisung REWIND

Bezeichnet u eine Magnetbandstation, so bewirkt die Anweisung

REWIND u

daß das auf der betreffenden Station befindliche Magnetband bis zu seinem Anfang zurückgespult wird. Durch eine anschließende READ- bzw. WRITE-Anweisung kann auf das erste Datenfeld des ersten Datensatzes auf diesem Magnetband Bezug genommen werden.
Alle auf einem Magnetband stehenden Daten gehören zu einer Datei (engl. File). Die Magnettrommel und der magnetische Plattenspeicher können mehrere Dateien enthalten, wobei eine Datei jeweils die Gesamtheit der Daten ist, die zwischen dem Namen der Datei (engl. Filename) und einer ENDFILE-Marke (s. Abs. 4.3.2.3.) stehen. Die allgemeine Bedeutung der Anweisung REWIND u ist dann: Die durch u symbolisierte Datei wird in eine Position gebracht, daß das erste

4.3. Ein- und Ausgabeoperationen   163

Datenfeld der Datei dieser Einheit übertragen werden kann.
Die Anweisung REWIND ist auf den Lochkartenstanzer und -leser, den Lochstreifenstanzer und -leser und den Zeilendrucker nicht anwendbar.

4.3.2.2. Die Anweisung BACKSPACE

Die der Anweisung REWIND entsprechende Anweisung für den **Datensatz** ist
$$\text{BACKSPACE } u$$
das heißt, daß die durch u gekennzeichnete Ein- bzw. Ausgabeeinheit (Datei) um einen Datensatz zurückgesetzt wird. Sie wird benutzt, um z. B. einen Datensatz auf einem peripheren Speicher durch eine folgende WRITE-Anweisung zu überschreiben.
Die Anweisung BACKSPACE ist auf den Lochkartenstanzer und -leser, den Lochstreifenstanzer und -leser und den Zeilendrucker nicht anwendbar.

4.3.2.3. Die Anweisung ENDFILE

Sie hat die Form
$$\text{ENDFILE } u$$
und bewirkt das Schreiben eines Enddatensatzes auf der durch u gekennzeichneten Einheit. Das bedeutet im einzelnen: Durch sie wird die letzte Datenkarte auf dem Lochkartenstanzer gekennzeichnet (z. B. ****), die von einem Programm ausgegeben wurde. Beim Lochstreifenstanzer erzeugt sie auf dem Lochstreifen eine Kennung und schiebt ein Stück ungelochten Streifens aus dem Gerät. Den Zeilendrucker veranlaßt sie, das Papier auf den Anfang einer neuen Seite zu transportieren. Beim Magnetband, der Magnettrommel und dem Magnetplattenspeicher wird durch diese Anweisung eine Kennung (ENDFILE-Satz) geschrieben, die das Ende der Datei kennzeichnet.

4.3.3. Beispiele — Übungen

A) Beispiele

1. Welche Anweisungsfolgen sind falsch
   a)   DIMENSIØN ZETA(10,5),GAMMA(10)
               READ(1,10) (I,(J,ZETA(I,J),J=1,5),GAMMA(I),I=1,10)
          10 FØRMAT(I3,5(I3,F10.0),F10.0)
   b)   DIMENSIØN A(100),B(100)
               REWIND 5
       C EINHEIT 5 IST EINE MAGNETBANDSTATIØN
       C DEN ELEMENTEN VON B MIT UNGRADEM INDEX SOLLEN DIE ZAHLEN-
       C WERTE DER ERSTEN 50 ELEMENTE VON A ZUGEWIESEN WERDEN
               WRITE(5) (A(I),I=1,100)
               READ(5) (B(J),J=1,100,2)

c)
```
        DIMENSIØN A(500),D(10,25)
        REWIND 5
  C EINHEIT 5 IST EINE MAGNETBANDSTATIØN
        WRITE(5) (A(J),J=1,250)
        WRITE(5) (A(J),J=251,500)
        BACKSPACE 5
        READ(5) (D(J,K),J=1,10),K=1,25)
```
d)
```
  C MIT EINER INTEGER-VARIABLEN I WIRD GESTEUERT, WELCHES
  C PERIPHERE GERAET ZUR EINGABE BENUTZT WERDEN SOLL
        DIMENSIØN X(100)
        READ(1,2)I
      2 FØRMAT(I1)
      5 FØRMAT(8F10.3)
        IF(I-2)11,12,11
     11 READ(I,5)X
        GØTØ 17
     12 REWIND I
        READ(I)X
     17 .
        .
        .
```

Lösung:

a) Falsch, da die Schleifenindices bei jedem Durchlauf durch die DØ-implizite Liste geändert werden.

b) Falsch, weil das Magnetband 5 zuerst zurückgedreht werden muß, bevor gelesen werden kann.

c) Richtig, es wird zuerst ein eindimensionales Feld mit 500 Elementen in zwei Datensätzen auf Magnetband geschrieben. Das Band wird daraufhin um einen Datensatz zurückgespult, und die Elemente 251 bis 500 des Feldes A werden dem zweidimensionalen Feld D zugewiesen.

d) Richtig, wenn 2 eine Magnetbandstation bezeichnet.

2. Zur Kennzeichnung der Ergebnisse eines Programms ANALYS sollen auf jedem Blatt des Zeilendruckers in der dritten Zeile folgende Angaben gedruckt werden: der Programmname, das Datum und die Seitenzahl.

Es sei vorausgesetzt, daß der Zeilendrucker 72 Zeilen pro Seite schreiben kann und einer REAL-Variablen 8 Zeichen zugewiesen werden können. Der Programmname und das Datum (Tag, Monat, Jahr) werden in einem Feld PRØGRA(4), das mittels Parameterliste übertragen wird, abgespeichert. Da der Programmname sich nicht ändert, kann er mittels einer DATA-Anweisung zugewiesen werden (wir sind bei der Textanweisung nicht an die 6 Zeichen des Programmnamens gebunden und weisen deshalb PRØGRA(1) den vollen Namen ANALYSE zu). Das Datum des jeweiligen Tages wird den Feldelementen PRØGRA(2) bis PRØGRA(4) mittels einer READ-Anweisung zugewiesen. In der DATA-Anweisung werden außerdem Anfangswerte für die Zeilen- und Seitenzahl vorgegeben.

4.3. Ein- und Ausgabeoperationen

Das SUBROUTINE-Unterprogramm DRUCK schreibt alle berechneten Daten des Programms ANALYS aus. Da wir lediglich den Abfrage- und Zählmechanismus für das Wechseln und Zählen der Seiten betrachten wollen, kümmern wir uns nicht um die eigentlichen Ausgabedaten. Wir setzen nur voraus, daß bei jedem Aufruf von DRUCK n Zeilen gedruckt werden. Das bedeutet, die Zählvariable für die Zeilen IZEILE wird bei jedem Aufruf um n erhöht (Anweisung 1). Ist IZEILE > 65-n, so wird IZEILE=0 gesetzt, und die Seitenüberschrift wird beim nächsten Aufruf von DRUCK ausgedruckt. Für die zulässige Zeilenzahl pro Seite wurde 65 gewählt, da die ersten beiden und die letzten beiden Zeilen auf jeder Seite frei bleiben sollen. Ferner soll die Überschrift, die eine Zeile einnimmt, durch zwei Leerzeilen von den Daten getrennt stehen.

Nachstehend sind der maßgebliche Teil des Hauptprogramms und des Unterprogramms DRUCK, die erste Datenkarte und der Ausdruck der ersten Überschrift auf dem Zeilendrucker angegeben.

```
C HAUPTPROGRAMM
        DIMENSION PROGRA(4)
        DATA PROGRA(1),IZEILE,ISEITE/7HANALYSE ,0,1/
        .
        .
        READ(1,2) (PROGRA(I),I=2,4)
        .
        .
        CALL DRUCK (PROGRA,ISEITE,IZEILE,....)
      2 FORMAT(3F3.0)
        STOP
        END
        SUBROUTINE DRUCK (PROGRA,ISEITE,IZEILE,....)
        DIMENSION PROGRA(4)
        .
    100 FORMAT(1H1///4X,10HPROGRAMM: ,A8,4X,7HDATUM: ,3F3.0,20X,
       16HSEITE: ,I4//)
      2 IF(IZEILE .NE. 0)GOTO 10
        WRITE(2,100)PROGRA,ISEITE
        ISEITE = ISEITE + 1
C N DATENSAETZE DRUCKEN
     10 .
        .
      1 IZEILE = IZEILE + N
        IF(IZEILE .GT. 65-N) IZEILE=0
        RETURN
        END
```

Ausdruck:

(2 Leerzeilen)

PROGRAMM:_ANALYSE_____DATUM:__6.10.69. (20 Leerstellen) SEITE:___1
(2 Leerzeilen und anschließend Beginn der Datensätze)

Datenkarte:

_6.10.69.

3.

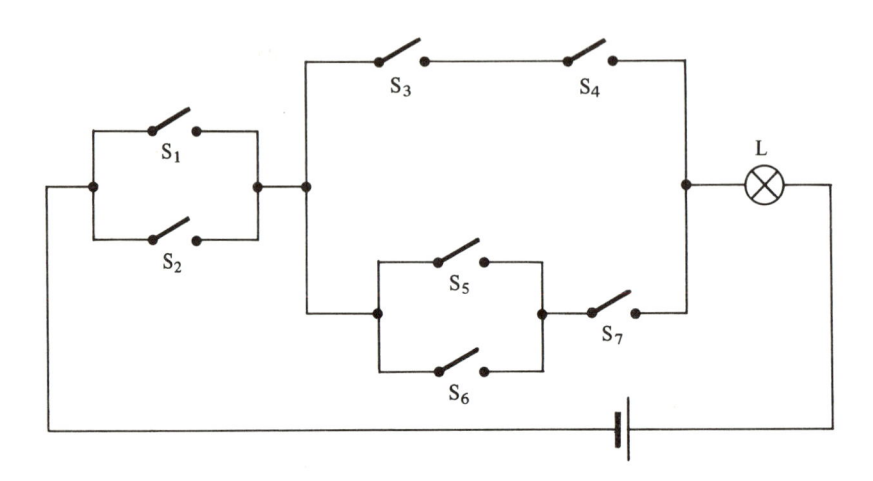

Man schreibe eine Anweisungsfolge, mit deren Hilfe festgestellt werden kann, ob in der obigen Schaltung die Glühlampe L in Abhängigkeit von der Stellung der Schalter S_1 bis S_7 leuchtet oder nicht. Die jeweilige Stellung der Schalter werde eingelesen und das Ergebnis ausgedruckt.

Anleitung:

Einem offenen Schalter werde der Wert .FALSE., einem geschlossenen der Wert .TRUE. und der leuchtenden Lampe der Wert .TRUE. zugeordnet. Die Parallelschaltung kann durch die Disjunktion und die Serienschaltung durch die Konjunktion ausgedrückt werden.

Lösung:

```
      LØGICAL S(7)
      READ(1,10)(S(I),I=1,7)
   10 FØRMAT(7L2)
      IF((S(1).ØR.S(2)).AND.((S(3).AND.S(4)).ØR.((S(5).ØR.S(6)).AND.S(7))))GØTØ 1
      WRITE(2,11)(S(I),I=1,7)
      GØTØ 2
    1 WRITE(2,12)(S(I),I=1,7)
    2 STØP
   11 FØRMAT(1H_,7L3,2X,22HDIE_LAMPE_BRENNT_NICHT)
   12 FØRMAT(1H_,7L3,2X,16HDIE_LAMPE_BRENNT)
      END
```

4.3. Ein- und Ausgabeoperationen

B) Übungen (Lösungen auf S. 208)

1. Man schreibe eine Anweisungsfolge, die ein zweidimensionales Feld MATRIX(10,4) einliest und als vierspaltiges Schema ausschreibt.

2. Man schreibe eine Anweisungsfolge, die es ermöglicht, neue Werte in das zweidimensionale Feld PA(100,9) (vgl. S. 63) einzulesen.

   Wahlweise sollen
   a) einem Feldelement
   b) einer Zeile des Feldes
   c) einer Spalte des Feldes
   d) dem gesamten Feld
   neue Werte zugewiesen werden.

   Die verschiedenen Fälle können eintreten, wenn z. B.
   a) ein Angestellter befördert wird, so daß sich seine Gehaltsgruppe ändert, oder sich sein Familienstand ändert,
   b) ein neuer Angestellter in die Firma eintritt,
   c) sich der Tarifvertrag ändert, so daß z.B. das Grundgehalt aller Angestellten neu eingelesen werden muß, oder
   d) das Programm zum erstenmal die Gehaltsabrechnung ausführen soll.

3. Man schreibe eine Anweisungsfolge, die nachstehendes Druckschema erzeugt und mit Zahlen auffüllt.

MESSUNG	ØRT	TEMPERATUR [GRAD K.]	DRUCK [KP/M**2]	DICHTE [KG/M**3]
1	1	288.15	1.0303E 05	1.2250E 00
	2	.	.	.
	3	.	.	.
	4	.	.	.
	5	.	.	.
2	1			
	.			
	.			

4. Gegeben sei ein Stapel von maximal 101 Lochkarten. Diese seien in den Spalten 1 bis 3 mit einer positiven INTEGER-Zahl und in den Spalten 4 bis 23 und 24 bis 43 mit zwei REAL-Zahlen mit Dezimalpunkt gelocht, die zwei eindimensionalen Feldern A und B zugewiesen werden sollen. Die INTEGER-Zahl soll das Feldelement kennzeichnen. Die Lochkarten seien ungeordnet.
   Man schreibe eine Anweisungsfolge, die es ermöglicht, beliebig viele Lochkarten zu lesen, ihren Inhalt den entsprechenden Feldelementen zuzuweisen und den Lesevorgang abzubrechen, wenn eine ungelochte Karte gelesen wird.

5. Wichtige Zahlenwerte und Texte lassen sich dadurch hervorheben, daß man sie fett ausdruckt. Man schreibe eine Anweisungsfolge, die den Text ØPTIMUM Z = und den Zahlenwert von Z am Anfang einer neuen Zeile fett druckt. (Hinweis: Fettdruck kann man herstellen, indem man eine Zeile mehrmals an gleicher Stelle druckt)

5. Hinweise zur maschinellen Verarbeitung von FORTRAN-Programmen

5.1. Übersetzung

Wir haben bisher gelernt, wie FORTRAN-Quellenprogramme geschrieben werden. Nun wollen wir uns einen Eindruck davon verschaffen, was mit dem geschriebenen Programm geschehen muß, um Rechenergebnisse zu erzeugen.

FORTRAN-Quellenprogramme werden gewöhnlich auf Lochkarten abgelocht, so daß jede Anweisung auf einer oder mehreren Karten steht. Die Karten werden nach der auf dem Programmblatt vorgeschriebenen Reihenfolge geordnet. Der so entstandene Kartenstapel kann dann in den Lochkartenleser des Rechenautomaten gelegt werden, und die Übersetzung des Quellenprogramms kann beginnen (vgl. Abb. 1.9.).

Die Übersetzung wird mit Hilfe eines vom Hersteller des Rechenautomaten gelieferten Übersetzerprogramms vom Rechenautomaten durchgeführt. Hierzu wird das Übersetzerprogramm von einem externen Speicher (z. B. Magnetband oder magnetischer Platte) in den zentralen Arbeitsspeicher geladen und gestartet. Es liest die Karten, auf denen das FORTRAN-Quellenprogramm steht, übersetzt deren Inhalt Karte für Karte in Maschinenbefehle und schreibt diese in einen externen Speicher (z. B. Magnetband oder magnetische Platte). Die Anweisungen des Quellenprogramms sind die Eingabedaten für das Übersetzerprogramm, die Maschinenbefehle (Objektprogramm) sind seine Rechenergebnisse.

Normalerweise wird das Übersetzerprogramm nach Abschluß eines fehlerfreien Übersetzungsvorgangs im zentralen Arbeitsspeicher gelöscht und das erstellte Objektprogramm in den zentralen Arbeitsspeicher geladen. Nun kann der eigentliche Rechenlauf mit den entsprechenden Daten, die auf Lochkarten, Lochstreifen, Magnetband, o. ä. vorliegen können, beginnen. Wenn die Berechnung eines Datenstapels abgeschlossen ist, kann der Rechenlauf mit neuen Daten wiederholt werden.

Sind keine weiteren Daten vorhanden, so ist die Bearbeitung des Programms auf dem Rechenautomaten abgeschlossen, und das Programm kann im zentralen Arbeitsspeicher gelöscht werden. Anschließend wird das nächste Programm bearbeitet.

Der Programmierer hat die Möglichkeit, den Übersetzungsvorgang in gewisser Hinsicht zu beeinflussen. Dies betrifft z. B. die Anweisung, ob auf dem Zeilendrucker eine Liste aller Anweisungen des Quellenprogramms erstellt werden soll, oder Vereinbarungen darüber, welche peripheren Geräte welchen symbolischen Ein-/Ausgabenummern zugeordnet werden sollen. Diese sogenannten Steuerinformationen für das Übersetzerprogramm werden teils vor, teils zwischen und teils am Ende der Quellenprogrammkarten eingefügt.

5.1. Übersetzung

Steuerinformationen sind auf die einzelne Maschine bezogen und sind daher nicht im Standard-FORTRAN enthalten. Um dem Leser einen Eindruck über den Zweck von Steueranweisungen zu vermitteln, ist in Abb. 5.1. ein komplettes Quellenprogramm mit Steueranweisungen abgebildet. Das gewählte Beispiel (ICL 1909) ist zwar nicht für alle Rechenmaschinen repräsentativ, erklärt aber dem Anfänger den Sinn der Steueranweisungen in sehr anschaulicher Weise.

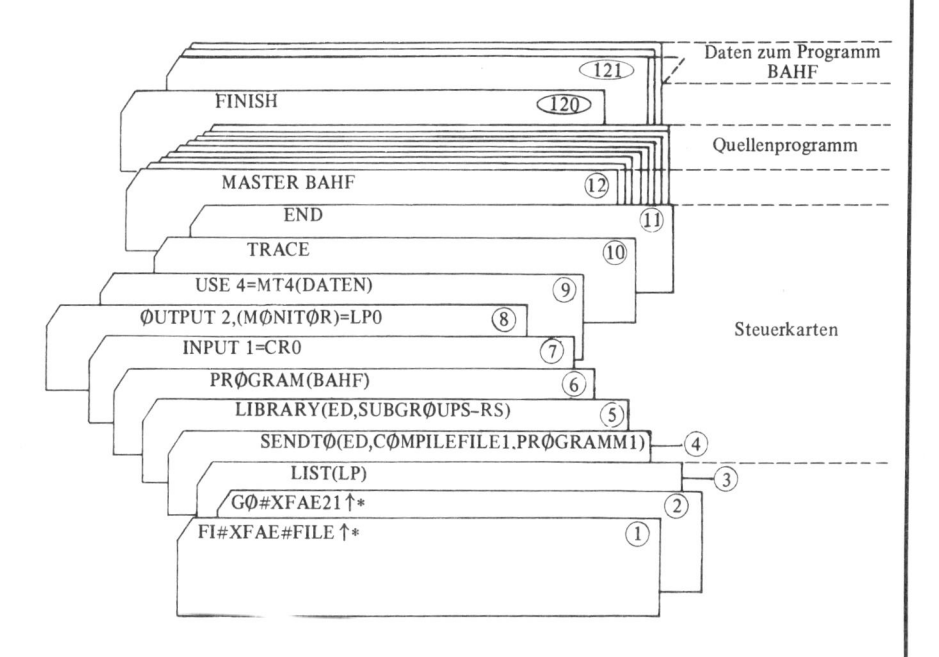

```
                                          (121)  Daten zum Programm
    FINISH                          (120)         BAHF
    ...
                                                 Quellenprogramm
    MASTER BAHF                      (12)
        END                           (11)
        TRACE                         (10)
        USE 4=MT4(DATEN)               (9)
        ØUTPUT 2,(MØNITØR)=LP0         (8)       Steuerkarten
        INPUT 1=CR0                    (7)
        PRØGRAM(BAHF)                  (6)
        LIBRARY(ED,SUBGRØUPS-RS)       (5)
        SENDTØ(ED,CØMPILEFILE1.PRØGRAMM1)  (4)
        LIST(LP)                       (3)
    /GØ#XFAE21↑*                       (2)
    FI#XFAE#FILE↑*                     (1)
```

Abb. 5.1. Beispiel für Steuerkarten für ein Übersetzerprogramm

Bedeutung der einzelnen Steueranweisungen

Karte 1*: Laden des Übersetzerprogramms (Name XFAE) von der Magnetplatte in den Arbeitsspeicher.

Karte 2*: Starten des Übersetzerprogramms.

* Karte 1 und 2 sind keine Steueranweisungen für das Übersetzerprogramm. Sie enthalten Befehle an den Rechenautomaten, die in unserem Beispiel über den Lochkartenleser (Systemeingabeeinheit) gegeben werden.

Karte 3: Es soll während der Übersetzung eine Liste der Anweisungen des Quellenprogramms auf dem Zeilendrucker (LP ≙ Lineprinter) angefertigt werden.

Karte 4: Das Objektprogramm soll im Wechselplattenspeicher (ED ≙ Exchangeable Disk Store) in der für Kompilationen reservierten Datei an der Stelle PRØGRAMM1 gespeichert werden.

Karte 5: In dem Quellenprogramm werden Bibliotheksprogramme benötigt, die vom Magnetplattenspeicher in der Datei SUBGRØUP S–RS gelesen werden sollen.

Karte 6: Der Name des Quellenprogramms ist BAHF.

Karte 7: Die symbolische Ein-/Ausgabenummer 1 bezieht sich auf ein Eingabegerät, und zwar einen Kartenleser (CR0), d. h. in der READ-Anweisung zum Lesen der Lochkarten steht als Gerätenummer eine 1, z. B. READ(1,10) *Liste*
Bei vielen Rechenautomaten ist die Wahl der symbolischen Ein-/Ausgabenummern durch feste Vereinbarungen vorgeschrieben.

Karte 8: Die symbolische Ein-/Ausgabenummer 2 bezieht sich auf ein Ausgabegerät, und zwar einen Zeilendrucker (LP0), auf dem auch Meldungen vom Monitor erscheinen sollen.

Karte 9: Ein Magnetband (MT 4), auf dem eine Datei mit Namen DATEN steht, soll als Ein- **und** Ausgabemedium benutzt werden. Auf das Magnetband, das die Datei DATEN enthält, können z. B. Daten unformatiert mit der Anweisung WRITE(4) *Liste* geschrieben werden.

Karte 10: Das Objektprogramm soll bestimmte Hilfen zur Fehlererkennung (s. Abs. 5.2.) enthalten.

Karte 11: Ende der Steuerinformationen.

Karte 12: Beginn des Quellenprogramms. (Diese Karte kommt bei vielen Rechenautomaten nicht vor.)

Karte 120: Beendet den Übersetzungsvorgang und veranlaßt das Einfügen der Bibliotheksunterprogramme (Standardfunktionen, etc.)

Karte 121: Erste Datenkarte (die erste und letzte Datenkarte muß bei vielen Maschinen besonders gekennzeichnet werden).

Über Form und Inhalt der für den benutzten Rechenautomaten gültigen Steueranweisungen muß sich der Programmierer in den vom Hersteller gelieferten Handbüchern informieren.

5.2. Fehlererkennung

Unter Programmierern sagt man: „Kein Programm rechnet auf Anhieb fehlerfrei, und kein Programm ist so gut, daß es nicht verbessert werden könnte". Dieser Satz gilt für Programme, die von einem Anfänger erstellt wurden, natürlich in verstärktem Maß.

Der Rechenautomat bietet dem Programmierer wesentliche Hilfestellungen bei der Suche nach Programmfehlern, bei denen man zwei Fehlerarten unterscheidet:

1. formale Fehler
2. logische Fehler

Von formalen Fehlern spricht man, wenn der Programmierer gegen die Sprachregeln von FORTRAN verstoßen hat. Das ist z. B. der Fall, wenn in einem Segment zwei Anweisungen die gleiche Anweisungsnummer haben.

Formale Fehler stellt der Compiler während der Übersetzung fest und läßt eine dahingehende kodierte Meldung ausgeben (meist auf dem Zeilendrucker). Die Hersteller liefern zu dem Übersetzerprogramm eine Aufschlüsselung des Fehlerkodes mit entsprechenden Erläuterungen. Bei der Übersetzung wird das gesamte Programm auf formale Fehler getestet.

Die logischen Fehler, das ist z. B. eine Division durch Null, ein negatives Argument im Logarithmus oder die Bezugnahme auf ein Feldelement, das außerhalb des dimensionierten Bereichs liegt, können naturgemäß nur während der Ausführung des Objektprogramms festgestellt werden, das heißt, der Rechenautomat rechnet so lange bis ein Fehler auftritt, rechnet dann nicht weiter und gibt eine Meldung aus, warum nicht weitergerechnet wurde. Diese Meldung ist ebenfalls kodiert und erscheint auf dem mit MØNITØR gekennzeichneten Gerät.

Die Ursache für den aufgetretenen Fehler liegt meist nicht in derselben Anweisung wie der Fehler selbst. Der Programmierer benötigt daher Informationen über Ergebnisse der vorangegangenen Rechenschritte. Die Art und Weise, wie er diese Informationen erlangt, ist bei den verschiedenen Rechenautomaten unterschiedlich. Eine sehr verbreitete Methode ist dabei, die Ergebnisse bestimmter oder aller ausgeführter Rechenschritte auf dem Zeilendrucker auszugeben. (Im Beispiel der Abb. 5.1. veranlaßt die Anweisung TRACE, daß die Ergebnisse der letzten 100 Anweisungen ausgegeben werden, die der Rechenautomat ausgeführt hat, bevor er den Fehler bemerkte).

5.3. Programme mit zu großem Speicherbedarf

Das Übersetzerprogramm liefert am Ende der Übersetzung eine Angabe darüber, wie groß der Speicherbedarf des übersetzten Programms ist. Stellt es sich heraus, daß das Programm mehr Speicherplatz benötigt als im Arbeitsspeicher vorhanden ist, so kann das Programm zunächst nicht bearbeitet werden, es sei denn, es wird in zwei unabhängige Teilprogramme aufgeteilt. Oft ist eine solche Aufteilung wegen der Verzahnung der einzelnen Programmsegmente jedoch nicht möglich, so daß nach anderen Möglichkeiten gesucht werden muß. In diesem Fall kann ein Programm so gestaltet werden, daß nur ein Teil im zentralen Arbeitsspeicher steht, während der Rest extern (z. B. auf Magnetband, magnetischer Platte oder Magnettrommel) gespeichert wird.

Die Aufteilung wird so vorgenommen, daß ein Programmteil permanent und andere Teile nur dann, wenn sie für die Rechnung benötigt werden, im zentralen Arbeitsspeicher stehen. Der permanente Teil stellt die Übergabe von Rechenergebnissen (CØMMØN-Block oder Parameterliste) sicher. Über die Gestaltung solcher Programme, die man **Overlay**-Programme nennt, kann hier keine Aussage gemacht werden, da sie von den verschiedenen Herstellern unterschiedlich vorgesehen ist.

5.4. Betriebssysteme

Zur Bearbeitung eines Programms auf einer Datenverarbeitungsanlage gehört neben den Rechenoperationen eine Vielzahl von Steuer- und Kontrolloperationen. Das sind z. B. die Aktivierung eines Ein- bzw. Ausgabegerätes, die Organisation des zentralen Arbeitsspeichers, die Festlegung der Reihenfolge der Bearbeitung verschiedener Programme, etc. Diese Funktionen übernimmt das Betriebssystem, das aus mehreren Programmen besteht und weitgehend den Betrieb einer Rechenanlage bestimmt.

Die Betriebsart einer Rechenanlage interessiert den Programmierer nur insofern, als sie die Bearbeitungszeit seines Programms mitbestimmt, und ihm infolge der Betriebsart vom Operateur der Rechenanlage bestimmte Beschränkungen in seinem Programm auferlegt werden. Solche Beschränkungen beziehen sich z. B. auf die Zahl der benutzten Plätze im Arbeitsspeicher, auf die Benutzungsdauer des Arbeitsspeichers und der peripheren Geräte, eine standardisierte Breite des Papiers auf dem Zeilendrucker, usw.

In den meisten Fällen gibt der Programmierer sein Programm zur Bearbeitung in einem Rechenzentrum ab. Würde dort jedes einzelne Programm zunächst übersetzt, in den Arbeitsspeicher geladen und dann gerechnet werden, so würde infolge der unterschiedlichen Arbeitsgeschwindigkeiten zwischen peripheren Geräten und Zentraleinheit die Rechenanlage unwirtschaftlich ausgenutzt. Eine Anlage wird weitaus besser ausgenutzt, wenn die auf Lochkarten, bzw. -streifen vorliegenden Programme nacheinander gelesen und auf einem schnellen externen Speicher zwischengespeichert werden und das Betriebssystem ihre Bearbeitung nach bestimmten Prioritäten veranlaßt. So können, während die einen Programme eingelesen werden, bereits gelesene Programme übersetzt bzw. gerechnet werden. Der Vorteil dieses Verfahrens wird offensichtlich, wenn man bedenkt,

5.4. Betriebssysteme

daß die Zentraleinheit um 3 bis 5 Größenordnungen schneller als beispielsweise der Kartenleser arbeitet. Bei der Ausgabe von Rechenergebnissen bzw. übersetzten Programmen wird analog der Eingabe verfahren.

Diese Betriebsart ermöglicht das parallele Arbeiten möglichst vieler Geräte der Rechenanlage, was bei einer Bearbeitung eines jeden Programms für sich nicht der Fall wäre, da z.B. beim Einlesen die Zentraleinheit praktisch „arbeitslos" ist.

Eine Beschreibung der vielen existierenden Betriebssysteme geht über den Rahmen dieses Buches hinaus. Der Programmierer muß sich in jedem Fall, bevor er zu programmieren beginnt, über die speziellen Vorschriften für die Bearbeitung seines Programms im Recheninstitut informieren.

Anhang

A Tabellen

Tabelle A-1
Tabelle der eingebauten Funktionen
(Intrinsic Functions)

Funktion	Definition	Anzahl der Argumente	Name	**	Typ der Argumente	Typ der Funktion
Absolutbetrag	|Arg|	1	ABS IABS DABS	 IV	REAL INTEGER DØUBLE PRECISIØN	REAL INTEGER DØUBLE PRECISIØN
Abschneiden	größte ganze Zahl = |Arg| mal sign(Arg)	1	AINT INT IDINT	IV IV IV	REAL REAL DØUBLE PRECISIØN	REAL INTEGER INTEGER
Modulofunktion	$Arg_1 - [Arg_1/Arg_2] Arg_2$, wobei $[Arg_1/Arg_2]$ der durch Abschneiden des Quotienten entstehende Wert ist	2	AMØD* MØD *	IV IV	REAL INTEGER	REAL INTEGER
Bestimmung des Maximums	Max (Arg_1, Arg_2, ...)	≥ 2	AMAX0 AMAX1 MAX0 MAX1 DMAX1	IV IV IV IV IV	INTEGER REAL INTEGER REAL DØUBLE PRECISIØN	REAL REAL INTEGER INTEGER DØUBLE PRECISIØN

A Tabellen

Funktion	Definition	Anzahl der Argumente	Name	**	Typ der Argumente	Typ der Funktion
Bestimmung des Minimums	Min (Arg$_1$, Arg$_2$, ...)	≥ 2	AMIN0 AMIN1 MIN0 MIN1 DMIN1	IV IV IV IV IV	INTEGER REAL INTEGER REAL DØUBLE PRECISIØN	REAL REAL INTEGER INTEGER DØUBLE PRECISIØN
Ersetzen durch das Konjugiert-Komplexe	für Arg = x + iy ist CØNJG (Arg) = x - iy	1	CØNJG	IV	CØMPLEX	CØMPLEX
positive Differenz	Arg$_1$-Min (Arg$_1$,Arg$_2$)	2	DIM IDIM	IV IV	REAL INTEGER	REAL INTEGER
Umwandlungen zwischen den Typen	INTEGER-Größe in REAL-Größe	1	FLØAT		INTEGER	REAL
	REAL-Größe in INTEGER-Größe (durch Abschneiden)	1	IFIX		REAL	INTEGER
	wesentlicher Teil des DØUBLE PRECISIØN Arguments	1	SNGL	IV	DØUBLE PRECISIØN	REAL
	Realteil des komplexen Arguments	1	REAL	IV	CØMPLEX	REAL
	Imaginärteil des komplexen Arguments	1	AIMAG	IV	CØMPLEX	REAL

Funktion	Definition	Anzahl der Argumente	Name	**	Typ der Argumente	Typ der Funktion
Umwandlungen zwischen den Typen	REAL-Größe in DØUBLE PRECISIØN-Größe	1	DBLE	IV	REAL	DØUBLE PRECISIØN
	CMPLX(Arg$_1$, Arg$_2$)=Arg$_1$ +i·Arg$_2$	2	CMPLX	IV	REAL	CØMPLEX
Vorzeichenverschiebung	sign(Arg$_2$) · |Arg$_1$|	2	SIGN * ISIGN * DSIGN*	IV	REAL INTEGER DØUBLE PRECISIØN	REAL INTEGER DØUBLE PRECISIØN

* Diese Funktion ist nicht definiert, wenn das zweite Argument Null ist.
** IV bedeutet, daß diese Funktion nur in FORTRAN IV vorgesehen ist, alle anderen Funktionen sind in FORTRAN II und IV zulässig.

Tabelle A–2
Tabelle der externen Funktionen
(External Functions)

Funktion	Definition	Anzahl der Argumente	Name	**	Typ der Argumente	Typ der Funktion
Exponential-funktion	e^{Arg}	1	EXP		REAL	REAL
			DEXP	IV	DØUBLE PRECISIØN	DØUBLE PRECISIØN
			CEXP	IV	CØMPLEX	CØMPLEX
Natürlicher Logarithmus	$\log_e(Arg)$	1	ALØG		REAL	REAL
			DLØG	IV	DØUBLE PRECISIØN	DØUBLE PRECISIØN
			CLØG	IV	CØMPLEX	CØMPLEX
Dekadischer Logarithmus	$\log_{10}(Arg)$	1	ALØG10	IV	REAL	REAL
			DLØG10	IV	DØUBLE PRECISIØN	DØUBLE PRECISIØN
Trigonometrischer Sinus	$\sin(Arg)$	1	SIN *		REAL	REAL
			DSIN *	IV	DØUBLE PRECISIØN	DØUBLE PRECISIØN
			CSIN *	IV	CØMPLEX	CØMPLEX
Trigonometrischer Kosinus	$\cos(Arg)$	1	CØS *		REAL	REAL
			DCØS*	IV	DØUBLE PRECISIØN	DØUBLE PRECISIØN
			CCØS*	IV	CØMPLEX	CØMPLEX
Trigonometrischer Arcustangens	$\arctan(Arg)$	1	ATAN		REAL	REAL
			DATAN	IV	DØUBLE PRECISIØN	DØUBLE PRECISIØN
	$\arctan(Arg_1/Arg_2)$	2	ATAN2	IV	REAL	REAL
			DATAN2	IV	DØUBLE PRECISIØN	DØUBLE PRECISIØN
Hyperbolischer Tangens	$\tanh(Arg)$	1	TANH		REAL	REAL

Funktion	Definition	Anzahl der Argumente	Name	**	Typ der Argumente	Typ der Funktion
Quadratwurzel	$(Arg)^{1/2}$	1	SQRT		REAL	REAL
			DSQRT	IV	DØUBLE PRECISIØN	DØUBLE PRECISIØN
			CSQRT	IV	CØMPLEX	CØMPLEX
Modulofunktion***	Arg_1 (mod Arg_2)	2	DMØD	IV	DØUBLE PRECISIØN	DØUBLE PRECISIØN
Absolutbetrag	$|Arg|$	1	CABS	IV	CØMPLEX	REAL

* Das Argument dieser Funktion ist in Bogenmaß einzusetzen.

** IV bedeutet, daß diese Funktion nur in FORTRAN IV vorgesehen ist, alle anderen Funktionen sind in FORTRAN II und IV zulässig.

*** Definition der Modulofunktion s. Tab. A–1

B Übersicht über die Anweisungen von Basis- und Standard-FORTRAN

Die Programmiersprache FORTRAN verbreitete sich nach ihrem Entstehen im Jahr 1955 sehr schnell und hat seitdem eine Entwicklung ständiger Erweiterungen und Verbesserungen durchlaufen, die zu einer Vielzahl von FORTRAN-Dialekten geführt hat. Um die Kompatibilität der verschiedenen FORTRAN-Compiler zu sichern, begann 1962 die American Standards Association (ASA) in ihrem Unterausschuß X3.4 mit der Ausarbeitung von Richtlinien zur Standardisierung von FORTRAN. Heute gibt es zwei standardisierte Versionen

a) FORTRAN II oder Basis-FORTRAN, die einfache Sprache für kleinere Rechenanlagen und

b) FORTRAN IV oder Standard-FORTRAN (auch ASA-FORTRAN).

Die Dialekte von FORTRAN II und IV der verschiedenen Rechenanlagenhersteller sind gewöhnlich Erweiterungen der Standard-Versionen. Programme, die in der standardisierten Form geschrieben sind, können jedoch auf allen Rechenanlagen gerechnet werden, da in allen FORTRAN-Compilern die Sprachelemente der Standard-Versionen enthalten sind.

Basis-FORTRAN ist gegenüber Standard-FORTRAN im wesentlichen durch folgende Punkte eingeschränkt:

B Übersicht über die Anweisungen von Basis- und Standard-FORTRAN

1. Im Zeichensatz fehlt das $-Zeichen.
2. Ein symbolischer Name besteht aus maximal fünf Zeichen.
3. Eine Anweisung kann maximal sechs Karten umfassen, d. h. es sind nur fünf Folgekarten zulässig.
4. Eine Anweisungsnummer darf nur bis zu vier Stellen haben.
5. Es gibt keine Daten vom Typ DØUBLE-PRECISIØN, CØMPLEX und LØGICAL. Textkonstanten können nur in FØRMAT-Anweisungen vorkommen.
6. Vergleichsoperatoren und boolesche Ausdrücke gibt es nicht, ebenso kein logisches IF.
7. Felder können nur in der DIMENSIØN-Anweisung mittels INTEGER-**Konstanten** dimensioniert werden, dabei sind nur zweidimensionale Felder möglich. Halbdynamische Felder gibt es nicht.
8. Die Oktalzahl hinter einer PAUSE- oder STØP-Anweisung darf nur vier Stellen haben.
9. In eine DØ-Schleife darf nicht hineingesprungen werden, auch wenn man vorher aus ihr herausgesprungen ist. Eine Ausnahme zu dieser Regel bildet der Aufruf von Unterprogrammen.
10. In FUNCTIØN-Unterprogrammen dürfen Größen, die im CØMMØN-Bereich oder in Parameterlisten stehen, keine neuen Werte zugewiesen werden.
11. Die DIMENSIØN-Anweisung muß vor der CØMMØN-Anweisung und diese vor der EQUIVALENCE-Anweisung stehen.
12. Die externe Form von Daten kann nur durch eine FØRMAT-Anweisung festgelegt werden.
13. Der Maßstabsfaktor, der A-, D-, G- und der L-Konversionskode sind nicht anwendbar. Bei der Eingabe im F-Kode darf in den Eingabedaten kein Exponent stehen.
14. Innerhalb der Klammer einer FØRMAT-Anweisung können keine weiteren Klammern stehen.
15. Es gibt nur die implizite Typenvereinbarung. Die Anweisungen REAL und INTEGER entfallen daher.

Über diese Unterschiede hinaus fehlen in FORTRAN II einige Anweisungen, die in FORTRAN IV zulässig sind. Dieser Unterschied ist in der folgenden Tabelle in den Spalten 2 und 3 gekennzeichnet. Die Liste enthält zusätzlich einige Anweisungen, die im Standard-FORTRAN nicht enthalten sind, jedoch bei vielen existierenden FORTRAN-Compilern verwendet werden können.

Anweisung	FO II	FO IV	Bedeutung	Beispiel
ASSIGN n TØ i Abs. 3.1.1.3.	nein	ja	Die Anweisungsnummer n wird der nichtindizierten INTEGER-Variablen i zugewiesen, die in einer assigned GØTØ-Anweisung steht.	ASSIGN 3 TØ JUMP
BACKSPACE u Abs. 4.3.2.2.	ja	ja	Der Schreib/Lese-Kopf des durch u bezeichneten Geräts wird auf den Anfang des vorangegangenen Datensatzes positioniert. u = INTEGER-Variable oder -Konstante	BACKSPACE I BACKSPACE 5
BLOCK DATA Abs. 3.3.3.	nein	ja	Name eines Programmsegments, das Größen in benannten CØMMØN-Blöcken Anfangswerte zuweist.	s. S. 132
CALL $name$ CALL $name\,(p_1,p_2,\ldots,p_n)$ Abs. 3.2.3.	ja ja	ja ja	Aufruf von SUBRØUTINE-Unterprogrammen. $name$ = Name eines SUBRØUTINE-Unterprogramms, $p_1,p_2,\ldots,p_n$ = aktuelle Parameter.	CALL SUB1 CALL MULT (A,B**(2-I), 1SIN(X)) CALL AUSGAB (SIN,A,B)
CALL $name$ $(p_1,p_2,\ldots,$ $1p_n)$ Abs. 3.2.5.	nein	nein	wie oben, jedoch mit Sonderzeichen als aktuelle Parameter	CALL SUB1(&20,A,B,&40)
CALL $name$ CALL $name$ $(p_1,p_2,\ldots,$ $1p_n)$ Abs. 3.2.5.	nein	nein	Aufruf eines Unterprogramms über einen ENTRY-Punkt $name$ = Name eines ENTRY-Punktes $p_1,p_2,\ldots,p_n$ wie oben mit Sonderzeichen	CALL EIN1(X,Y) CALL EIN1(X,&20,Y)

B Übersicht über die Anweisungen von Basis- und Standard-FORTRAN

Anweisung	FO II	FO IV	Bedeutung	Beispiel
CØMMØN Liste Abs. 3.3.1.	ja	ja	Deklariert Größen, die im CØMMØN-Bereich des Arbeitsspeichers stehen, dient zur Übertragung von Zahlenwerten zwischen Segmenten.	CØMMØN A,B, F(10,10)
CØMMØN/NAME1/Liste CØMMØN/NAME1/Liste1/ 1NAME2/Liste2/NAME3/ 2Liste3/.... Abs. 3.3.1.	nein nein	ja ja	Liste = Liste von Variablen- und Feldnamen. NAME1, NAME2, NAME3: Namen von CØMMØN-Blöcken.	CØMMØN/BLØCK1/A(10),B, 1C,X,Z/ALPHA/U10),GAMMA 2(30)/BLØCK1/D(20)
CØMPLEX Liste Abs. 2.1.6. und Abs. 2.4.2.	nein	ja	Die in Liste aufgeführten Variablen, Felder und Funktionen sind vom Typ CØMPLEX, Liste = Liste von Variablen-, Feld- und Funktionsnamen.	CØMPLEX Z1,Z2,Z(100)
CØNTINUE Abs. 3.1.3.2.	ja	ja	Die Anweisung veranlaßt keine Operation im Rechenautomat (leere Anweisung).	10 CØNTINUE
DATA Liste1/$w_1,w_2,\ldots$/, 1Liste2/$v_1,v_2,\ldots$/,$\ldots$ Abs. 3.3.3.	nein	ja	Weist den in Liste 1, Liste 2, ... aufgeführten Variablen und Feldelementen Zahlenwerte zu. Liste = Liste von Variablen und Feldelementen. $w_1,w_2\ldots,v_1,v_2\ldots$ = numerische, boolesche oder Textkonstanten.	DATA PI1,PI2/3.14159, 16.28318/,(TEXT(I),I=1,4), 2B(4)/24HALLE MASSEN IN 3KILØGRAMM,5.2/,(FELD(I), 4I=1,10)/10*0.0/
DIMENSIØN Liste Abs. 2.4.2.	ja	ja	Legt die Größe (Kantenlänge) von Feldern fest. Liste = Liste von Feldnamen mit dem jeweils größten Index in jeder Dimension.	DIMENSIØN A(100),B(10,5), 1Z(3,4,6)

Anweisung	FO II	FO IV	Bedeutung	Beispiel
DØ n $i=m_1,m_2$ DØ n $i=m_1,m_2,m_3$ Abs. 3.1.3.	ja ja	ja ja	Die Anweisungen von der DØ-Anweisung bis zur Anweisung mit der Nummer n werden $[(m_2-m_1+1)/m_3]$ mal ausgeführt. n = Nummer einer ausführbaren Anweisung i = Schleifenindex (INTEGER-Variable), m_1, m_2, m_3 = Schleifenparameter (INTEGER-Konstante oder -Variable)	DØ 10 I=2,5 ... 10 WRITE(2,11)I DØ 15 J=IMIN,IMAX,IDELT ... 15 CØNTINUE
DØUBLE PRECISIØN *Liste* Abs. 2.1.6. und Abs. 2.4.2.	nein	ja	Die in *Liste* aufgeführten Variablen, Felder und Funktionen sind vom Typ DØUBLE PRECISIØN. *Liste* = Liste von Variablen-, Feld- und Funktionsnamen.	DØUBLE PRECISIØN A 1(10,10),D,C
END Abs. 3.2.	ja	ja	Kennzeichnet das Ende eines Programmsegments und darf nur einmal am Ende jedes Segments vorkommen.	SUBRØUTINE LESEN(I) ... END
ENDFILE u Abs. 4.3.2.3.	ja	ja	Gibt einen Enddatensatz auf dem Gerät mit der symbolischen Nummer u aus. u = INTEGER-Variable oder -Konstante	ENDFILE J ENDFILE 3
ENTRY *name* $(p_1,p_2,...,p_n)$ Abs. 3.2.5.	nein	nein	Markiert einen berechneten Einsprung in ein Unterprogramm, $p_1,p_2,...,p_n$ = formale Parameter, *name* = Name des ENTRY-Punktes. $p_1,p_2,...,p_n$ wie oben, jedoch mit Sonderzeichen	ENTRY EIN1(X,Y) ENTRY EIN1(*,X,Y,*)

B Übersicht über die Anweisungen von Basis- und Standard-FORTRAN 183

Anweisung	FO II	FO IV	Bedeutung	Beispiel
EQUIVALENCE$(v_1,v_2,\ldots,v_n)$, $(u_1,u_2,\ldots,u_m)$ Abs. 3.3.2.	ja	ja	Die in einer Klammer hinter EQUIVALENCE aufgeführten Variablen und Feldelemente symbolisieren den gleichen Speicherplatz. $v_1,v_2,\ldots,v_n; u_1,u_2,\ldots u_m$ = Namen von Variablen und Feldelementen.	EQUIVALENCE(A(4,5),B(1,1)), 1(X,X1)
EXTERNAL Liste Abs. 3.2.4.	nein	ja	Ermöglicht die Übergabe von Unterprogrammnamen als aktuelle Parameter. Liste = Liste von Namen von Unterprogrammen.	EXTERNAL SIN,ALØG,EFF1
n FØRMAT$(f_1,f_2,\ldots)$ Abs. 2.5. und Abs. 4.3.1.1.	ja	ja	Beschreibt die Form der Daten, die mittels einer READ- bzw. WRITE-Anweisung übertragen werden sollen. n = Anweisungsnummer $f_1,f_2,\ldots$ = Feldspezifikationen durch Komma oder / getrennt.	3 FØRMAT(I3,3P5E10.3) 5 FØRMAT(1H1,8HPRØGRAMM, 1A6/4F20.6)
FUNCTIØN name$(p_1,p_2,\ldots p_n)$ Abs. 3.2.2.3.	ja	ja	Erste Anweisung eines FUNCTIØN-Unterprogramms. name = Name des FUNCTIØN-Unterprogramms $p_1,p_2,\ldots p_n$ = Liste der formalen Parameter	FUNCTIØN EFF1(A,B,I) REAL FUNCTIØN MULTI 1(A,B)
typ FUNCTIØN name 1$(p_1,p_2,\ldots p_n)$ Abs. 3.2.2.3.	nein	ja	typ = Spezifiziert den Typ des FUNCTIØN-Unterprogramms, wenn keine implizite Typdeklaration gelten soll.	
GØTØ n Abs. 3.1.1.1.	ja	ja	Sprung zur Anweisung mit der Nummer n n = Anweisungsnummer einer ausführbaren Anweisung im selben Segment.	GØTØ 15

Anweisung	FO II	FO IV	Bedeutung	Beispiel
GØTØ$(n_1,n_2,\ldots,n_i,\ldots,n_m),i$ Abs. 3.1.1.2.	ja	ja	Sprung zur Anweisung mit der Nummer n_i, es muß gelten $1 \leq i \leq m$ $n_1, n_2, \ldots$ = Anweisungsnummern von ausführbaren Anweisungen im selben Segment. i = INTEGER-Variable.	JUMP=4 GØTØ(15,18,22,6,3),JUMP Die Rechnung wird bei Anweisung 6 fortgesetzt.
GØTØ$i,(n_1,n_2,\ldots n_m)$ Abs. 3.1.1.3.	nein	ja	Sprung zur Anweisung i. $n_1, n_2, \ldots$ = Anweisungsnummern von ausführbaren Anweisungen im selben Segment i = INTEGER-Variable, die ihren Wert durch eine ASSIGN-Anweisung zugewiesen bekommt, der Zahlenwert von i muß in der Klammer vorkommen.	ASSIGN 3 TØ JUMP GØTØ JUMP,(15,26,10,3) Die Rechnung wird bei Anweisung 3 fortgesetzt.

IF$(a)n_1,n_2,n_3$
 	
Abs. 3.1.2.
	ja	ja	Sprung zur Anweisung n_1, wenn $a<0$
			Sprung zur Anweisung n_2, wenn $a=0$
			Sprung zur Anweisung n_3, wenn $a>0$
			a = arithmetischer Ausdruck
			n_1, n_2, n_3 = Anweisungsnummern vor ausführbaren Anweisungen im selben Segment.
				IF(A-B/2.)1,1,3
				IF(X(J))5,3,7
				IF(SIN(A/B))5,3,3

IF$(l)s$
 	
Abs. 3.1.2.
	nein	ja	Ausführung der Anweisung s, wenn l den Wert .TRUE. hat, ist l .FALSE. Ausführung der auf IF folgenden Anweisung.
			
			l = boolescher Ausdruck
			
			s = ausführbare Anweisung, jedoch kein logisches IF oder eine DØ-Anweisung.
				IF(SIN(X).LT.-0.9999)SIN(X)
				1=-1.
				IF(A-5..EQ.0.0)RETURN

B Übersicht über die Anweisungen von Basis- und Standard-FORTRAN

Anweisung	FO II	FO IV	Bedeutung	Beispiel
IF(e)n_1,n_2 Abs. 3.1.2.	nein	nein	Sprung z. Anw. n_1, wenn e = .TRUE. oder $\neq 0$ Sprung z. Anw. n_2, wenn e = .FALSE. oder $= 0$ e = arithmet. oder boolescher Ausdruck	IF(A.GT.B)10,20 IF(Z)15,3
IMPLICIT $Typ1$ 1($b_1,b_2,\ldots,b_n$),$Typ2$ 2($a_1,a_2,\ldots,a_n$),$\ldots$ Abs. 2.1.6.	nein	nein	Die Variablen mit den Anfangsbuchstaben oder Gruppen von Anfangsbuchstaben $b_1,b_2,\ldots b_n$ sind vom $Typ1$, die mit $a_1,a_2,\ldots,a_n$ beginnenden sind vom $Typ2$, usw. Typ = Typenbezeichnung, $b_1,b_2,\ldots,b_n$, $a_1,a_2,\ldots,a_n$ = Buchstaben oder Buchstabengruppen	IMPLICIT LØGICAL(B,BØ), 1CØMPLEX(CØM),REAL(I-K) Variablen mit Anfangsbuchstaben I,J,K sind infolge dieser Anweisung vom Typ REAL
INTEGER $Liste$ Abs. 2.1.6. und Abs. 2.4.2.	nein	ja	Die in der Liste aufgeführten Variablen und Felder sind vom Typ INTEGER. $Liste$ = Liste von Variablen- und Feldnamen	INTEGER A,B(10)
LØGICAL $Liste$ Abs. 2.1.6. und 2.4.2.	nein	ja	Die in der Liste aufgeführten Variablen und Felder sind vom Typ LØGICAL.	LØGICAL X(10,2),Y,Z,BØ
PAUSE PAUSE n Abs.3.1.4.	ja	ja	Durch die PAUSE-Anweisung wird der Programmablauf unterbrochen. Er kann jedoch wieder fortgesetzt werden. n = Oktalzahl zur Kennzeichnung eines bestimmten Unterbrechungspunkts	PAUSE PAUSE 3
PRINT f,$Liste$ Abs. 4.3.1.4.	nein	nein	Ausgabe von Daten auf der Systemausgabeeinheit. f = Anweisungsnummer einer FØRMAT-Anweisung oder Feldname	PRINT 10,A,B,(C(I),I=1,10)
PUNCH f,$Liste$ Abs. 4.3.1.4.	nein	nein	Ausgabe von Daten auf der Systemausgabeeinheit. f = Anweisungsnummer einer FØRMAT-Anweisung oder Feldname	PUNCH 10,A,B,(C(I),I=1,10)

Anweisung	FO II	FO IV	Bedeutung	Beispiel
READ(*u*)*Liste* Abs. 4.3.1.2. und Abs. 4.3.1.3.	ja	ja	Einlesen von Zahlenwerten für die in *Liste* aufgeführten Größen in unformatierter Form vom Gerät mit der symbolischen Nummer *u* *u* = Gerätenummer (Datei) *Liste* = Folge von Variablen, Feldelementen und Feldern.	READ(5)A,B(2),(Z(I),I=1,N)
READ(*u,f*)*Liste* Abs. 2.5.1., Abs. 4.3.1.1. und Abs. 4.3.1.3.	ja	ja	Einlesen von Zahlenwerten unter Kontrolle eines Formats *f* = Anweisungsnummer oder Feldname der zugehörigen FØRMAT-Anweisung. *u, Liste* wie oben.	READ(1,10)A,B(2),(Z(I), 1I=1,N) 10 FØRMAT(8E10.0) READ(1,10)A,B(2),(Z(I), 1I=1,N)
READ *f,Liste* Abs. 4.3.1.4.	nein	nein	Einlesen von Zahlenwerten von der Systemeingabeeinheit unter Kontrolle eines Formats *f, Liste* wie oben	READ 10,A,B(2),(Z(I),I=1,N) READ FØRM,A,B(2),(Z(I), 1I=1,N)
REAL *Liste* Abs. 2.1.6. und Abs. 2.4.2.	nein	ja	Die in der Liste aufgeführten Variablen und Felder sind vom Typ REAL *Liste* = Liste von Variablen und Feldnamen	REAL J,K(20),E(10)
RETURN Abs. 3.2.2.3.	ja	ja	Veranlaßt den Rücksprung aus einem untergeordneten in das übergeordnete Segment, muß mindestens einmal in jedem Unterprogramm vorkommen.	RETURN
RETURN *i* Abs. 3.2.5.	nein	nein	Berechneter Rücksprung, Rücksprung erfolgt zu der an *i*-ter Stelle in der Parameterliste stehenden Anweisungsnummer vom übergeordneten Segment, bei FUNCTIØN-Unterprogrammen nicht zulässig. *i* = INTEGER-Konstante oder -Variable	RETURN 2

B Übersicht über die Anweisungen von Basis- und Standard-FORTRAN 187

Anweisung	FO II	FO IV	Bedeutung	Beispiel
REWIND u Abs. 4.3.2.1.	ja	ja	Die durch u gekennzeichnete Datei wird so positioniert, daß das erste Wort der Datei gelesen werden kann. u = kennzeichnet eine Datei (Gerät)	REWIND 5 REWIND J
STØP Abs. 3.1.4.	ja	ja	Die Ausführung des Objektprogramms wird unterbrochen, und das Objektprogramm wird im Arbeitsspeicher gelöscht.	STØP
STØP n Abs. 3.1.4.	ja	ja	n = Oktalzahl zur Kennzeichnung eines bestimmten Abbruchpunkts	STØP 777
SUBRØUTINE name	ja	ja	Erste Anweisung eines SUBRØUTINE-Unterprogramms	SUBRØUTINE SUB1
SUBRØUTINE name $(p_1,p_2,\ldots,p_n)$ Abs. 3.2.3.	ja	ja	$p_1,p_2,\ldots,p_n$ = formale Parameter, müssen in Anzahl und Typ mit den aktuellen Parametern der CALL-Anweisung übereinstimmen. name = Name des SUBRØUTINE-Unterprogramms	SUBRØUTINE SUB1(A,B,I,J)
SUBRØUTINE name $(p_1,p_2,\ldots,p_n)$	nein	nein	wie oben, jedoch mit Sonderzeichen	SUBRØUTINE SUB1(*,A,B*)
WRITE (u)Liste Abs. 4.3.1.2. und Abs. 4.3.1.3.	ja	ja	Ausschreiben der Daten der in Liste aufgeführten Größen auf dem durch u symbolisierten Gerät in maschineninterner Form u = Gerätenummer (Datei), Liste = Folge von Variablen, Feldelementen und Feldern	WRITE(5)A,B(2),(Z(I),I=1,N)
WRITE(u,f)Liste WRITE(u,f) Abs. 2.5.2., Abs. 4.3.1.1. und Abs. 4.3.1.3.	ja	ja	Ausschreiben von Zahlenwerten unter Kontrolle eines Formats f = Anweisungsnummer oder Feldname der zugehörigen FØRMAT-Anweisung u, Liste wie oben	WRITE(2,20)A,B(2),(Z(I), 1I=1,N) 20 FØRMAT(1H_,8F10.2) WRITE(2,FØRM2)A,B(2), 1(Z(I),I=1,N)

C Lösungen der Übungen
Lösungen der Übungen 1.5.

1. Das Objektprogramm ist das Ergebnis der Übersetzung, bei der ein spezielles Übersetzerprogramm (FORTRAN-Compiler) das FORTRAN-Quellenprogramm in die Maschinensprache überträgt.
2. Das Zeichen = hat die Bedeutung „ergibt". Es bewirkt die Zuweisung eines Wertes an den Speicherplatz, der durch den links vom Zeichen = stehenden symbolischen Namen gekennzeichnet ist.
3. Die wichtigsten Anweisungsarten sind:
   - Anweisung zur Eingabe von Daten
   - Entscheidungsbefehle
   - Anweisungen für Rechenoperationen
   - Sprunganweisungen
   - Unterprogrammanweisungen
   - Anweisungen zur Ausgabe von Daten
4.

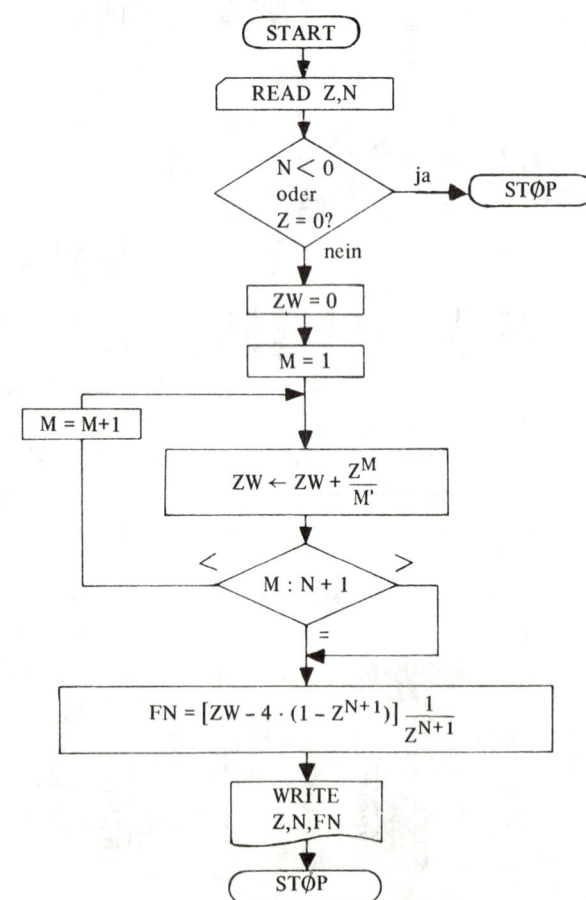

```
START
  │
READ Z,N
  │
N < 0 oder Z = 0?  ──ja──► STOP
  │ nein
ZW = 0
  │
M = 1
  │◄──────────── M = M+1
  ▼                  ▲
ZW ← ZW + Z^M/M      │
  │                  │
M : N+1  ─ < ────────┘
  │  >─────────────────┘
  │ =
FN = [ZW - 4·(1 - Z^{N+1})] · 1/Z^{N+1}
  │
WRITE Z,N,FN
  │
STOP
```

C Lösungen der Übungen

5.   125 = LLLLLOL
                 37,125 = LOOLOL,OOL

6. Addition: Subtraktion:
        LOOLLL   LOOLLL
          LLOO   LLOO
 Übertrag LL   Übertrag L
       LLOOLL   LLOLL

Multiplikation: Division:
LOOLLL · LLOO   LOOLLL : LLOO = LL,OL
LOOLLL   LLOO
  LOOLLLOO   LLLL
LLLOLOLOO   LLOO
                                     LLOO
                                     LLOO
                                     OOOO

7. INTEGER-Zahlen:

Zahlenbereich: -2^{15} bis $2^{15}-1$
                      -32768 bis 32767

Genauigkeit: Jede ganze Zahl im angegebenen Bereich wird genau dargestellt.
               Außerhalb dieses Bereichs können keine INTEGER-Zahlen verarbeitet werden.

REAL-Zahlen:
Zahlenbereich: $\pm \frac{1}{16} \cdot 16^{-8}$ bis $\pm 16^{7}$

                      $\pm 1{,}46 \cdot 10^{-11}$ bis $\pm 2{,}68 \cdot 10^{8}$

Genauigkeit: Mantisse 2^{11} = 2048, d.h. 2048 Zustände sind unterscheidbar,
               die Genauigkeit beträgt nur etwa 3 Stellen.

Lösungen der Übungen 2.1.7.

1. Eine Variable bezeichnet eine Speicherzelle, deren Zahlenwert sich im Laufe der Rechnung ändern kann. Der Zahlenwert einer Konstanten ändert sich dagegen nicht. Eine Variable wird durch ihren Namen dargestellt, eine Konstante durch ihren Zahlenwert.

2. In den Spalten 1 bis 5

3. Durch Einfügen von Kommentarkarten, die zur Unterscheidung von den Programmkarten in der ersten Spalte ein C tragen.

4. Zur Festlegung des Typs einer Variablen.

5. a)   **Variable**   **Typ**

         HØCH   REAL
         BREIT   REAL
         WAHR   REAL
         W   INTEGER
         BØGEN   REAL

	LANG	INTEGER
	BØØLE	LØGICAL
	BØØLER	REAL
	B	INTEGER

b)
	HØCH	REAL
	BREIT	REAL
	WAHR	REAL
	W	REAL
	BØGEN	REAL
	LANG	INTEGER
	BØØLE	REAL
	BØØLER	REAL
	B	REAL

6.   − 5.E−5
       0. oder 0.0 oder .0
       − 160.5
       .123 E−8
       1.0 E5

7.
0,1	falsch,	richtig: 0.1
8E−8	richtig	
−.721	richtig	
+0.7E6.0	falsch,	richtig: 0.7E6
2.7−E2	falsch,	richtig: 2.7E−2
E11	falsch,	richtig: 1.0E11

Lösungen der Übungen 2.2.4.

1. a) Ein arithmetischer Ausdruck ist im einfachsten Fall eine Variable oder eine Konstante. Im weiteren Sinn versteht man darunter Ausdrücke, die durch Verknüpfung von Variablen oder Konstanten durch arithmetische Operatoren entstehen.

   b) Eine Wertzuweisung besteht aus einer Variablen, dem Zeichen = und einem arithmetischen Ausdruck. Die Variable muß links vom Zeichen = stehen.

2. Die richtigen FORTRAN-Anweisungen sind:

   a) X = (A+B)**2
   b) X = B**(K−L+1)/(B**(K+L−1)+A)
   c) B = (5./C−2.)**(1./7.) bzw. C = 5./(B**7+2.)
   d) Y = A**(3./4.) (ohne die Dezimalpunkte ergäbe sich Y = 1 für beliebiges A)
   e) Z = (A*B/(B+3.))**0.5

3. Die Ausdrücke ohne überflüssige Klammern heißen:

   a) X*Y/Z
   b) A/X*C
   c) (A+B)/(C*D) ist besser als (A+B)/C/D, da eine Division mehr Rechenzeit benötigt als eine Multiplikation
   d) B**(K+1)/(B**K+1.)
   e) X**(I−J)+B/(C+3.)*(B+C)

C Lösungen der Übungen   191

Lösungen der Übungen 2.3.4.

1. a) A-1. .GE.B .AND. B .GT. 0.
   Die Schreibweise A-1. .GE. B .GT. 0. wäre falsch, weil A-1. .GE.B ein
   boolescher Ausdruck ist, der mit einem arithmetischen nicht verglichen werden
   kann.

   b) Die Funktion IZ beschreibt die Darstellung von INTEGER-Zahlen in einem Rechenautomaten.
   ```
            INTEGER Z
            IF(Z.GE.0)GØTØ 5
            IZ=2**N+Z
            GØTØ 6
          5 IZ=Z
          6 .
            .
            .
   ```

2. Unter Verwendung des logischen IF kann der Dualaddierer wie folgt simuliert werden:
   ```
            LØGICAL X1,X2,SUMME,UEBER
            UEBER=.FALSE.
            SUMME=.FALSE.
            IF(X1.AND.X2)UEBER=.TRUE.
            IF(X1.ØR.X2)SUMME =.TRUE.
            IF(UEBER)SUMME=.FALSE.
   ```
   Einfacher wird die Anweisungsfolge, wenn die logischen IF nicht verwendet werden
   ```
            LØGICAL X1,X2,SUMME,UEBER
            SUMME=.NØT.X1.AND.X2.ØR.X1.AND. .NØT.X2
            UEBER=X1.AND.X2
   ```

Lösungen der Übungen 2.4.4.

1. a) Mit der Anweisung DIMENSIØN MATRIX (10,10,10) wird bewirkt, daß der
   Compiler 1000 Speicherstellen für das Feld MATRIX in dem Programmsegment
   vorsieht, in dem diese Anweisung steht. Alle Elemente dieses Feldes sind vom
   Typ INTEGER (implizite Typdeklaration).

   b) Die Anweisung REAL MATRIX (10,10,10) hat die gleiche Wirkung wie unter a)
   beschrieben, jedoch sind die Elemente des Feldes MATRIX in diesem Fall vom
   Typ REAL (explizite Typdeklaration). Man beachte, daß die Anweisungen a) und
   b) nicht im selben Segment stehen dürfen (doppelte Dimensionierung).

2. a) Bereichsüberschreitung im 2. Index
   b) Zahl vom Typ REAL als Index verwendet
   c) Drei Indices verwendet, obwohl A nur zweidimensional vereinbart
   d) Der erste Index ist kleiner als 1
   e) Negative Indices sind verboten
   f) Das Zeichen + beim zweiten Index ist unzulässig

3. 1. Fehler: Ein Ausdruck zur Indizierung darf keine Division enthalten (fünfte Anweisung).
   2. Fehler: Für I=1 wird in der vierten Anweisung das Element A(0) aufgerufen.
   3. Fehler: Für I=12 (letzter Durchlauf) tritt in der vierten Anweisung Bereichsüberschreitung (A(11)) auf.

4.
```
        DIMENSIØN C(50)
        S=0.
        J=0
     10 J=J+1
        C(2*J-1)=ALPHA*C(2*J-1)
        S=S+C(2*J)+C(2*J-1)
        IF(J.LT.25)GØTØ 10
        .
        .
        .
```

5. Schema für das Ordnen der Elemente: Es wird zunächst die kleinste im Feld auftretende Zahl gesucht. Dazu werden alle Zahlen A(I) mit AMIN verglichen. Ist eine Zahl kleiner als AMIN, so werden die Zahlenwerte von AMIN und A(I) miteinander vertauscht, so daß AMIN am Ende des Durchlaufs (im Flußdiagramm die Anweisungen im gestrichelten Rechteck) den kleinsten Zahlenwert hat. Die kleinste Zahl wird A(1), die zweitkleinste A(2), usw. Beim zweiten Durchlauf braucht AMIN natürlich nur mit A(2) .... A(JMAX) verglichen zu werden. An den Anschlußstellen A kann die Befehlsfolge an andere Programme angeschlossen werden.

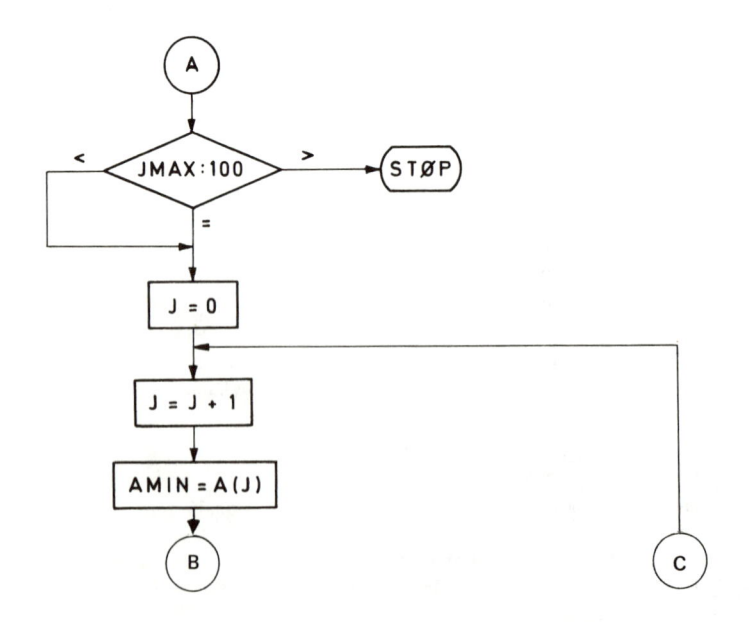

C Lösungen der Übungen

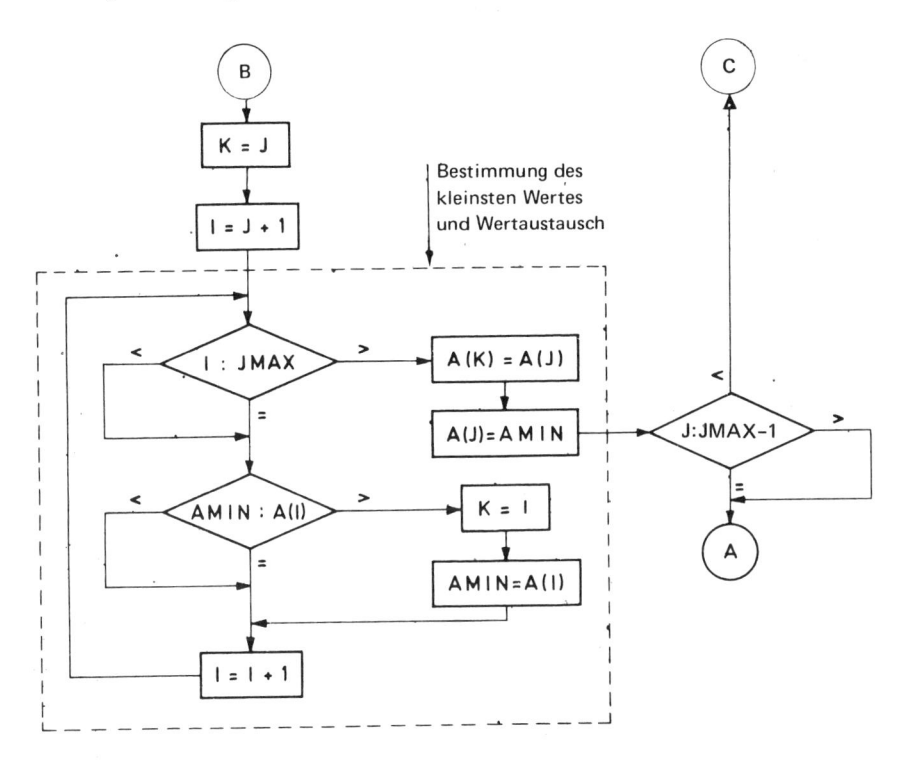

```
        DIMENSIØN A(100)
        IF(JMAX.GT.100)STØP
        J=0
    10  J=J+1
        AMIN=A(J)
        K=J
        I=J+1
    20  IF(I.GT.JMAX)GØTØ 30
        IF(AMIN.GT.A(I))K=I
        IF(AMIN.GT.A(I))AMIN=A(I)
        I=I+1
        GØTØ 20
    30  A(K)=A(J)
        A(J)=AMIN
        IF(J.LT.JMAX-1)GØTØ 10
```

Lösungen der Übungen 2.5.4.

1. Eingabe: Es werden 10 Zeichen gelesen. Die REAL-Zahl wird als REAL-Konstante mit Dezimalpunkt gelocht.

   Ausgabe: Es werden 15 Zeichen ausgegeben. Die REAL-Zahl wird auf 4 Stellen nach dem Dezimalpunkt gerundet. Nimmt die Zahl weniger als 15 Stellen ein, werden führende Leerstellen ausgedruckt. Die ausgegebene Zahl enthält keinen Exponenten.

2. Am Anfang einer Zeile steht die Zeichenfolge ERGEBNIS: Die erste Leerstelle wird als Steuerzeichen gedeutet und nicht gedruckt.

3. a)
```
         READ(1,10) H,A1,A2,B1,B2
      10 FØRMAT (5F10.0)
         V = H*((2.*A1+A2)*B1+(2.*A2+A1)*B2)/6.
         WRITE (2,15) H,A1,A2,B1,B2,V
      15 FØRMAT (1H_,6F15.4)
```
   b)
```
         READ (1,10) Y,Z
      10 FØRMAT (2F12.0)
         X = (8.-Y*Y)/(3.*Z*Z)
         WRITE(2,15) Y,Z,X
      15 FØRMAT (1H_,3F12.3)
```
   c)
```
         DIMENSIØN A(3,4), B(3,4), C(3)
         READ (1,10) A
         READ (1,10) B
      10 FØRMAT (12F5.0)
         I=0
      11 I=I+1
         C(I)=0.
         J=0
      12 J=J+1
         C(I)=C(I) + A(I,J)*B(I,J)
         IF(J.LT.4) GØTØ 12
         IF(I.LT.3) GØTØ 11
         WRITE (2,15) A,B
      15 FØRMAT (1H_,12F5.1)
         WRITE(2,16)C
      16 FØRMAT(1H0,3F10.3)
```

4.
```
         WRITE(2,33)
      33 FØRMAT(1H1//1H_,4X,10HHANS_MEIER,40X,
        116H1_BERLIN_15,_DEN/1H_,56X,19HKURFUERSTE
        2NDAMM_201)
```

Lösungen der Übungen 3.1.5.
1. Flußdiagramm

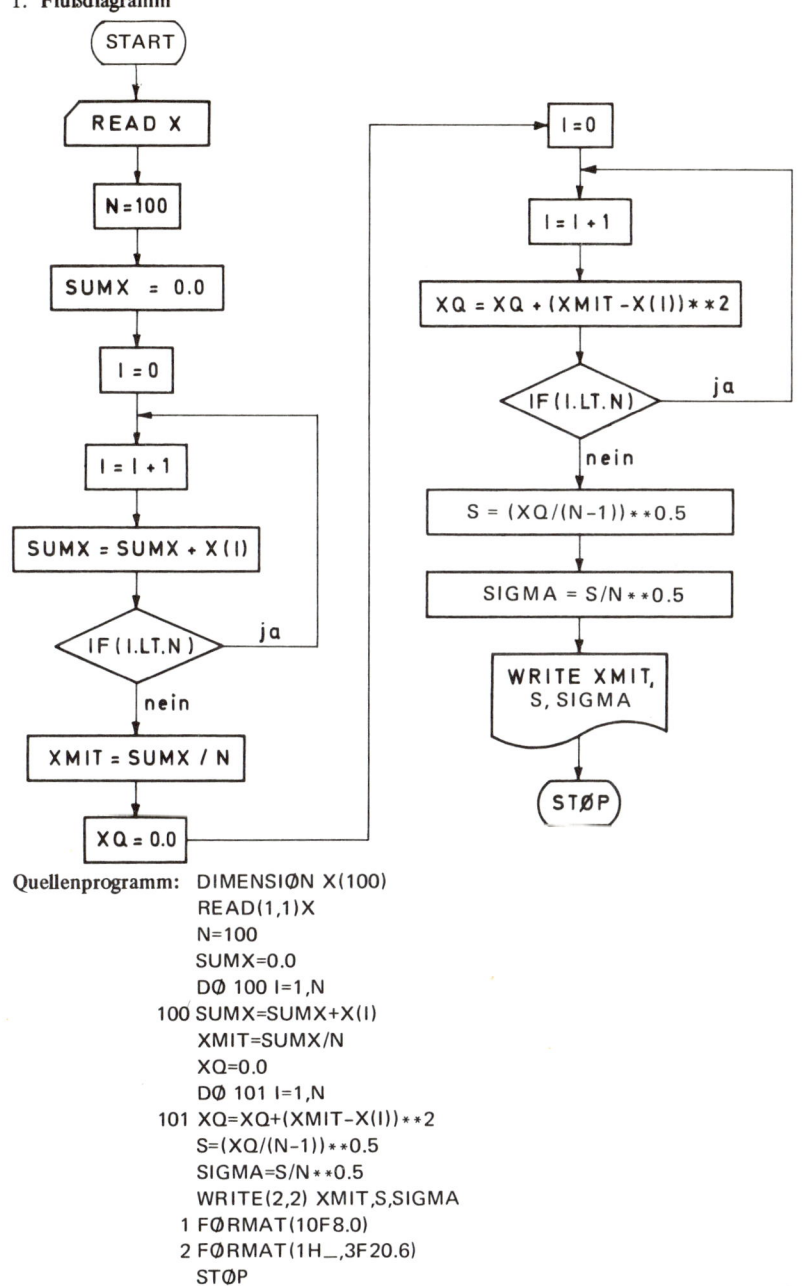

```
         START
           ↓
        READ X
           ↓
        N = 100
           ↓
       SUMX = 0.0
           ↓
         I = 0
           ↓ ←─────────┐
        I = I + 1      │
           ↓           │
     SUMX = SUMX + X(I)│
           ↓           │
        IF(I.LT.N) ──ja┘
           ↓ nein
       XMIT = SUMX / N
           ↓
         XQ = 0.0 ──────────────→  I = 0
                                     ↓  ←───────┐
                                  I = I + 1     │
                                     ↓          │
                            XQ = XQ + (XMIT-X(I))**2
                                     ↓          │
                                 IF(I.LT.N) ──ja┘
                                     ↓ nein
                            S = (XQ/(N-1))**0.5
                                     ↓
                            SIGMA = S/N**0.5
                                     ↓
                             WRITE XMIT,
                               S, SIGMA
                                     ↓
                                   STØP
```

Quellenprogramm:
```
      DIMENSIØN X(100)
      READ(1,1)X
      N=100
      SUMX=0.0
      DØ 100 I=1,N
  100 SUMX=SUMX+X(I)
      XMIT=SUMX/N
      XQ=0.0
      DØ 101 I=1,N
  101 XQ=XQ+(XMIT-X(I))**2
      S=(XQ/(N-1))**0.5
      SIGMA=S/N**0.5
      WRITE(2,2) XMIT,S,SIGMA
    1 FØRMAT(10F8.0)
    2 FØRMAT(1H_,3F20.6)
      STØP
```

2. **Flußdiagramm**

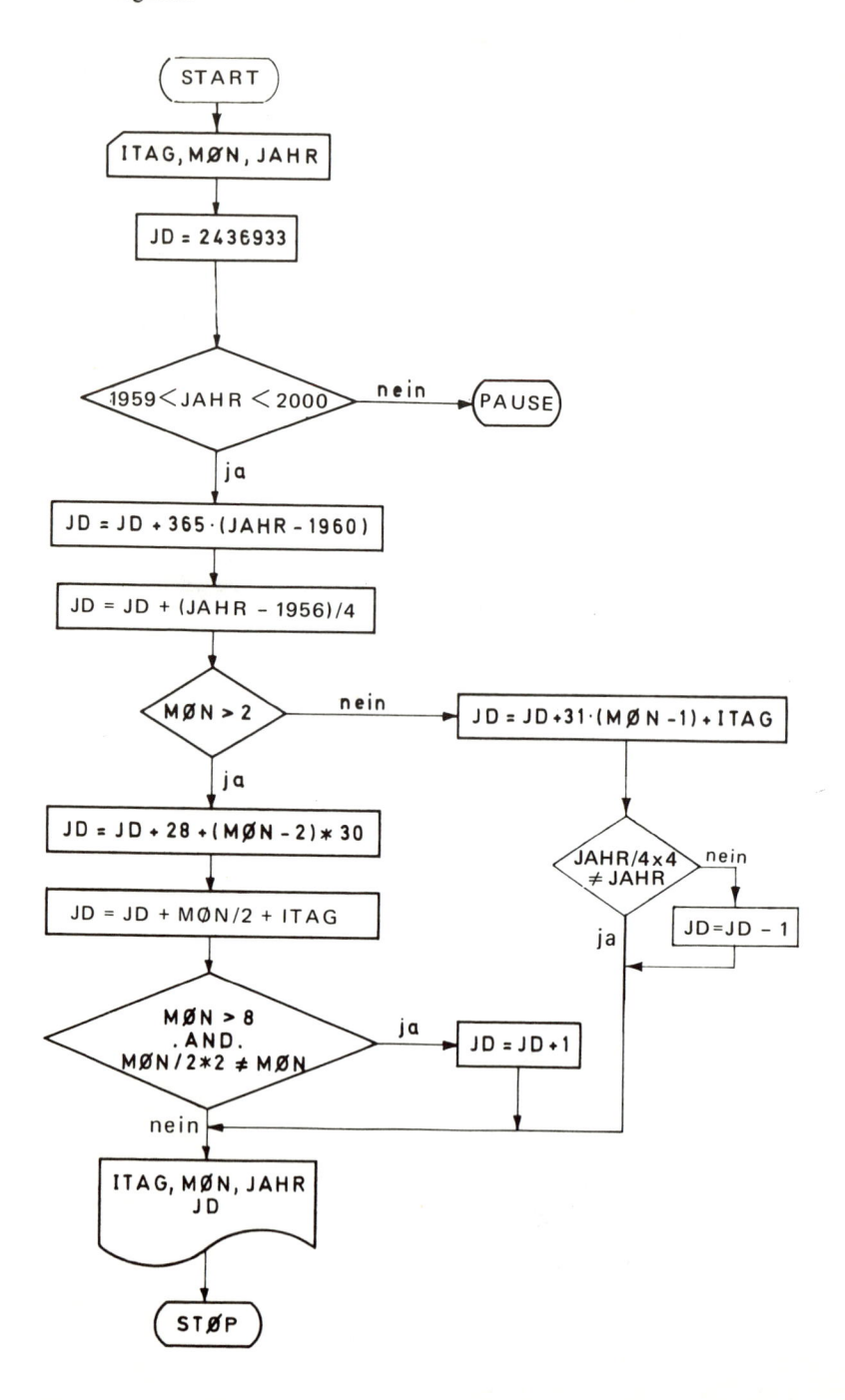

```
                    ┌─────────┐
                    │  START  │
                    └────┬────┘
                         │
            ┌────────────┴────────────┐
            │   ITAG, MØN, JAHR       │
            └────────────┬────────────┘
                         │
            ┌────────────┴────────────┐
            │    JD = 2436933         │
            └────────────┬────────────┘
                         │
                         ▼
              ╱─────────────────╲        ┌───────┐
             ╱ 1959 < JAHR < 2000 ╲ nein │ PAUSE │
             ╲                    ╱─────▶└───────┘
              ╲─────────┬────────╱
                        │ ja
                        ▼
         ┌───────────────────────────────┐
         │ JD = JD + 365·(JAHR - 1960)   │
         └───────────────┬───────────────┘
                         │
         ┌───────────────┴───────────────┐
         │ JD = JD + (JAHR - 1956)/4     │
         └───────────────┬───────────────┘
                         │
                   ╱───────────╲   nein    ┌─────────────────────────────┐
                  ╱   MØN > 2   ╲─────────▶│ JD = JD+31·(MØN-1)+ITAG     │
                   ╲───────────╱           └──────────────┬──────────────┘
                        │ ja                              │
                        ▼                                 │
         ┌─────────────────────────────┐                  │
         │ JD = JD + 28 + (MØN-2)*30   │                  │
         └───────────────┬─────────────┘                  │
                         │                                │
         ┌───────────────┴─────────────┐                  │
         │ JD = JD + MØN/2 + ITAG      │                  │
         └───────────────┬─────────────┘                  │
                         │                   ╱─────────────╲  nein  ┌─────────┐
                         │                  ╱  JAHR/4×4     ╲──────▶│JD=JD - 1│
                         │                  ╲  ≠ JAHR       ╱       └────┬────┘
                         │                   ╲─────┬───────╱             │
                         │                         │ ja                  │
                         ▼                         │◀────────────────────┘
                   ╱───────────╲
                  ╱   MØN > 8   ╲    ja   ┌──────────┐
                 ╱    .AND.      ╲───────▶│ JD=JD+1  │
                  ╲ MØN/2*2 ≠ MØN╱        └─────┬────┘
                   ╲─────┬─────╱               │
                    nein │◀──────────────────────┘
                         ▼
              ┌────────────────────┐
              │  ITAG, MØN, JAHR   │
              │        JD          │
              └──────────┬─────────┘
                         │
                    ┌────┴────┐
                    │  STØP   │
                    └─────────┘
```

C Lösungen der Übungen

Quellenprogramm:
```
        READ(1,10)ITAG,MON,JAHR
     10 FORMAT(3I5)
        JD=2436933
        IF(JAHR.LT.1960.OR.JAHR.GE.2000) PAUSE
        JD=JD+365*(JAHR-1960)
C BERUECKSICHTIGUNG DER SCHALTJAHRE
        JD=JD+(JAHR-1956)/4
        IF(MON.GT.2) GOTO 20
        JD=JD+31*(MON-1)+ITAG
C ZUGEZAEHLTER SCHALTTAG WIRD ERST NACH DEM 1. MAERZ
C WIRKSAM
        IF(JAHR/4*4).NE.JAHR) GOTO 30
        JD=JD-1
        GOTO 30
     20 JD=JD+28+(MON-2)*30
        JD=JD+MON/2+ITAG
C BERUECKSICHTIGUNG DES WECHSELS DER MONATSLAENGE
C IM AUGUST
        IF(MON.GT.8.AND.MON/2*2.NE.MON)JD=JD+1
     30 WRITE(2,40)ITAG,MON,JAHR,JD
     40 FORMAT(1H_,3I5,I12)
        STOP
```

3. Die Matrix bestehe aus 10×10 Elementen

```
        DIMENSION A(10,10)
        DO 1 K=1,10
        DO 1 I=K,10
        IF(I.EQ.K)GOTO 1
        B=A(I,K)
        A(I,K)=A(K,I)
        A(K,I)=B
      1 CONTINUE
```

Meist ist die Transponation einer Matrix nicht notwendig, da man den gleichen Effekt durch Vertauschen der Indices erreicht, wenn auf ein Matrixelement in einer Anweisung Bezug genommen wird.

4. Bei der **Elimination** wird das neue Matrixelement (a'_{ik}) aus dem alten (a_{ik}) nach folgenden Beziehungen ermittelt:

Elimination der i-ten Unbekannten:

Zeile i   : $a'_{i,k} = a_{i,k} \cdot \dfrac{1}{a_{i,i}}$

Zeile i+1: $a'_{i+1,k} = a_{i+1,k} - a'_{i+1,k} \cdot a_{i+1,i}$

. .
. .
. .

Zeile n   : $a'_{n,k} = a_{n,k} - a'_{i,k} \cdot a_{n,i}$

Für c gilt analog:

$$c'_i = c_i \cdot \frac{1}{a'_{i,i}}$$

$$c'_{i+1} = c_{i+1} - c'_i \cdot a'_{i+1,i}$$

.
.
.

$$c'_n = c_n - c'_i \cdot a'_{i+1,i}$$

Da bei allen Rechenoperationen durch $a_{i,i}$ dividiert wird, müssen diese Glieder ungleich Null sein. Ist das nicht der Fall, müssen vor Beginn der Elimination die Spalten so vertauscht werden, daß alle $a_{i,i} \neq 0$ sind. Die Vertauschung ist im folgenden Programmierbeispiel nicht vorgesehen, der Benutzer müßte daher seine Karten vor Rechenbeginn sortieren. Es wird lediglich geprüft, ob alle $a_{i,i} \neq 0$ sind.

Bei der **Substitution** wird mit Hilfe der n-ten Gleichung der Matrix zunächst x_n bestimmt, mit dem dann x_{n-1}, daraus x_{n-2}, usw. berechnet werden können. Die zugehörigen Beziehungen sind:

$$x_n = c_n \cdot \frac{1}{a_{n,n}}$$

$$x_{n-1} = c_{n-1} - a_{n-1,n} \cdot x_n \cdot \frac{1}{a_{n-1,n-1}}$$

$$x_{n-i} = \left[c_{n-i} - \sum_{k=n-i+1}^{n} a_{n-i,k} \cdot x_k \right] \cdot \frac{1}{a_{n-i,n-i}}$$

Die im folgenden angegebenen Anweisungen stellen ein Grundprogramm dar. Es funktioniert nur unter gewissen Einschränkungen: So müssen z.B. auch während der Elimination die Diagonalelemente $a_{i,i} \neq 0$ sein. Weiterhin sind die produzierten Lösungen auch nicht immer vollständig: Wenn die rechten Seiten alle null sind, liefert das Programm nur die Triviallösung $x_1 = x_2 = \ldots = x_n = 0$. Über die hierüber hinausgehenden Probleme bei der Lösung von linearen Gleichungssystemen informiere sich der Leser in der einschlägigen Fachliteratur.

C Lösungen der Übungen

Flußdiagramm: Die Anweisungsfolge wird zwischen den Punkten (E) und (R) in ein Segment eingebaut.

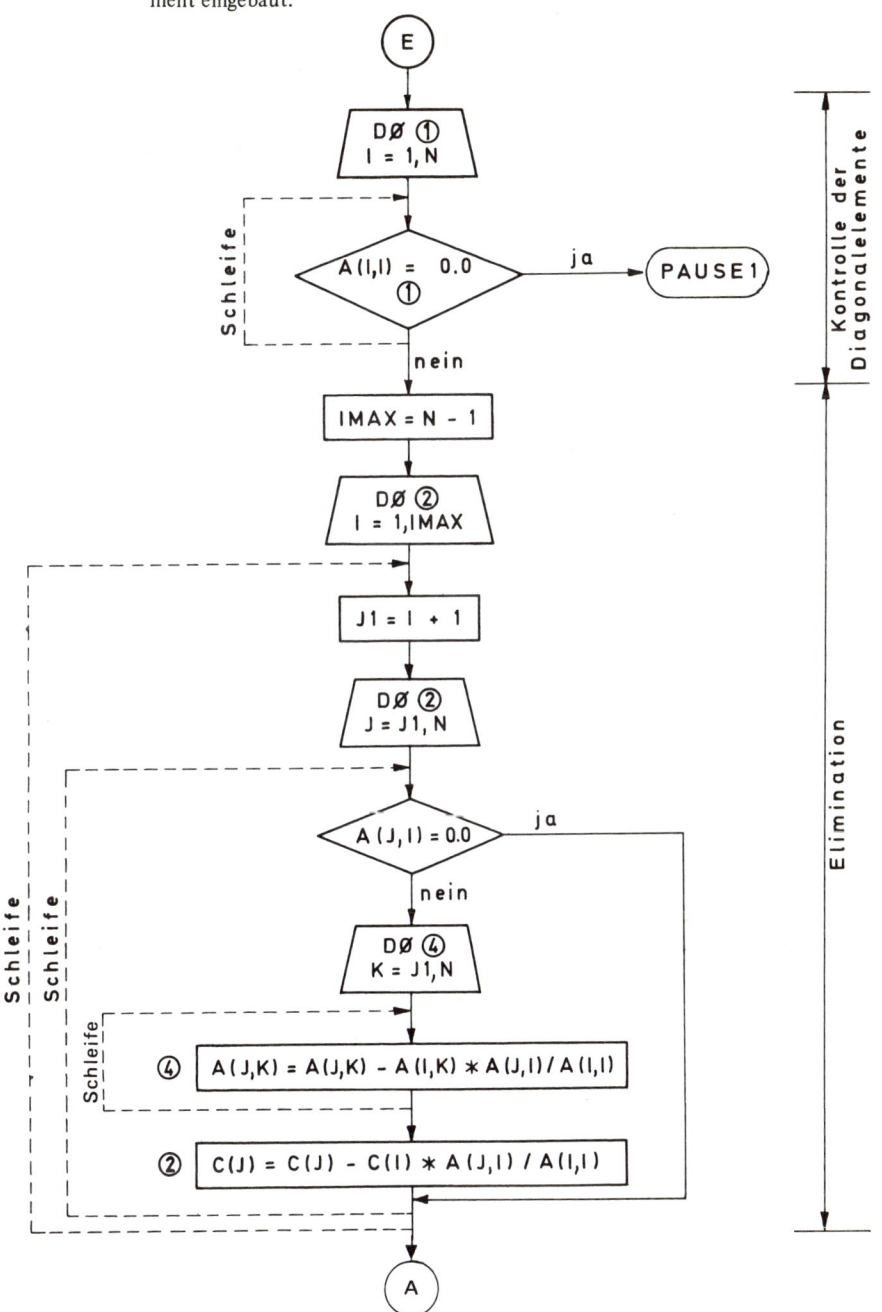

```
                    ( E )
                      │
                      ▼
              ┌───────────────┐
              │    DØ ①       │
              │   I = 1, N    │
              └───────────────┘
                      │
         ┌────────────▼───────────┐     ja
         │      A(I,I) = 0.0  ①   ├─────────▶ ( PAUSE 1 )
         └────────────┬───────────┘
                  nein│
                      ▼
              ┌───────────────┐
              │  IMAX = N - 1 │
              └───────────────┘
                      │
                      ▼
              ┌───────────────┐
              │    DØ ②       │
              │  I = 1, IMAX  │
              └───────────────┘
                      │
                      ▼
              ┌───────────────┐
              │   J1 = I + 1  │
              └───────────────┘
                      │
                      ▼
              ┌───────────────┐
              │    DØ ②       │
              │  J = J1, N    │
              └───────────────┘
                      │
                      ▼
         ┌────────────────────────┐   ja
         │     A(J,I) = 0.0       ├──────┐
         └────────────┬───────────┘      │
                  nein│                  │
                      ▼                  │
              ┌───────────────┐          │
              │    DØ ④       │          │
              │  K = J1, N    │          │
              └───────────────┘          │
                      │                  │
                      ▼                  │
     ④ │ A(J,K) = A(J,K) - A(I,K) * A(J,I) / A(I,I) │
                      │                  │
                      ▼                  │
     ② │ C(J) = C(J) - C(I) * A(J,I) / A(I,I)       │
                      │◀─────────────────┘
                      ▼
                    ( A )
```

Kontrolle der Diagonalelemente

Elimination

Schleife

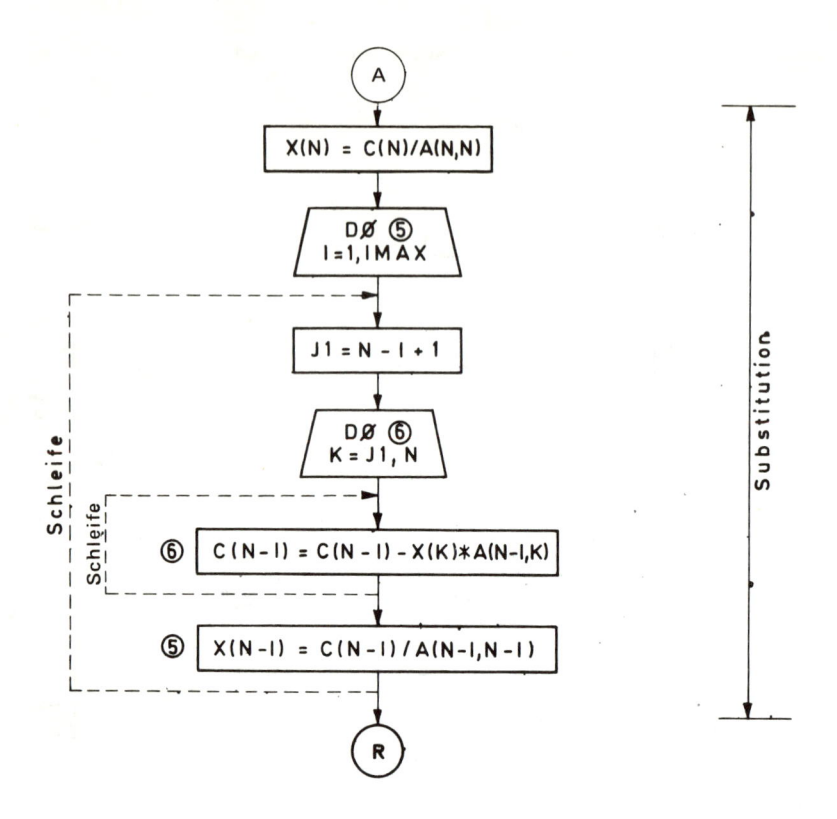

Quellenprogramm:

```
      .
      .
      .
      DIMENSIØN A(20,20),C(20),X(20)
      DØ 1 I=1,N
      IF(A(I,I).EQ. 0.0) PAUSE 1
    1 CØNTINUE
C ELIMINATIØN
      IMAX=N-1
      DØ 2 I=1,IMAX
      J1 = I+1
      DØ 2 J=J1,N
C FØLGENDE ABFRAGE BEWIRKT, DASS DIE NAECHSTE
C SCHLEIFE UEBERSPRUNGEN WIRD, WENN A(J,I) = 0.0. AM
C ERGEBNIS AENDERT SICH DADURCH NICHTS
      IF(A(J,I))3,2,3
    3 DØ 4 K=J1,N
    4 A(J,K) = A(J,K) - A(I,K)*A(J,I)/A(I,I)
    2 C(J) = C(J) - C(I)*A(J,I)/A(I,I)
```

C Lösungen der Übungen

```
C SUBSTITUTIØN
      X(N) = C(N)/A(N,N)
      DØ 5 I=1,IMAX
      J1=N-I+1
      DØ 6 K=J1,N
    6 C(N-I)=C(N-I)-X(K)*A(N-I,K)
    5 X(N-I)=C(N-I)/A(N-I,N-I)
      ⋮
```

Lösungen der Übungen 3.2.6.

1. a) Programmsegmente: Geschlossene (externe) Standardfunktionen, FUNCTIØN-Unterprogramme, SUBRØUTINE-Unterprogramme und Hauptprogramme. Anweisungsfunktionen und eingebaute (interne) Standardfunktionen sind keine selbständigen Segmente.

   b) Jedes vom Programmierer geschriebene Programmsegment muß mit der Anweisung END enden.

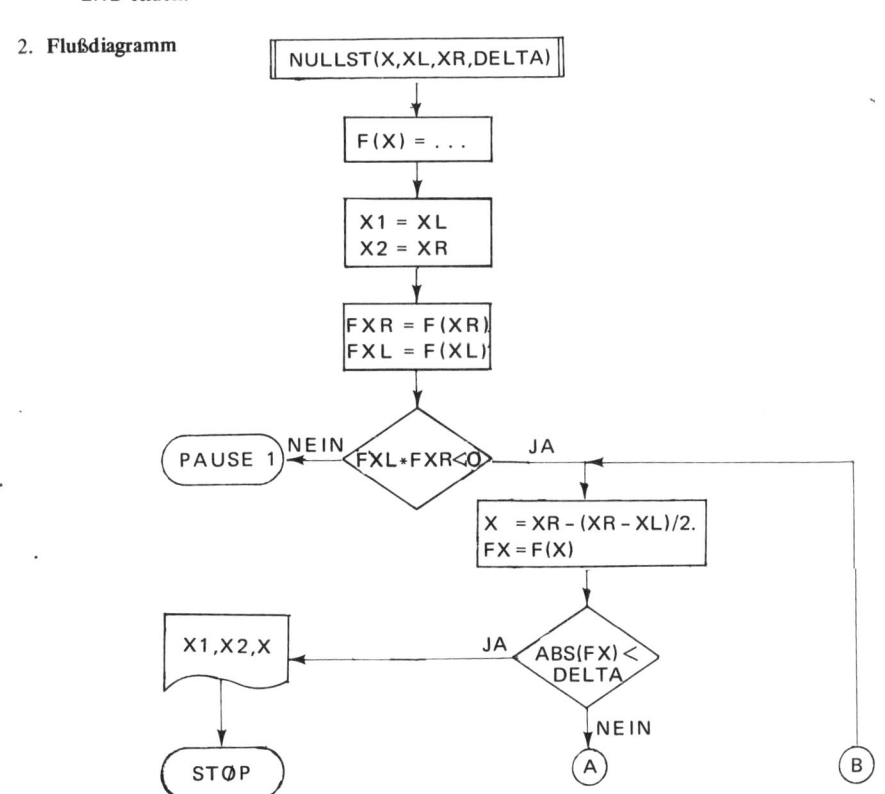

2. **Flußdiagramm**

```
                              ┌───┐
                              │ A │
                              └─┬─┘
                                │
                        ╱╲      │     JA     ┌──────────┐
                       ╱  ╲─────┴─────────── │ XL = X   │
                      ╱FX* ╲                 │ FXL = FX │
                      ╲FXR<╲                 └────┬─────┘
                       ╲0.0╱                      │
                        ╲ ╱                       │
                         V                        │
                         │NEIN                    │         ┌───┐
                         │                        │         │ B │
                   ┌─────┴────┐                   │         └─┬─┘
                   │ XR = X   │                   │           │
                   │ FXR = FX │                   │           │
                   └─────┬────┘                   │           │
                         └────────────────────────┴───────────┘
```

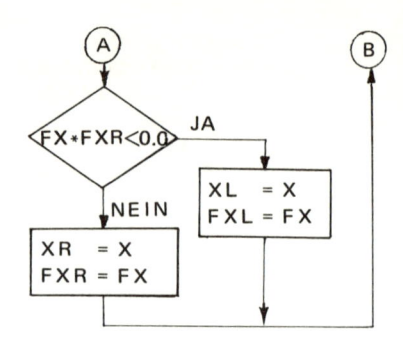

Programm:

```
            SUBROUTINE NULLST(X,XL,XR,DELTA)
            F(X) =
            X1=XL
            X2=XR
            FXR=F(XR)
            FXL=F(XL)
            IF(FXL*FXR.LT.0.0) GOTO 1
            PAUSE 1
          1 X=XR-(XR-XL)/2.
            FX=F(X)
            IF(ABS(FX).LT.DELTA) GOTO 2
            IF(FX*FXR.LT.0.0) GOTO 3
C NULLSTELLE LINKS VON X
            XR=X
            FXR=FX
            GOTO 1
C NULLSTELLE RECHTS VON X
          3 XL=X
            FXL=FX
            GOTO 1
          2 XL=X1
            XR=X2
            RETURN
            END
```

Dieses Programmsegnemt kann z. B. durch

CALL NULLST(XO,A,B,EPS)

aufgerufen werden. Soll eine Nullstelle der Funktion

$$F(X) = X^3 - 3{,}5X^2 - 8{,}5X + 5$$

bestimmt werden, so heißt die Anweisungsfunktion

F(X) = X**3 - 3.5*X**2 - 8.5*X + 5.0

C Lösungen der Übungen

3. Im übergeordneten Segment muß das Feld CØMP durch Konstanten dimensioniert und in einer Typdeklaration als Feld komplexer Größen gekennzeichnet werden:

> CØMPLEX CØMP (10,10,10)
> CALL SUB1 (A,B,C,D,CØMP, L,M,N)

Das SUBRØUTINE-Unterprogramm muß beginnen mit:

> SUBRØUTINE (A,B,C,D, CØMP, I,J,K)
> CØMPLEX CØMP (I,J,K)

Das Feld CØMP kann bis zu 1000 Größen vom Typ CØMPLEX enthalten. Der Compiler sieht jedoch – ohne daß es einer besonderen Anweisung bedarf – 2000 Speicherplätze für CØMP vor, da Größen vom Typ CØMPLEX den doppelten Speicherbedarf von REAL-Größen haben. Man beachte, daß den Variablen L, M und N vor Aufruf des Unterprogramms ein Zahlenwert zugewiesen werden muß.

4. Das folgende Flußdiagramm gibt den Lösungsweg an. In der ersten Abfrage wird die Genauigkeit der Lösung x getestet. Die zweite Abfrage testet, ob der zu x gehörige Funktionswert größer oder kleiner als null ist. Für den Fall $F < 0$ wird die Schleife K1, F1, X1, F = FUN() so lange durchlaufen, bis ein x gefunden wird, für das $F > 0$ ist. Ist das der Fall, haben K1 und K2 den Wert 1, und es wird das erste Mal die Regula Falsi angewandt. Danach erfolgt der Rücksprung zur erneuten Funktionsberechnung.

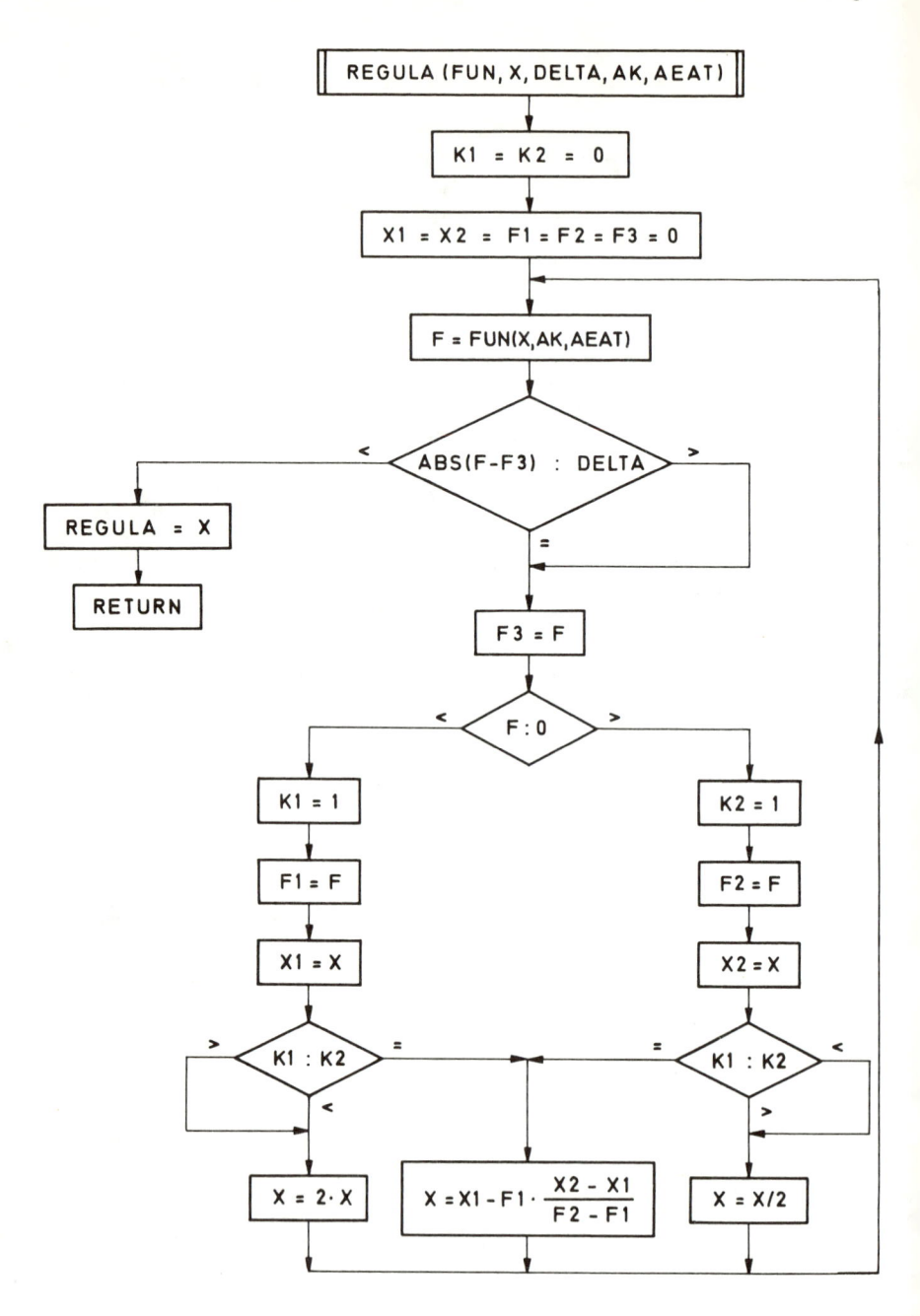

```
┌─────────────────────────────────────┐
│ REGULA (FUN, X, DELTA, AK, AEAT)    │
└─────────────────────────────────────┘
                 │
                 ▼
         ┌───────────────┐
         │ K1 = K2 = 0   │
         └───────────────┘
                 │
                 ▼
    ┌─────────────────────────────┐
    │ X1 = X2 = F1 = F2 = F3 = 0  │
    └─────────────────────────────┘
                 │
                 ▼
         ┌─────────────────────┐
         │ F = FUN(X,AK,AEAT)  │
         └─────────────────────┘
                 │
                 ▼
         < ◇ ABS(F-F3) : DELTA ◇ >
       ┌───                      ───┐
       ▼              =             
┌──────────────┐      │
│ REGULA = X   │      ▼
└──────────────┘   ┌───────┐
       │           │ F3 = F│
       ▼           └───────┘
┌──────────┐          │
│ RETURN   │          ▼
└──────────┘    < ◇ F : 0 ◇ >
              ┌──           ──┐
              ▼               ▼
          ┌───────┐       ┌───────┐
          │ K1 = 1│       │ K2 = 1│
          └───────┘       └───────┘
              │               │
          ┌───────┐       ┌───────┐
          │ F1 = F│       │ F2 = F│
          └───────┘       └───────┘
              │               │
          ┌───────┐       ┌───────┐
          │ X1 = X│       │ X2 = X│
          └───────┘       └───────┘
              │               │
         > ◇K1:K2◇ =     = ◇K1:K2◇ <
              <               >
              ▼       ▼       ▼
       ┌─────────┐ ┌──────────────────┐ ┌─────────┐
       │ X = 2·X │ │ X = X1 - F1 ·    │ │ X = X/2 │
       │         │ │      (X2-X1)/    │ │         │
       │         │ │      (F2-F1)     │ │         │
       └─────────┘ └──────────────────┘ └─────────┘
```

K1 und K2 sind Kontrollgrößen

C Lösungen der Übungen

```
┌─────────────────────┐
│ FUN (x, AK, AEAT)   │
└─────────────────────┘
           │
┌─────────────────────┐
│ FUN = AEAT - f(x)   │
└─────────────────────┘
           │
      ┌─────────┐
      │ RETURN  │
      └─────────┘
```

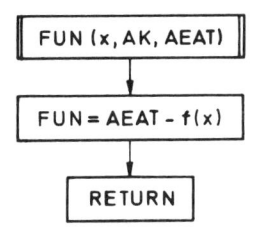

Es ist zu beachten, daß der folgende Programmablauf nur für Funktionen gilt, die im betrachteten Bereich monoton fallend sind. Für Funktionen, die monoton steigen, muß Anweisung 5 geändert werden und muß lauten:

        5 IF(F.LT.0.) GØTØ 1

Programm:

```
          FUNCTIØN REGULA (FUN,X,DELTA,AK,AEAT)
          K1 = 0
          K2 = 0
          F3 = 0.
        3 F = FUN(X,AK,AEAT)
          IF(ABS(F-F3)-DELTA) 4,6,6
        6 F3 = F
        5 IF(F.GT.0.) GØTØ 1
          K1 = 1
          F1 = F
          X1 = X
          IF(K1.EQ.K2) GØTØ 2
          X = 2.*X
          GØTØ 3
        2 X = X1 - F1*(X2-X1)/(F2-F1)
          GØTØ 3
        1 K2 = 1
          F2 = F
          X2 = X
          IF(K1.EQ.K2) GØTØ 2
          X = X/2.
          GØTØ 3
        4 REGULA = X
          RETURN
          END
          FUNCTIØN FUN(X,AK,AEAT)
          FUN = AEAT-SQRT((AK-1.)/2.*(2./(AK+1.))**((AK+1.)/
         1(AK-1.)))/SQRT(X**(2./AK)*(1.-X**((AK-1.)/AK)))
          RETURN
          END
```

Lösungen der Übungen 3.3.5.

1. Das FUNCTIØN-Unterprogramm TRGLEI muß wenigstens einen Parameter haben. Wenn alle Zahlenwerte mittels der Anweisung CØMMØN übergeben werden sollen, muß TRGLEI in ein SUBRØUTINE-Unterprogramm umgeschrieben werden. Im folgenden sind die notwendigen Änderungen bei Programmierung von TRGLEI als FUNCTIØN-Unterprogramm einerseits und als SUBRØUTINE-Unterprogramm andererseits angegeben. Man vergleiche mit dem Programm auf S. 104.

```
FUNCTIØN:                       SUBRØUTINE:
      C HAUPTPRØGRAMM                 C HAUPTPRØGRAMM
            CØMMØN A,C                      CØMMØN XA,A,C,X
            READ(1,10)XA,A,C                READ(1,10)XA,A,C
            X=TRGLEI(XA)                    CALL TRGLEI
            .                               .
            .                               .
            .                               .
            END                             END

            FUNCTIØN TRGLEI(X)              SUBRØUTINE TRGLEI
            CØMMØN A,C                      CØMMØN XA,A,C,X1
            IF(A*C.GE.0.0)PAUSE 20          IF(A*C.GE.0.0) PAUSE 20
            .                               .
            .                               .
            .                               IF(DX.LT.1.E-6) RETURN
            GØTØ 10                         .
         11 TRGLEI=X1                       GØTØ 10
            RETURN                          END
            END
```

2. a) Durch eine DATA-Anweisung werden Variablen, Feldern und Feldelementen Zahlenwerte bei der Übersetzung zugewiesen (Anfangswerte).

   b) Größen, die im CØMMØN-Bereich stehen, dürfen mittels der DATA-Anweisung Zahlenwerte nur in einem BLØCK DATA-Segment zugewiesen werden. In anderen Segmenten dürfen Größen aus dem CØMMØN-Bereich nicht in einer DATA-Anweisung vorkommen.

   c) Die EQUIVALENCE-Anweisung ordnet verschiedenen Variablennamen, die im gleichen Segment stehen, den gleichen Speicherplatz zu. Die CØMMØN-Anweisung ordnet Variablennamen, die in **verschiedenen** Segmenten stehen, den gleichen Speicherplatz zu.

3. Die folgenden Tabellen zeigen, welche Variablen und Feldelemente gleiche Speicherplätze symbolisieren und wie ihre relative Stellung im unbenannten und im benannten CØMMØN-Block ist.

C Lösungen der Übungen

Stellung im unbenannten CØMMØN-Bereich	Hauptprogramm	Unterprogramm SUB1	Unterprogramm SUB2
1	A	ALPHA	ALPHA
2	B	BETA	BETA
3	C	GAMA	GAMA
4	D(1)	DUMMY(1)	DUMMY(1)
5	D(2)	DUMMY(2)	DUMMY(2)
⋮	⋮	⋮	⋮
21	D(18)	DUMMY(18)	DUMMY(18)
22	D(19)	Y(1,1)	DATEN(1,1)
23	D(20)	Y(2,1)	DATEN(2,1)
⋮	⋮	⋮	⋮
27	D(24)	Y(6,1)	DATEN(6,1)
28	D(25)	Y(1,2)	DATEN(1,2)
⋮	⋮	⋮	⋮
33	D(30)	Y(6,2)	DATEN(6,2)

Stellung im benannten CØMMØN-BLØCK1	Hauptprogramm		Unterprogramm SUB1	Unterprogramm SUB2	
1	E(1,1)		MATRIX(1,1,1)	E(1,1)	
2	E(2,1)		MATRIX(2,1,1)	E(2,1)	
3	E(3,1)		MATRIX(3,1,1)	E(3,1)	
4	E(4,1)		MATRIX(4,1,1)	E(4,1)	
5	E(5,1)		MATRIX(5,1,1)	E(5,1)	
6	E(6,1)		MATRIX(1,2,1)	E(6,1)	
⋮	⋮		⋮	⋮	
40	E(20,2)		MATRIX(5,4,2)	E(20,2)	
41	E(1,3)		MATRIX(1,1,3)	E(1,3)	ENERGI(1,1,1)
42	E(2,3)		MATRIX(2,1,3)	E(2,3)	ENERGI(2,1,1)
⋮	⋮		⋮	⋮	⋮
60	E(20,3)		MATRIX(5,4,3)	E(20,3)	ENERGI(10,2,1)
61	E(1,4)	X(1)	MATRIX(1,1,4)	E(1,4)	ENERGI(1,1,2)
62	E(2,4)	X(2)	MATRIX(2,1,4)	E(2,4)	ENERGI(2,1,2)
⋮	⋮	⋮	⋮	⋮	⋮
80	E(20,4)	X(20)	MATRIX(5,4,4)	E(20,4)	ENERGI(10,2,2)

4. In dem Programmsegment ist ziemlich alles falsch, was falsch gemacht werden kann. Es handelt sich um folgende Fehler:

   a) Im CØMMØN-Bereich stehen zwei formale Parameter (A und D)

   b) A und D sind in halbdynamischer Form dimensioniert, obwohl M kein formaler Parameter ist

   c) Die CØMMØN-Anweisung steht vor der DIMENSIØN-Anweisung

   d) Das Komma in der DIMENSIØN-Anweisung (muß entfernt werden)

   e) In der DATA-Anweisung ist der Parameter der DØ-impliziten Liste keine Konstante

   f) Der Wiederholungsfaktor für die Konstante 0.0 ist keine INTEGER-Konstante

   g) In der DATA-Anweisung werden einem im CØMMØN-Bereich stehenden Feld Anfangswerte zugewiesen. Außerdem enthält sie den formalen Parameter A

   h) Die EQUIVALENCE-Anweisung steht hinter einer ausführbaren Anweisung

   i) Die EQUIVALENCE-Anweisung erfordert eine Verlängerung des CØMMØN-Bereichs über seinen Anfang hinaus

   j) Dem symbolischen Namen ALPHA wird im Segment kein Wert zugewiesen.

   Das richtige Programmsegment ist:

```
      REAL FUNCTIØN ALPHA (A,B,C,D,M)
      DIMENSIØN A(M),B(M),D(M)
      EQUIVALENCE (A(1),B(1))
      S=0.
      DØ 10 I=1,M
      A(I)=B(I)*D(I)/C
   10 S=S+A(I)
      ALPHA=S
      RETURN
      END
```

   Die DATA- und CØMMØN-Anweisungen sind überflüssig.

Lösungen der Übungen 4.2.5.

1. a) 3420
   b) 0
   c) 401 und 0
   d) 432
   e) 4500.0
   f) 789.024
   g) .TRUE.
   h) 47.3020
   i) 12200.0

2. a) ⎵⎵⎵⎵-78503
   b) Fehlermeldung
   c) ⎵⎵⎵-0.0250
   d) ⎵⎵0.4608E‗01⎵-0.2342E‗03
   e) ⎵⎵⎵⎵⎵489.3E‗01

C Lösungen der Übungen

3.
```
          DIMENSIØN DIMENS(5)
          DATA DIMENS(1),DIMENS(2),DIMENS(3),DIMENS(4),DIMENS(5)/
          15H_[KG],8H_[METER],7H_[GRAD],5H_[MG],5H_[DM]/
```

Lösungen der Übungen 4.3.3.

1.
```
          DIMENSIØN MATRIX(10,4)
          READ(1,1) MATRIX
          WRITE(2,2)((MATRIX(I,J),J=1,4),I=1,10)
        1 FØRMAT(20I4)
        2 FØRMAT(1H_,4I10)
```

2.
```
          DIMENSIØN PA(100,9)
        5 FØRMAT(4I3/(10E8.2))
          READ(1,5)MI1,MI2,MJ1,MJ2,((PA(I,J),I=MI1,MI2),J=MJ1,MJ2)
```

Wird z. B. MI1 = 1,
MI2 = 100,
MJ1 = 5
und MJ2 = 5

eingelesen, so werden der fünften Spalte der Matrix neue Zahlenwerte zugewiesen. Im Fall MI1 = MI2 = MJ1 = MJ2 wird **einem** Feldelement ein neuer Zahlenwert zugewiesen.

3.
```
          DIMENSIØN TEMP(10,5),DRUCK(10,5),DICHTE(10,5),MESS(10)
          INTEGER ØRT(10,5)
       10 FØRMAT(1H0,6X,7HMESSUNG,3X,3HØRT,4X,10HTEMPERA
         1TUR,6X,5HDRUCK,7X,6HDICHTE/25X,9H[GRAD_K.],4X,
         29H[KP/M**2],4X,9H[KG/M**3])
       11 FØRMAT(1H_,I10,I8,F14.2,1X,1P2E13.4,4(/11X,I8,0PF14.2,
         11X,1P2E13.4))
          WRITE(2,10)
          WRITE(2,11)((MESS(I),(ØRT(I,J),TEMP(I,J),DRUCK(I,J),DICHTE
         1(I,J),J=1,5),I=1,10)
```

4.
```
          DIMENSIØN A1(101),B1(101),A(100),B(100)
          EQUIVALENCE (A1(2),A(1)),(B1(2),B(1))
        1 READ(1,10) M,A1(M+1),B1(M+1)
       10 FØRMAT (I3,2F20.0)
          IF(M .GT. 0)GØTØ 1
        C BEGINN DES PRØGRAMMS
```

Bei M > 100 wird eine Fehlermeldung ausgegeben.

5. (Einheit 2 sei ein Zeilendrucker)
```
          WRITE(2,100) Z,Z,Z,Z,Z
      100 FØRMAT(1H_/(1H+,13HØPTIMUM___Z_=,F15.5))
```

D Liste der wichtigsten Programmbeispiele

1. Lineare Interpolation aus einer Tabelle
   Flußdiagramm S. 39, Quellenprogramm S. 91

2. Dreiecksumfang im Raum
   Quellenprogramm S. 68 und S. 77

3. Ordnen eines Feldes nach der Größe seiner Elemente
   Flußdiagramm und Quellenprogramm S. 191

4. Drehung eines karthesischen Koordinatensystems
   Quellenprogramm S. 90

5. Bestimmung von Mittelwert, Standardabweichung und mittlerem Fehler des Mittelwerts für n Stichproben
   Flußdiagramm und Quellenprogramm S. 194

6. Umrechnung des Kalenderdatums in das Julianische Datum,
   Flußdiagramm und Quellenprogramm S. 196

7. Lösung linearer Gleichungssysteme nach dem Gaußschen Verfahren
   Anleitung S. 92, Flußdiagramm und Quellenprogramm S. 196

8. Beispiel für die Integration mit Hilfe der Trapezregel
   Anleitung und Flußdiagramm S. 94, Quellenprogramm S. 103

9. Lösung einer transzendenten Gleichung
   Quellenprogramm S. 104

10. Berechnung eines Polynoms
    Quellenprogramm S. 114

11. Lösung von Differentialgleichungen nach dem Verfahren von Runge-Kutta
    Anleitung und Quellenprogramm S. 115

12. Bestimmung von Strömungsgeschwindigkeit und Mengendurchsatz in einem Rohr
    Anleitung, Flußdiagramm und Quellenprogramm S. 116

13. Nullstellenbestimmung mittels Intervallschachtelung
    Flußdiagramm und Quellenprogramm S. 200

14. Lösung einer Gleichung mittels Intervallschachtelung und Regula Falsi
    Anleitung S. 120, Flußdiagramm und Quellenprogramm S. 202

15. Lösung quadratischer Gleichungen mit komplexer Wurzel
    Quellenprogramm S. 151

16. Ausdrucken von Überschriften
    Quellenprogramm S. 164

17. Ausdrucken von Tabellen
    Quellenprogramm S. 166 und S. 208

Literaturverzeichnis

American Standard FORTRAN, ASA X 3.9–1966. New York 1966.

Heising, W. P.: History and Summary of FORTRAN Standardization Development for the ASA. In: Communications of the ACM, Vol. 7, Nr. 10, Oktober 1964.

Nydegger, Adolph C.: An Introduction to Computer Programming with an Emphasis on FORTRAN IV. Reading, Massachusetts – Menlo Park, California – London – Don Mills, Ontario, 1968.

Organick, Elliott I.: A FORTRAN IV Primer. Reading, Massachusetts – Don Mills, Ontario 1966.

Groh, H.: Aufbau und Arbeitsweise der Datenverarbeitungsanlagen. In: Aufbau und Arbeitsweise der Digitalrechner, Beitrag BW 821, Düsseldorf 1967.

Dworatschek, Sebastian: Einführung in die Datenverarbeitung. Berlin 1969.

McCracken, Daniel D.: A Guide to FORTRAN IV Programming. New York–London–Sidney 1965.

Golden, James T.: FORTRAN IV, Programming and Computing. Englewood Cliffs, New Jersey 1965.

Müller, Dieter: Programmierung elektronischer Rechenanlagen, 2. erw. Auflage, Mannheim 1966.

Müller, K. H. und *Streker, I.:* FORTRAN IV, Programmierungsanleitung, Mannheim/Zürich 1967.

McCracken, Daniel D., und *Dorn, William S.:* Numerical Methods and FORTRAN Programming. New York–London–Sidney 1965.

McCormick, John M., und *Salvadori, Mario G.:* Numerical Methods in FORTRAN. Englewood Cliffs, New Jersey 1964.

Prager, William: Introduction to Basic FORTRAN Programming and Numerical Methods. New York–Toronto–London 1965.

Lutz, Theo: Ein Stammbaum für Programmiersprachen. In: Computer Praxis, 1. Jg. (1968), Heft 6, S. 110–113.

Fachnormenausschuß Informationsverarbeitung (FNI) im Deutschen Normenausschuß (DNA): „Sinnbilder für Datenfluß- und Programmablaufpläne, DIN 66001". Berlin–Köln 1966.

Arbeitsausschuß Programmierung im Fachnormenausschuß Informationsverarbeitung: „FORTRAN-Fachwörterbuch, FORTRAN Dictionary". In: Zeitschrift für Datenverarbeitung 3/67, S. 198–202.

„IBM Betriebssystem/360 FORTRAN IV". IBM Form 79 807–1, Sachkode 25, 1966.

„IBM 1130/1800 Basic FORTRAN IV Language". Form C 26–3715–1.

IBM: „IBM System/360 Disk and Tape Operating Systems, Basic, FORTRAN IV Programmer's Guide". Form C 24–5038–2.

Ellmer, Horst: „FORTRAN-Anleitung für die ICT-Rechenanlagen der Serie 1900". Recheninstitut der Technischen Universität Berlin 1968.

ICT: „1900 Series FORTRAN", TL 1167, International Computers and Tabulators Limited, London 1966.

Honeywell Computer Control Division: „Honeywell EDP, Software Manual Mod. 1 (TR) FORTRAN Compiler D" 26. Juli 1968, File No. 123.001.D–3–027.

„FORTRAN IV Manual for DDP Computers", Honeywell Doc. Nr. 130071364A M–142, April 1967.

„6400/6500/6600 Computer Systems FORTRAN Reference Manual", CONTROL DATA, Pub. No. 60174900 B, 1966.

„3200 Computer System FORTRAN Reference Manual", CONTROL DATA, Pub. No. 60057600, Sept. 1964.

„System 4004, FORTRAN IV (Bandbetriebssystem)". Siemens, Best. Nr. 2–2605–302, Okt. 1966 (vorl. Ausgabe).

Register

Abrundung 53
Absoluter Betrag 98
Adresse, symbolische 50
Adressteil 29
A-Konversionskode 149
Aktuelle Parameter 99, 102, 104, 107, 109, 112
Aktuelles Feld 104
ALGOL 33
Alphanumerisches Zeichen 41
AND 57, 60
Anfangswerte, Zuweisung von 130
Anweisung 12, 134
— ausführbare 42, 134
— nichtausführbare 42
— Typen von 18
Anweisungsfunktion 99, 134
Anweisungsnummer 15, 44, 113
Arbeitsspeicher 23
Argument 95, 98
Arithmetische
— Anweisung 48
— Operatoren 49
Arithmetischer Ausdruck 49
Arithmetisches IF 82, 14, 85
ASA-FORTRAN 178
Assembler Sprachen 31
ASSIGN-Anweisung 80
Assigned GØTØ 80, 85
Aufruf → Unterprogramm
Ausdruck gemischten Typs 53
Ausgabeanweisungen 72, 154
Ausgabegeräte 24
Ausgabe von Feldern 75

BACKSPACE 163
Basis 28
Basis-FORTRAN 178
Bedingtes GØTØ 80, 85
Befehl 12, 29
Befehlsadreßregister 29
Befehlsfolge 13, 22
Benannter CØMMØN-Block 126, 133
Berechneter Ein- und Rücksprung 110
Bereichsüberschreitung 67
Betriebssysteme 172

Bibliotheksfunktionen 98
Bibliotheksprogramme 24, 170
Binäre Darstellung 26, 28
Binärzeichen 26
Bit 26
BLØCK DATA 132
Blockname 126
Boolesche
— Algebra 57
— Ausdrücke 56
— Operatoren 57
— Variable 46
Byte 26, 148

CALL-Anweisung 107, 111
Character 26
COBOL 33
CØMMØN 120, 127, 129, 132, 134, 137
— block 126, 129, 137
    — benannter 126, 133
    — unbenannter 126
Compiler 32, 36
— Programmiersprachen 32
Compilation → Übersetzung
CØMPLEX 46, 54, 151
CØNTINUE 85

DATA-Anweisung 130, 134, 148
Datei 162
Datenfeld 71, 73, 138
Datenfernübertragung 24
Datenflußplan 18
Datenkarte 20, 44, 70
Datensatz 138, 157, 161
Datenverarbeitungsanlage → Rechenanlage
Datenwort 26, 28, 148
Dezimale Maschinensprache 31
Dezimalsystem 27
Digitale Daten 26
Digitale Rechenanlage → Rechenanlage
DIMENSIØN 64, 134
Dimensionierung von Feldern 63, 125, 128
Disjunktion 57
D-Konversionskode 143, 145
DØ-Anweisung 83, 81, 85
— Sprung aus der DØ-Schleife 84, 88
DØ-implizite Liste 132, 160
DØUBLE PRECISIØN
— Konstante 45
— Variable 47

Dreiadreßmaschine 29
Dreidimensionale Felder 63, 128
Dualsystem 27
Dualzahl 27, 62
Dummyvariable 99

Einadreßmaschine 50
Eindimensionale Felder 62
Eingabe von Feldern 75
Ein-/Ausgabeanweisungen 69, 154
Ein-/Ausgabelisten 160
Eingabegeräte 24
Eingebaute Funktionen 98, 174
Einsprung 110
E-Konversionskode 142
Elektronische Datenverarbeitungsanlage → Rechenanlage
END 96, 108, 132, 134
ENDFILE 163, 162
ENTRY 111
Entscheidungsraute 14, 17
EQUIVALENCE 127, 134
Ergibt 12, 50
Explizite Typdeklaration 47, 125, 134
Exponent 28, 142
EXTERNAL 104, 108, 110, 115, 134
External Function 98, 177
Externe Speicher 24
Externe Unterprogramme 109

FALSE 57, 46
Fehlererkennung 171, 170
F-Konversionskode 71, 72, 142
Feld 63, 75, 125, 132, 148
Feldbreite 71
Feldelement 65, 128, 104
Feldspezifikation 71, 139
Feldspezifikationen
– für Boolesche Daten 146
– für COMPLEX-Zahlen 145
– für DOUBLE PRECISION-Zahlen 145
– für INTEGER-Zahlen 71, 140
– für Leerstellen 74, 151
– für REAL-Zahlen 71, 142
– für Texte 73, 147, 149
Festkommazahl 27, 40
File 162
Flußdiagramm 13, 18, 34
– Symbole 22
Folgekarte 44

Formale Fehler 171, 36
Formale Parameter 99, 101, 103, 104, 112, 131
Formales Feld 104
FORMAT-Anweisung 70, 73, 76, 134, 147, 154
Formatierte Ein- und Ausgabe 154
FORTRAN
– II 178
– IV 178
F-Spezifikation → F-Konversionskode
FUNCTION-Unterprogramme(n) 96, 101
– als formale Parameter 110
– Aufruf von 102, 49, 105
– Namen von 101
– Parameter bei 101, 109
– Typ von 101

Gauß'sche Eliminationsmethode 92
Genauigkeit 29, 40, 45
Gerätenummer 70, 154, 162, 170
Geschachtelte DO-Schleife 86
Geschlossene Funktion 98, 109
G-Konversionskode 142
Gleitkommazahl 27, 40
GOTO
– assigned 80, 85
– computed 80, 85
– bedingtes 80, 85
– unbedingtes 79, 17, 85

Halbdynamische Dimensionierung 105
Halbdynamische Felder 105, 125
Hardware 26
Hauptprogramm 16, 96, 97
H-Konversionskode 73, 147, 156, 157
Hollerithkode 147
Hollerithkonstante 147, 149

IF
– arithmetisches 82, 14, 85
– logisches 81, 17, 59, 85
– two branch 82
– Zwei Wege 82
I-Konversionskode 71, 72, 140
IMPLICIT 47
Implizite Typdeklaration 47
Informationsdarstellung 26
Index 62, 66
Indizierte Variable 62

Indizierung 63, 128
INTEGER
— Ausdrücke vom Typ 54
— Konstante 45
— Variable 47
— Zahl 27
— Verarbeitung von 38
Intervallschachtelung 119
Interpolation 38, 91
Intrinsic Function 98, 174
I-Spezifikation → I-Konversionskode

Karten
— leser → Lochkartenleser
— stanzer → Lochkartenstanzer
Klammerung 52, 56, 155
Kodierblatt 42
Kodierung 36
Kommentar 44
Komplementdarstellung 25
Komplexe Zahlen 46, 145
Konjunktion 57
Konsole 23
Konstante 41, 46
Konversionskode 139

Leere Datensätze 138, 161
Leerstelle 151, 74
Leerzeile 75
Lesen von Lochkarten 70, 138
Lineares Gleichungssystem 92
Liste des Quellenprogramms 170, 21
Literale 149
L-Konversionskode 146
Lochkarte(n) 42, 138, 36, 70
— leser 24, 162, 163, 138
— stanzer 24, 162, 163
Lochstreifen 36, 138, 163
— leser 24, 162
— stanzer 24, 162, 163
LØGICAL
— Ausdrücke 56
— Konstanten 46
— Variable 46, 57
Logische Fehler 171, 36
Logische Operatoren 57, 60
Logisches IF 81, 17, 59, 85

Magnetbandstation 25, 162, 163, 138
Magnetischer Plattenspeicher 25, 163

Magnettrommel 25, 163
Mantisse 28, 40
Maschinenbefehl 36
Maßstabsfaktor 139, 142, 145
MASTER 97
Matrix 86, 92
Monitor 170, 171

NAMELIST 157
Namen 41
Negation 57
Normalisierte Darstellung 28, 40
NØT 57, 60
Numerische Feldspezifikationen 140
Numerisches Zeichen 41, 69, 72

Objektprogramm 32, 36
Oktalzahl 89
Operationsteil 29
Operator 49, 57
ØR 57, 60
Overlay 172

Papiertransport auf dem Zeilendrucker 74
Parameter
— Aktuelle 99, 102, 104, 107, 109, 112
— Formale 99, 101, 103, 104, 112, 131
Parameterliste 103, 107, 124, 179
PAUSE 85, 89
Periphere Geräte 24, 70, 138, 162
PL/1 33
Polynom 114
Potenzierung 54
PRINT 162
PRØGRAM 97
Programm 13
— ablaufplan → Flußdiagramm
— beschreibungssegment 97
— segment 17, 94
— struktur 94
— übersetzung 33, 36, 168
Programme mit zu großem Speicherbedarf 171
Programmierung 11
Programmiersprachen 30
Programmkarten 20, 169
Pseudofunktion 110
Pseudovariable 99
PUNCH 162

Quadratische Gleichung 99, 151
Quellenprogramm 32, 36

READ 69, 154, 13, 162
REAL
— Ausdruck vom Typ 54
— Konstante 45
— Variable 47, 70
— Zahl 27, 142
   — Verarbeitung von 38
Rechenanlage 22, 30, 25
Rechenautomat → Rechenanlage
Rechenwerk 22, 23, 29
Record → Datensatz
Regula Falsi 120
Reihenfolge der Anweisungen 134
Reihenfolge der Auswertung von
  Ausdrücken 51, 60
Rekursion 37
Rekursiver Aufruf 101, 103
RETURN 102, 108, 112
REWIND 162
Rücksprung 15, 102, 110, 112
Runden 53, 40
Runge-Kutta 115

Schachtelung
— von Feldspezifikationen 155
— von Schleifen 86, 88
Schleife 83
Schleifenindex 84, 132
Schleifenparameter 84, 132
Schnelldrucker 25, → Zeilendrucker
Schrägstrich 52, 74, 155, 156
Segmentierung 94
Seitenwechsel 74
Slash 74
Software 26
Sonderzeichen 41
Speicherbedarf 171
— von Daten 125
Speicherkapazität 24
Speicherprogrammiert 30
Speicherstelle 26
Speicherung von Feldern 65, 76
Speicherzelle 26, 12, 41, 51
Sprünge im Zusammenhang mit DØ-
  Schleifen 84, 88
Sprunganweisungen 79
Sprungziel 79, 113

Standardfunktionen 97, 109, 174
Standard-Geräte 161, 23
Standard-FORTRAN 178
Start 13
Statement-Function 99
Steueranweisungen 79, 169
Steuerkarte 169
Steuerwerk 23, 29
Steuerzeichen 72, 74
STØP 89, 17, 85
SUBRØUTINE
— Argumente einer 108
— Aufruf einer 107, 109
— Name einer 107
— Unterprogramm 96, 107, 109
Symbole für Flußdiagramme 22
Symbolische Namen 41, 103

Testen eines Programms 36, 89
Text
— Konstante 73, 147
— Variable 147, 149
Tischrechenmaschine 22, 12
TITLE 97
Transponieren einer Matrix 92
Transzendente Gleichung 104
Trapezregel 94
TRUE 57, 46
Typdeklaration 47, 64, 110, 125, 134
Typ eines
— Ausdrucks 53
— Feldes 63
— FUNCTIØN-Unterprogramms 101
Typenvereinbarungen 46, 101, 134
Typen von Zahlen 45, 27
Typumwandlung 53, 98

Überlesen von Datensätzen 161, 158
Übertragungsgeschwindigkeit 24
Übersetzerprogramm 32, 36, 168
Übersetzung des Quellenprogramms
  22, 32, 36, 168
Unbedingtes GØTØ 79, 17, 85
Unformatierte Ein- und Ausgabe 157
Unterprogramm 16, 95
— als Parameter 108
— Aufruf eines 15, 96

Variable 41, 47
Variablenname 41

Variables Format 156
Vektor 91
Vergleichsoperator 59, 60
Verschlüsselung 26

Wahrheitstafel 58
Wechselplattenspeicher 25
Wenn-Anweisung → IF
Wertbereich 28, 45
Wertzuweisung 51, 64
Wiederholungsfaktor 71
Wort 28, 148, 26
Wortlänge 29
Wortstruktur 40
WRITE 72, 164, 14

X-Konversionskode 74, 151, 156

Zahlenbereich 17, 28, 40
Zahlenkonvertierung
– dezimal in dual 27, 40
– dual in dezimal 27
Zahlensysteme 27
Zeichen 26, 41, 148
Zeichenvorrat 41
Zeilendrucker 74, 24, 72, 138, 162, 163
Zeilenvorschub 74
Zentraleinheit 23, 25
Zentraler Arbeitsspeicher 23
Zugriffszeit 24
Zweiadreßmaschine 29
Zweidimensionale Felder 62, 128

Walter de Gruyter
Berlin · New York

Informatik in der Sammlung Göschen

Einführung in Teilgebiete der Informatik

I: Von W. Dirlewanger, K.-U. Dobler, L. Hieber, P. Roos, H. Rzehak, H.-J. Schneider, C. Unger. 136 Seiten. 1972. DM 9,80 (Band 5011) ISBN 3 11 003910 9

II: Von W. Dirlewanger, E. Falkenberg, L. Hieber, P. Roos, H. Rzehak, K. Unger. Etwa 160 Seiten. 1974. Im Druck ISBN 3 11 004042 5

P. Mertens (Hrsg.)

Angewandte Informatik

198 Seiten. Mit 38 Abbildungen. 1972. DM 9,80 (Band 5013) ISBN 3 11 004112 X

H.-J. Schneider / D. Jurksch

Programmierung von Datenverarbeitungsanlagen

2., erweiterte Auflage
145 Seiten. Mit 8 Tabellen und 14 Abbildungen. 1970. DM 7,80 (Band 1225/1225a) ISBN 3 11 006414 6

P. G. Caspers

Aufbau von Betriebssystemen

110 Seiten. 1974. DM 14,80 (Band 7013) ISBN 3 11 004321 1

H. Noltemeier

Datenstrukturen und höhere Programmiertechniken

86 Seiten. 1972. DM 9,80 (Band 5012) ISBN 3 11 003947 8

C. Hackl

Schaltwerk- und Automatentheorie

2 Bände
I: 157 Seiten. 1972. DM 12,80 (Band 6011) ISBN 3 11 003948 6
II: 152 Seiten. 1973. DM 14,80 (Band 7011) ISBN 3 11 004213 4

Walter de Gruyter
Berlin · New York

de Gruyter Lehrbuch

Georg Bayer — Einführung in das Programmieren in ALGOL

2., verbesserte Auflage.
Groß-Oktav. 172 Seiten. Mit 26 Abbildungen. 1971.
Plastik flexibel DM 18,— ISBN 3 11 006433 2

Georg Bayer — Programmierübungen in ALGOL 60

Unter Mitarbeit von Lothar Potratz und Siegfried Weiß
Groß-Oktav. 90 Seiten. 1971. Plastik flexibel DM 18,—
ISBN 3 11 003562 6

Georg Bayer — Einführung in das Programmieren

Teil 2: Programmieren in einer Assemblersprache
Groß-Oktav. 134 Seiten. Mit zahlreichen Abbildungen. 1970.
Plastik flexibel DM 12,— ISBN 3 11 000926 9

Gerhard Niemeyer — Einführung in das Programmieren in ASSEMBLER

Systeme IBM 360, IBM 370, Siemens 4004, Univac 9000
Groß-Oktav. 295 Seiten. 1973. Plastik flexibel DM 28,—
ISBN 3 11 004310 6

S. G. van der Meulen / Peter Kühling — Programmieren in ALGOL 68

I: Einführung in die Sprache
Groß-Oktav. 228 Seiten. 1974. Plastik flexibel
DM 28,— ISBN 3 11 004698 9
II: In Vorbereitung

Wolfgang E. Spiess — Gerd Ehinger — Programmierübungen in FORTRAN

Groß-Oktav. 127 Seiten. 1974. Plastik flexibel DM 18,—
ISBN 3 11 003777 7

Harald Siebert — Höhere FORTRAN—Programmierung

Eine Anleitung zum optimalen Programmieren
In Zusammenarbeit mit der GES—Gesellschaft für
elektronische Systemforschung e. V. Bühl
Groß-Oktav. 234 Seiten. 1974. Plastik flexibel DM 24,—
ISBN 3 11 003475 1

Walter de Gruyter
Berlin · New York

de Gruyter Lehrbuch

Klaus Hambeck — Einführung in das Programmieren in COBOL

Groß-Oktav. VIII, 162 Seiten. 1973. Plastik flexibel DM 18,—
ISBN 3 11 003625 8

Erich W. Mägerle — Einführung in das Programmieren in BASIC

Groß-Oktav. 112 Seiten. 1974. Plastik flexibel DM 18,—
ISBN 3 11 004801 9

Arno Schulz — Einführung in das Programmieren in PL 1

Groß-Oktav. Etwa 160 Seiten. 1974. Plastik flexibel
etwa DM 18,— ISBN 3 11 003970 2

Sebastian Dworatschek — Einführung in die Datenverarbeitung

5. Auflage.
Groß-Oktav. XVI, 372 Seiten und 32 Seiten Anhang. Mit
266 Bildern, 189 Übungsaufgaben und einem Abbildungs-
anhang. 1973. Gebunden DM 28,— ISBN 3 11 002480 0

Arno Schulz — **Informatik für Anwender**

Zum Gebrauch neben Vorlesungen und zum Selbststudium
Groß-Oktav. 378 Seiten. Mit 67 Abbildungen und zahlreichen
Tabellen. 1973. Gebunden DM 48,— ISBN 3 11 002051 3

IDV—Lernprogramm: FORTRAN

Ein PU-Lehrgang für Ingenieure, Techniker, Ökonomen und
Naturwissenschaftler
2 Bände in 1 Band. Quart. XXIV, 190 Seiten. 1971.
Gebunden DM 48,— ISBN 3 11 003576 6
(Coproduktion mit dem Verlag Paul Haupt, Bern)